数学で考える！

世界をつくる方程式

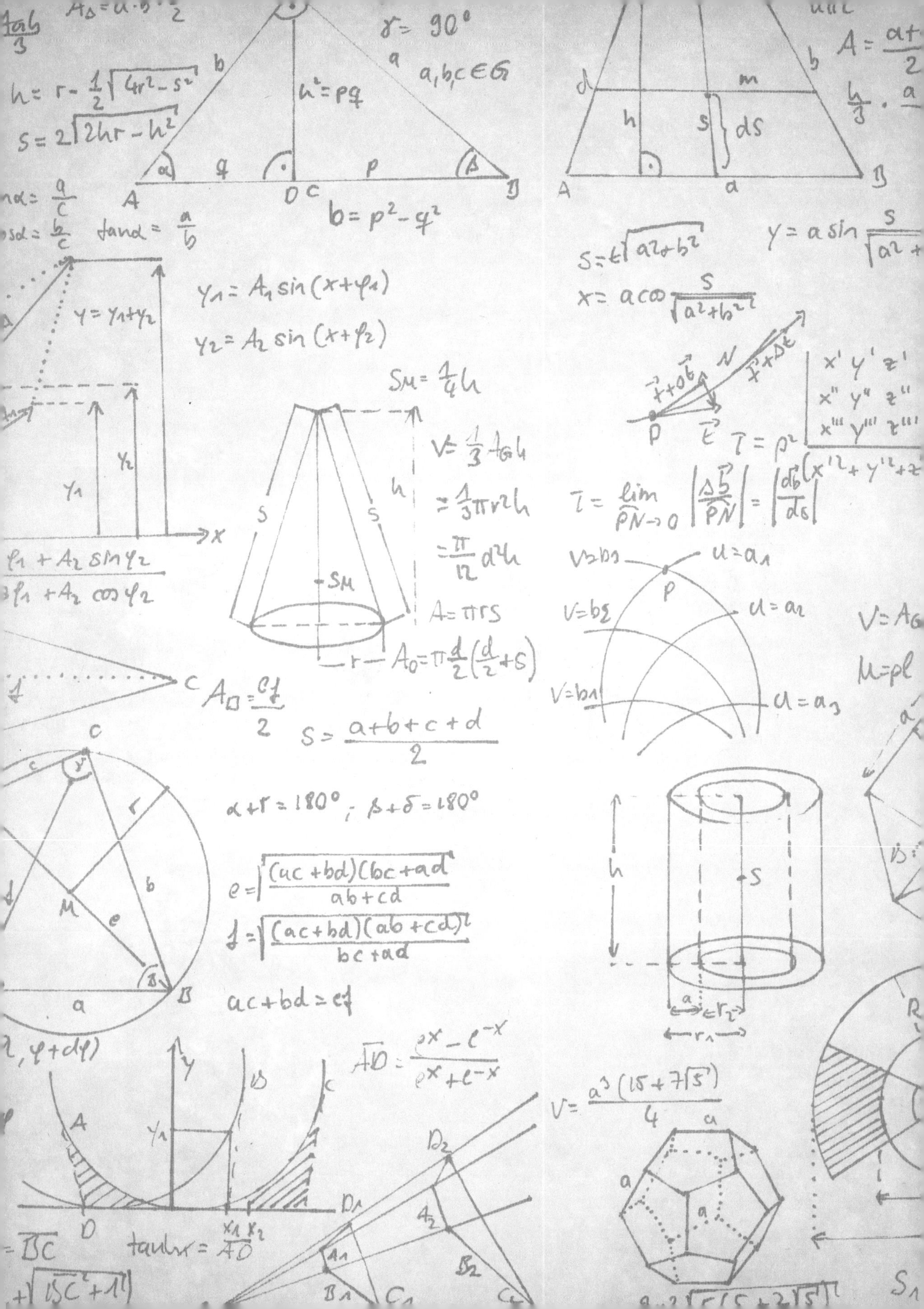
γ = 90°
a, b, c ∈ G
h² = pq
h = r − 1/2 √(4r² − s²)
s = 2√(2hr − h²)
b = p² − q²
y₁ = A₁ sin(x + φ₁)
y₂ = A₂ sin(x + φ₂)
y = y₁ + y₂
s = t√(a² + b²)
x = a cos s/√(a² + b²)
y = a sin s/√(a² + b²)
x' y' z'
x'' y'' z''
x''' y''' z'''
S_M = 1/4 h
V = 1/3 πr²h
= π/12 d²h
A = πrs
A₀ = π d/2 (d/2 + s)
u = a₁
u = a₂
u = a₃
S = (a + b + c + d)/2
α + γ = 180° ; β + δ = 180°
e = √((ac + bd)(bc + ad)/(ab + cd))
f = √((ac + bd)(ab + cd)/(bc + ad))
ac + bd = ef
V = a³(15 + 7√5)/4

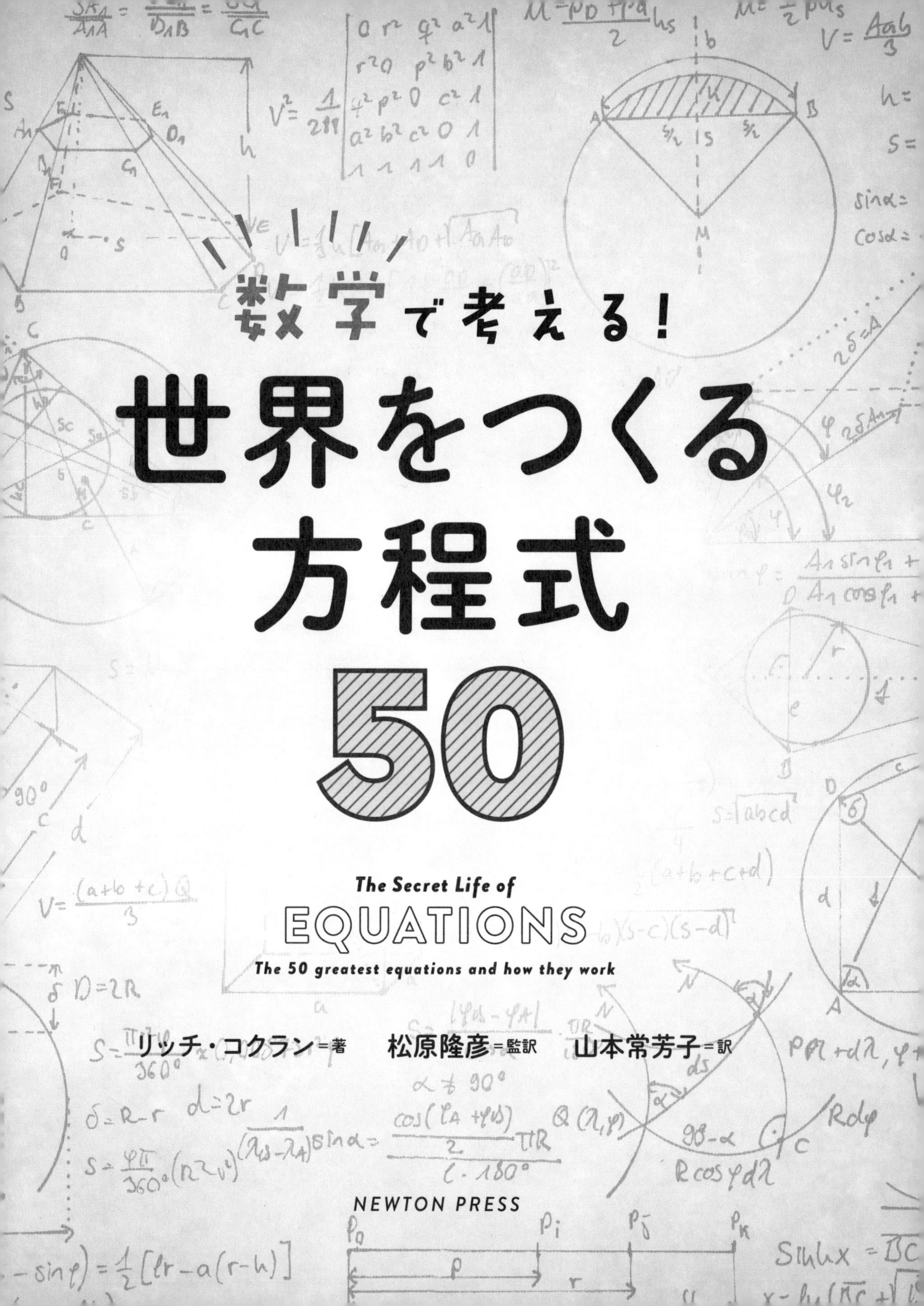

数学で考える！

世界をつくる方程式50

The Secret Life of EQUATIONS

The 50 greatest equations and how they work

リッチ・コクラン＝著　松原隆彦＝監訳　山本常芳子＝訳

NEWTON PRESS

数学で考える!

世界をつくる方程式

第3章
世界の進歩を支えてきた「科学技術」の方程式 138

第4章
「知らないこと」について知る「可能性と不確実性」の方程式 204

THE SECRET LIFE OF EQUATIONS by **Richard Cochrane**

First Published in Great Britain in 2016 by Cassell
a division of Octopus Publishing Group Ltd
Carmelite House, 50 Victoria Embankment, London EC4Y 0DZ

Japanese translation rights arranged with Octopus Publishing Group Ltd., London,
through Tuttle-Mori Agency, Inc., Tokyo

はじめに

西暦820年頃，ペルシャの数学者アブー・アブドゥッラー・ムハンマド・イブン・ムーサー・アル＝フワーリズミーは，『ジャブルとムカーバラの計算法についての簡約な書（アラビア語原本：Al-Kitab al-mukhtasar fi hisab al-jabr wa'l-muqabala，英語訳：Compendious Book on Calculation by Completion and Balancing）』を著しました。そのなかで彼は「代数学（algebra）」の語源となるアラビア語「al jabre」を生み出し，代数学の基本原則の一部をまとめています。代数学の基本となるのは，「均衡（釣り合う）」という概念です。方程式は，この概念を目に見えるかたちで表すものです。たとえば，天秤（てんびん）の皿の片方にりんご，もう一方にオレンジをのせると，二つの重さが等しいときに釣り合います。それと同じことを，方程式一つひとつが表しています。「この二つは釣り合っている」と。

本書の使いかた

本書は小説のように初めから終わりまで順番に読み進めることもできますが，そんなふうに数学の本を読む人はあまりいないでしょう。数学は，さまざまな概念がいたるところでつながり合う巨大なネットワーク。ですから，最初から順に見るより，あちらこちらとページをめくって楽しみながら読んでいただくことをおすすめします。

こうした理由から，本書ではほかのテーマへの参照ページを随所にちりばめました。あるテーマを読んだあと，別のテーマを読み終わって，それからもう一度戻って読みなおすと合点がいく，なんてこともあるでしょう。でも，気にすることはありません。数学を学ぶとき，たくさんの人がよく同じ経験をしています。偉大な数学者ですら，数学の新たな分野に足を踏み入れたとき，とほうにくれたり，とまどったりすることがあります。またその一方で，ある分野とある分野が思いがけないところで関わっていることを発見した喜びも語っています。ときとして，とても奥深い美しいつながりとの出会いがあるのです。

何か新しい数学の概念に出会ったとき，私たちの多くはその概念がどんなものなのか，直観的なイメージをつかむところからまず始めなくてはなりません。今ご覧いただいている本書は専門書の類ではありません。ここに紹介するそれぞれのテーマは，一つのテーマだけで本となり，数多く出版されてきた立派なもので，そのなかには高度で難しい専門書も多数あります。本書にできることは，さまざまな数学の概念を一つひとつわかりやすく解説し，概念どうしがどう関わり合っているか，ときとして数学や科学，日常生活のなかのかけ離れたところでどうつながっているかを紹介することです。そのため，かなり大胆に簡略化せざるをえなかった部分もありますが，数学ビギナーのみなさんには楽しんでいただき，専門家の方々には少々目をつむっていただければと思います。同様の理由で，掲載したグラフの多くに数値の目盛りなどを含めていません。数学教師のみなさんを怒らせてしまいそうですが，本題には関係のない細かい情報を取り除くことによって，概念の全体像をつかむことに集中して取り組めるはずです。

記号による表記

さて，そうは言っても，これは方程式についての本です。好評とされる数学の本はたいてい，難しそうな公式をあまり載せすぎないよう配慮して編集されています。ところが，本書では正反対のやり方を選びました。数学者が使う表記法は数学者を楽にするために考案されたものであって，困らせるためではありません。この点では，専門的な表記法を使う音楽家や編集者，振付師，チェスのプレーヤーと同じです。表記記号の意味が理解できなければ，表記されている内容はまったくわかりません。でも理解できれば，まるで絵のように一目瞭然で，記号がたくさんのやっかいな説明を表す役目を果たしてくれます。

私たちの数学の書き表し方は，必ずしも論理的ではありません。何百年という時間をかけて発展してきたので，表記のなかには奇抜だったり，変てこだったり，まったくもってつまらなかったり，いろいろなものがあります。ほとんどのものがそうであるように，表記を見れば，その表記が生まれるまでの変遷の歴史をたどることができます。もっと統一された，まったく別の新しい方程式の表記方法が発明されてもよさそうですが，無謀な改革論者でもない限り，そんなことをしようとする人はいないでしょう。

そういうわけですから，表記記号の意味はわかっているけれど，なぜ，そう方程式で表すのかがわからないとしても，心配はご無用です。このページに書かれている言葉も，みなさんは，いつの間にか読めるようになりました。ほぼ適当でしかないような表記のしかたもある言葉の習得のほうが，はるかに難しかったはずです。そうやって言葉を読めるようになったのですから，数学の表記もきっと大丈夫です。

正と負の整数，分数，そして以下に紹介する代数学の原則についてはすでにご存じのことと思います。文字（あるいはそのほかの記号）は未知の数で変化する可能性のあるものを表すために使用できます。この「未知数」どうしをかけ合わせる場合，それぞれの文字をくっつけて書き表し，次のようになります。

$$a \times b = ab$$

どちらかの数をもう一方の数でわる場合，分数という便利なかたちで表します。

$$a \div b = \frac{a}{b}$$

最後に，方程式で一番重要なイコールの記号は，片方の辺にあるすべての合計がもう一方の辺の合計とまったく同じであることを意味します。このほかの表記については，そのつど説明していきます。

方程式はすべて，可動部をあわせもつ小さな機械のような働きをします。私たちの主な仕事は，各部分の役割とほかの部分との関わりを理解することです。表記をひも解いたり，解読したりするのに時間を割くこともあるでしょう。時には簡単な例を使って作業することもあるでしょう。また，ぼんやりとしてよくわからない内容を深く調べたり，反対に，さっと見て概要を把握したりといったこともあるでしょう。

伝統的な数学教育の観点からすると，実は本書の内容の配分にはかなりバラつきがあります。あるときは高校で少しばかり習う代数のレベルだったかと思えば，次のページでは大学の授業の後半

記号表

複数のテーマに登場する最も重要な記号について，
最初に紹介されるテーマとともに掲載しています。

記号	説明
$\sqrt{x}$	xの平方根 ［ピタゴラスの定理，12ページ参照］
Σ	総和 ［ゼノンの二分法のパラドックス，23ページ参照］
lim	極限値 ［ゼノンの二分法のパラドックス，23ページ参照］
∞	無限大 ［ゼノンの二分法のパラドックス，23ページ参照］
π	円周率 ［オイラーの等式，51ページ参照］
sin, cos, tan	三角関数 ［三角法，17ページ参照］
$\int$	インテグラル（積分記号） ［微分積分学の基本定理，33ページ参照］
$\frac{dy}{dx}$	xに関するyの導関数 （x, yの代わりにほかの文字を使うこともある） ［微分積分学の基本定理，33ページ参照］
$\frac{d^2y}{dx^2}$	xに関するyの二次導関数 （x, yの代わりに，ほかの文字を使うこともある） ［微分積分学の基本定理，33ページ参照］
x', x''	時刻（t）におけるxの一階微分と二階微分 （代用表記）［曲率，38ページ参照］
log, ln	対数 ［対数，46ページ参照］
i	−1の平方根 ［オイラーの等式，51ページ］
∇^2	ラプラシアン ［熱伝導方程式，103ページ参照］
div, curl	ベクトル場の微分 ［マクスウェル方程式，118ページ参照］
∇	勾配 ［ナビエ−ストークス方程式，123ページ参照］
$\neg$, $\wedge$, $\vee$	否定，論理積，論理和 ［ド・モルガンの法則，161ページ参照］
$P(x)$	事象xが起きる確率 ［一様分布，206ページ参照］
$P(x\|y)$	yが与えられたときにxが起きる条件付き確率 ［ベイズの定理，214ページ参照］

でしか習わない内容に遭遇したりします。でもこれについては，気にしないことにしました。数学の分野の難しさは，学校で学んだ順番どおりではないことがよくあるからです。最終的にわかったのは，子供の頃に学んだ算数はとても奥が深く不可思議で，一方，いわゆる「高度」なトピックは専門用語さえ理解できれば実はとてもやさしいということです。ですから，この本では心のおもむくままに読み，理解できることを理解し，興味を惹かれる部分はさらに詳しく調べてみてください。間違った方法というのはありませんから，好きなように読み進めてください。

Rich

リッチ・コクラン

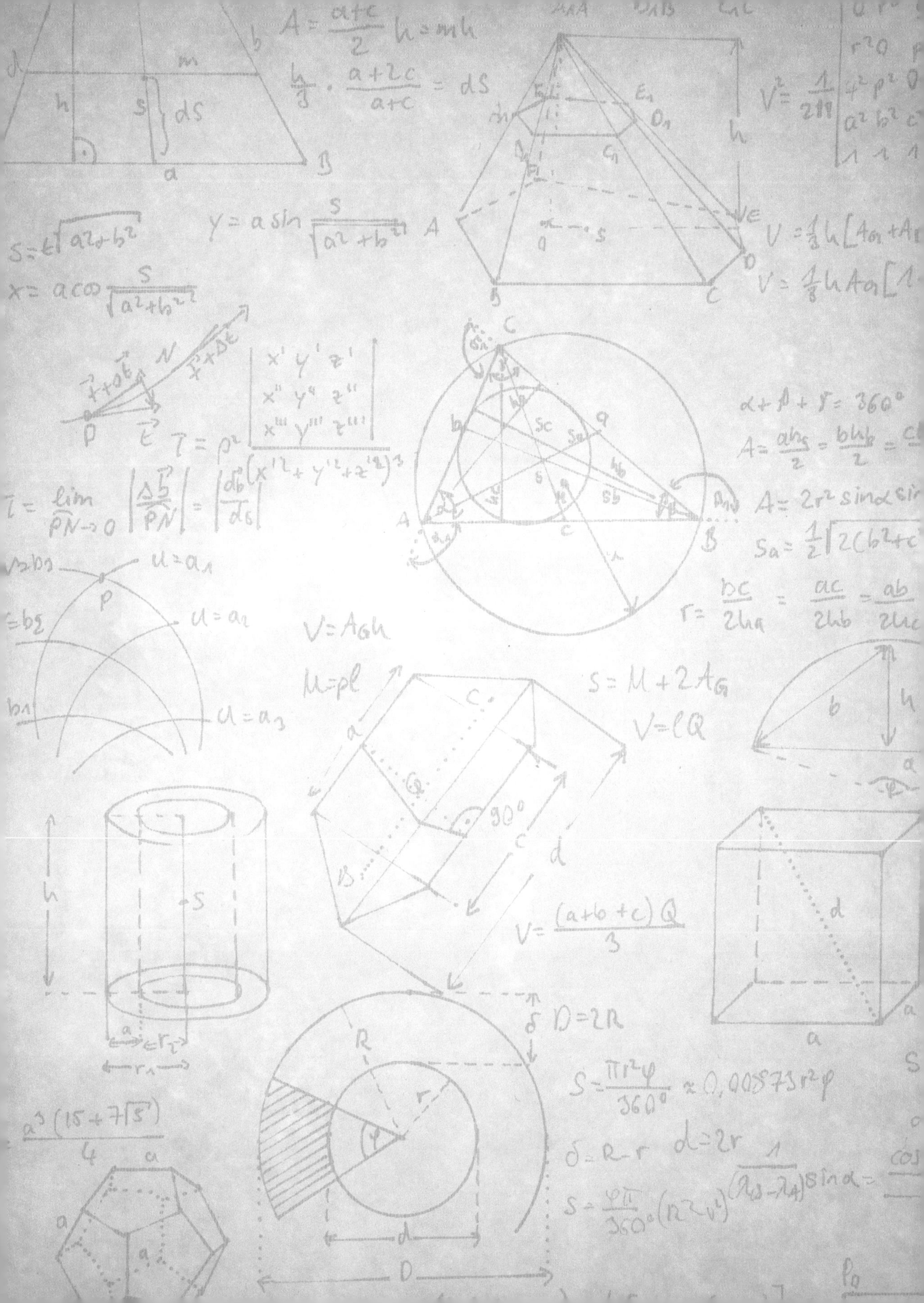

A = (a+c)/2 h = mh
h/3 · (a+2c)/(a+c) = dS
y = a sin s/√(a²+b²)
x = a cos s/√(a²+b²)
V = 1/3 h A_G
α + β + γ = 360°
A = a h_a/2 = b h_b/2
A = 2r² sin α
r = bc/2h_a = ac/2h_b = ab/2h_c
V = A_G h
M = pl
S = M + 2A_G
V = lQ
V = (a+b+c) Q / 3
D = 2R
S = πr²φ/360° ≈ 0,00873 r²φ
δ = R − r
d = 2r
S = φπ/360° (R² − r²)
a³ (15 + 7√5) / 4

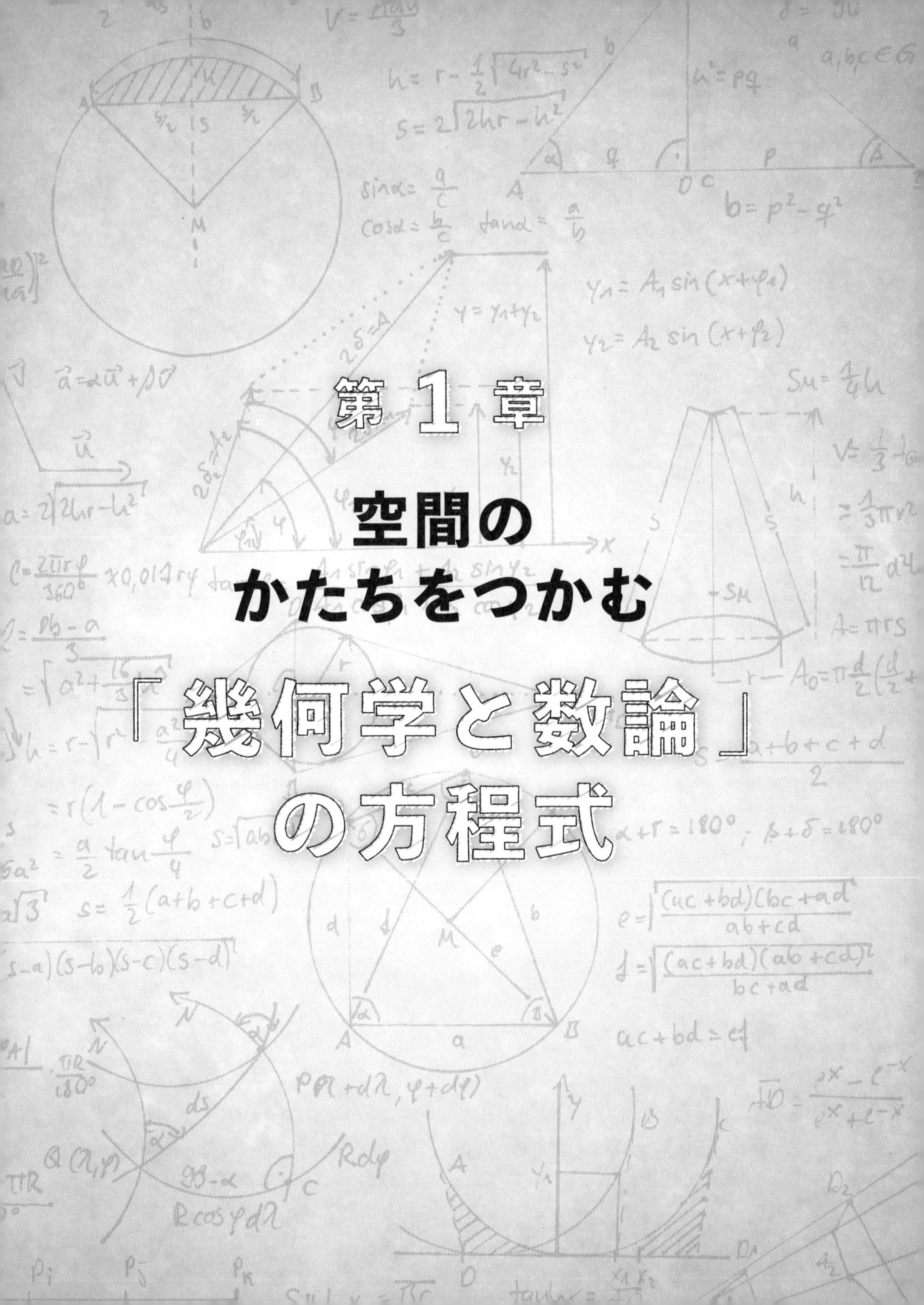

第1章

空間のかたちをつかむ「幾何学と数論」の方程式

ピタゴラスの定理

三角形の三辺からわかる
空間のしくみの基本

一番長い辺　　残りの2辺

$$A^2 = B^2 + C^2$$

一体どんなもの？

棒が三本あるとします。どんな長さでもかまいません。棒の長さをそれぞれ，A，B，Cとし，一番長いもの（一番長いものが複数ある場合は，いずれか一本）をAとします。BとCの和（合計）よりAが短ければ，この三本で三角形がつくれます。ただし，三角形の一つの角が直角，たとえば正方形や長方形の四隅にあるような90°の角度をもつ三角形をつくりたい場合は，非常に特別な棒の組み合わせが必要です。たとえば，Bの棒とCの棒で直角（L字型）をつくったとしましょう。ピタゴラスの定理があれば，三角形を完成させるために必要な棒Aの長さを求めることができます。

一見，たいしておもしろくなさそうな話ですよね。そうかもしれません。まず，この定理は直角三角形にしか役に立たないので，利用範囲が限られます。それに，そもそも三角形の辺の長さの計算なんて，かなり昔に勉強した話です。でも，実は三角形という図形はおどろくほど重要であることがわかっています。ある意味で三角形は二次元でつくれる最も簡単な図形なので，三角形以外の二次元の図形に関係した問題が，最終的に三角形についての問題となっていることがよくあります。三次元で起こる多くの問題も同様です。さらに言うと，直角三角形は，三辺をもつすべての図形のなかまのなかでもかなり特別な存在なのです［三角法，17ページ参照］。

どんな三角形になるかは，三つの辺の長さで決まります。組み合わせによっては，三角形がまったくつくれないこともあります。

どうして重要？

ピタゴラスの定理はこの本に出てくる，実生活で使える数少ない方程式の一つです。たとえば日曜大工のような，家の周りでちょっと何かをつくってみるときなどに役に立ちます。とはいえ，そんな説明だけでは，この方程式がどんなに重要かは，わかりにくいですよね。この方程式の魅力は，距離を利用するための大きな基礎となっているところにあります。特に，私たちが道を調べるときに用いる一般的な方法に大きく関係しています。

広い野原を想像してみてください。真ん中あたりに木でできた棒が一本，ポツンと立っているとします。私は野原の秘密の場所に宝物を埋めました。今，あなたにできるだけ正確なメッセージを伝えて，掘り出す地点まで誘導しようとしています。もしあなたが方位磁針を持っていれば（あるいは空を見ることで北の方角がわかれば），私は数字をたった二つ使うだけで，必要な情報を伝えることができます。棒のところに立ってもらって，「何m北に，次に何m東に進んで」と言えばすみます。

では，宝物が南東に埋められていた場合はどうでしょうか。心配ご無用，北向きの距離を負の数（マイナス）にして伝えればいいのです。そうするとあなたは，「−10m北ということは，10m南ってことだな」と理解できます。このように，どんなに広い野原でもこの二つの数字だけで場所を特定して示せるというわけです。実際に，平らな二次元の空間では，現在，一般的な目的地にたどり着くのにこの方法が用いられています。フランスの数学者ルネ・デカルトが1600年代初めに，これを方程式として定義しました。現代では，北と東のかわりにxとyを使うことが多く，学校で習ってまだ記憶にある方もいらっしゃるかもしれません。物理学者たちは，位置を示す同じような場合にiとjを使うことがあります。

さらに言うと，棒の位置すら問題ではありません。たとえば棒が移動しても，以前に伝えた二つの数字を，移動分を考慮して変更すればよいのです。つまり，ある範囲内において，この方法を使えばどの一点（棒の位置）からでも，もう一点（宝物）までの距離がわかるということです。ここで，ピタゴラスの定理の登場です。私たちは北方向と東方向の距離がわかっているので，この二つの距離（長さ）が直角三角形の直角をはさんだ二辺となります（東は北に対して直角をなしています）。そこで，ピタゴラスの定理を使えば，棒と宝物を直線で結んだ距離を求められます。この定理は，空間内にある距離についての根本的な事実と考えられています。

となると，三次元ではどう応用すればよいか，もうおわかりでしょう。単純に「地面からの高さ」（14ページの図参照）を表す数字を一つ追加すればよいのです。この数字が負の数なら，地面をどこまで深く掘るか，ということになりますね。ピタゴラスの定理は三次元でも有効ですし，さらに

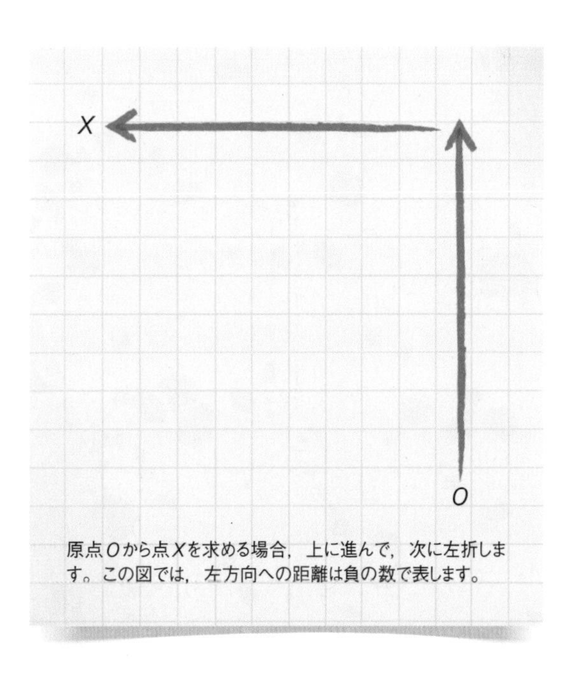

原点Oから点Xを求める場合，上に進んで，次に左折します。この図では，左方向への距離は負の数で表します。

それ以上の次元でも有効です。この手法を「直交座標系」といいます。ピタゴラスの定理は，長さと距離を計算する方法を教えてくれました。これは数学，物理学，工学で最も必要な基本情報にふくまれるものであり，この座標系が，そしてこの方程式が日々，用いられています。

詳しく知りたい

ピタゴラス本人について，詳しいことはわかっていません。紀元前5世紀に古代ギリシャ文化圏に生まれ，数秘術に傾倒した宗教的な教団を創設して指導者となっています。彼の生涯と説いた教えについては，さまざまな奇妙な話が語り継がれてきましたが，もし彼自身の手によって書き残されたものがあったとしても，今現在，残っているものは何もありません。ピタゴラスの定理として知られる「事実」は，おそらく彼が自分ひとりで発見したり証明したりしたわけではないと思われますが，彼の信者たちの間で知られていたことは確かなようです。20世紀の数学者で作家であるジェイコブ・ブロノフスキ（1908～1974，ポーランド出身）は著書『人間の進歩』のなかで，ピタゴラスの定理を「数学の世界のすべてにおいて最も重要な，唯一の定理」と呼んでいます。多少誇張されているかもしれませんが，この定理が古代数学者の偉大な業績であることは間違いないでしょう。

この定理で注目したいのは，紙面では一見，この方程式が実は各辺の長さよりも面積に関係した式のように思えることです。つまり，Aを一辺として長さ10 cm（10 mでも，10 kmでも，単位は何でもOK）とすると，Aの二乗（A^2）は一辺10 cm × 10 cmの正方形の面積，すなわち100 cm^{2}となります。

実は，これが古代における三角形の面積の考え方でした。何世紀ものあいだ，子供たちが学校で

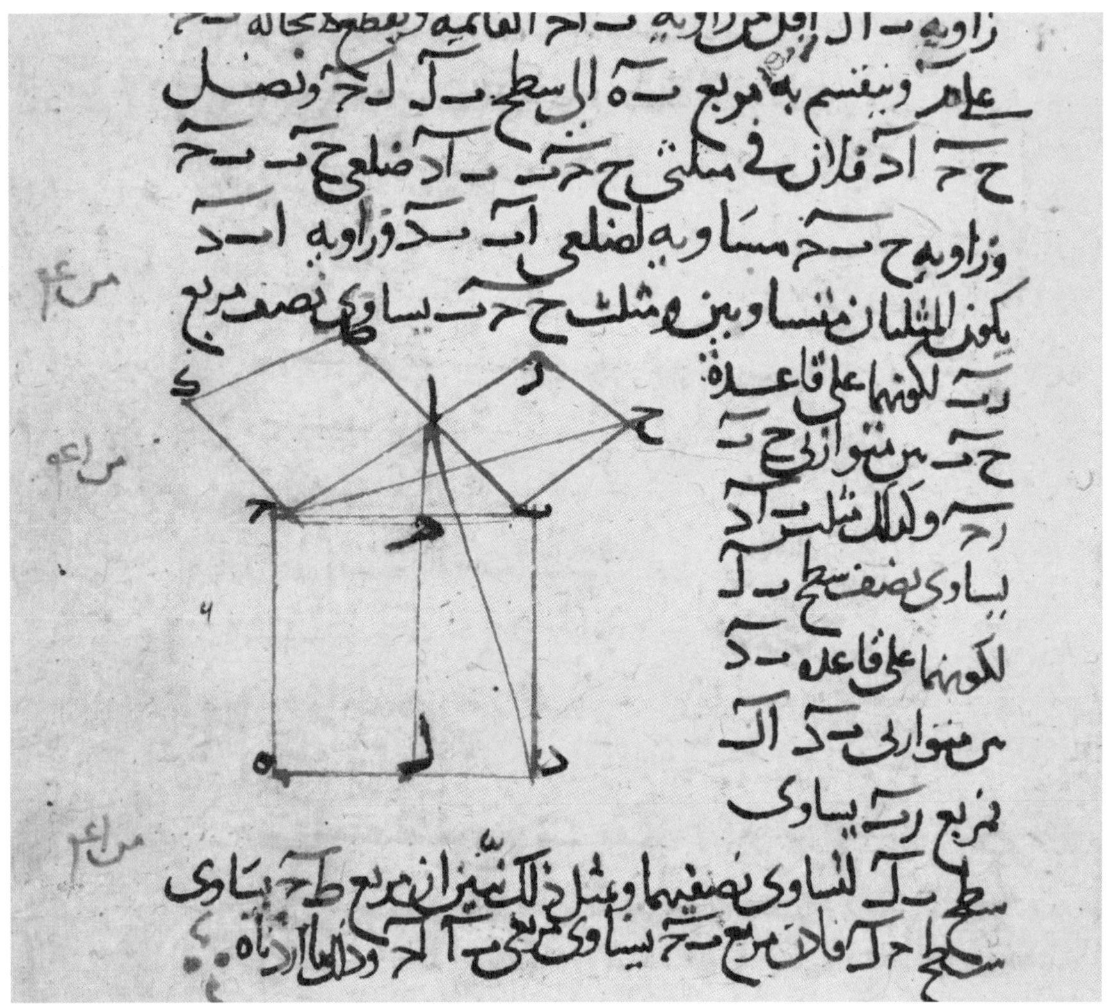

ペルシャの有名な学者ナスィーロッディーン・トゥースィーは1258年，ユークリッドの『原論』にある「ピタゴラス定理の証明」の解説をアラビア語で出版しました。

暗唱させられてきたフレーズには次のように要約されています。「直角三角形のもっとも長い辺（斜辺）の上につくられた正方形の面積は，ほかの二つの辺の上につくられた正方形の面積の和に等しい」。けれども，このフレーズではピタゴラスの定理がなぜそんなに重要なのか，到底わかりません。現実に正方形が三つきちんとそろっている状況に出会うことなど，そうそうないのですから。

この定理の偉大さは，平方根を求められるようになったところにあります。ある数Xの平方根とは，同じ数Aをかけ合わせて（二乗して）Xになるとき，まさにかけ合わせたもとの数Aのことです。たとえば，9の（正の）平方根は3です。9は3と3をかけ合わせた数だから，すなわち$3 \times 3 = 9$だからです。いいかえると，もし面積が9m^{2}となる正方形の部屋の間取りを設計したければ，部屋の四辺の長さをすべて3mとしなければなりません。現代の数学の表記では，計算は次のようになります。

$\sqrt{9} = 3$

このとき，奇妙なチェックマークのような「平方根」を意味する記号$\sqrt{\ }$を使います。さあ，これでピタゴラスの定理を使って，必要な棒の長さを求めれば三角形をつくれますし，もっと楽しいことに，先ほどの棒から宝物までの道のりもわかります。仮に棒Bを3cm，棒Cを4cmとします。二本の棒はすでにL字形に固定されています。三角形を完成させるためには，棒Aが何cmあればよいかを知りたいですね。

$$\begin{aligned} A^2 &= B^2 + C^2 \\ &= 3^2 + 4^2 \\ &= 9 + 16 \\ &= 25\,\text{cm}^2 \end{aligned}$$

A^2がいくらかわかっていますが，求めたいのはAの値です。つまり，正方形の面積がわかっていて，知りたいのは一辺の長さというのと同じです。平方根を求めるとは，こういうことなのです。

$$\begin{aligned} A &= \sqrt{25} \\ &= 5\,\text{cm} \end{aligned}$$

今あげた面積の例のように，3m，4m，5mの場合でも，そのほかのどんな単位が使われていても，この合計は同様に有効です。ただし，3，4，5というのは偶然に選んだ数字ではありません。

ピタゴラスの定理を満たす数A，B，Cがすべてきりのよい整数であるとき，その数字を「ピタゴラス数」といいます。試行錯誤をくりかえしても，そう簡単に得られる数ではないのですが，古代ギリシャの幾何学者ユークリッドがかしこい見つけ方を発見しています。二つの異なる整数を選び（それぞれp，qと呼ぶことにします），大きいほうをpとします。この二つの数で，次の計算をしてみましょう。

$$\begin{aligned} A &= p^2 + q^2 \\ B &= 2pq \\ C &= p^2 - q^2 \end{aligned}$$

これで，ピタゴラス数が得られます。もし代数学が少しおわかりなら，このピタゴラス数が実際に成り立つかどうか，自分で証明してみましょう。ユークリッドの方法によれば，$B^2 + C^2$はつねにA^2と等しくなるはずです。

三つの正方形の面積の関係を表しているように見える
ピタゴラスの定理。
実は，ここから空間中の地点と地点の間の距離を
計算する方法が得られます。

三角法

古代エジプトの時代から重宝されてきた三角法
円の理解にも欠かせない

角度
（直角でない三角形の内角の
一方の角度の大きさ）

対辺（角度aの角と対向する辺）

$$\sin(a) = \frac{O}{H}$$

斜辺（直角の角と向き合う辺）

隣辺
（または底辺とも，
角度aの内角の隣にある，
斜辺でない辺）

$$\cos(a) = \frac{A}{H}$$

$$\tan(a) = \frac{O}{A}$$

一体どんなもの？

「三角法」とは，「三角形を測るすぐれた技術」といった意味です。三角形は，幾何学では最も基本的な図形です。測量や建築，天文学などあらゆるところで見ることができますから，とても古い技術だといわれても不思議ではありません。事実，三角法は，現在私たちが幾何学として，あるいは数学として認識するどんなものよりも古い技法なのです。古代エジプトとバビロンで4000年も前に実際に使われていた技術に，その萌芽を見ることができます。

そこからわかったことは，三角形と円は見た目はかなりちがうものの，三角法は円と密接な関係にあることです。もう一つ，ずいぶん昔から自然にわかっていたことがあります。それは，三角法で用いる関数すなわち三角関数を使えば，円の中を移動する点についても説明できるということです。そうした理由から，この関数は円運動やなめらかな往復（前後）運動などさまざまな数理モデルに使用されており，この本でもいくつかの方程式に出てきます。

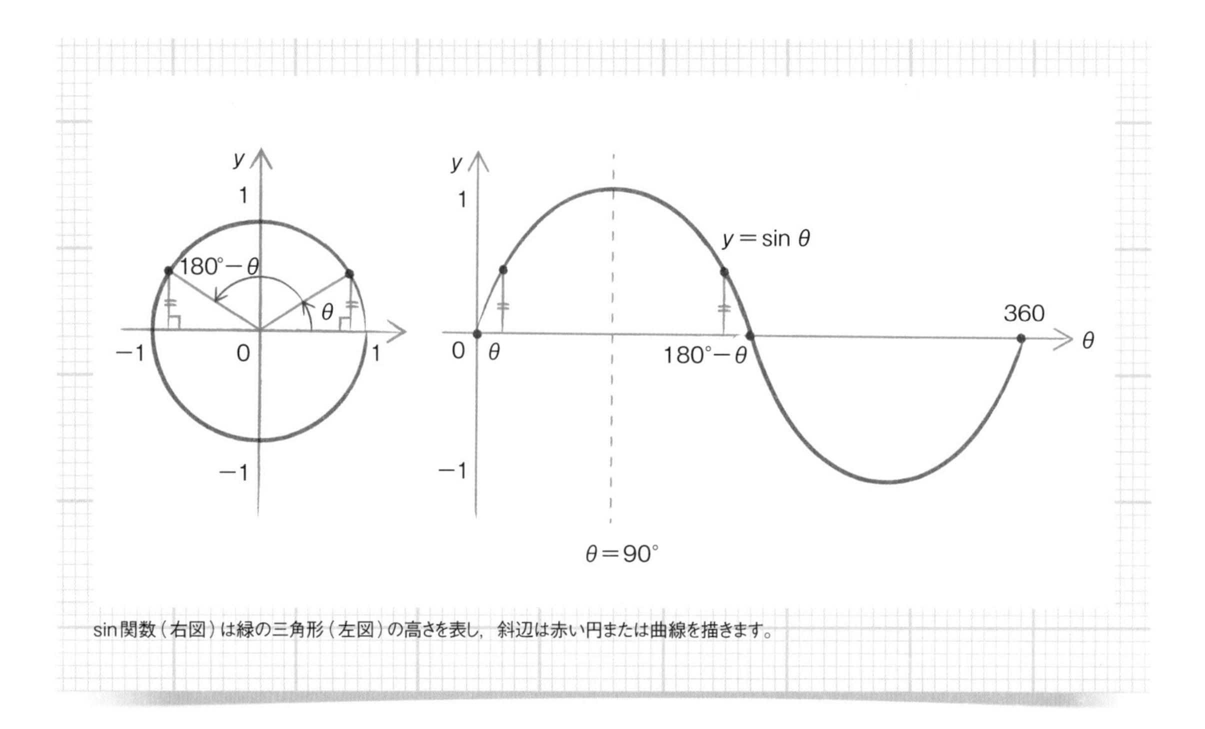

sin関数（右図）は緑の三角形（左図）の高さを表し，斜辺は赤い円または曲線を描きます。

詳しく知りたい

三角形を測ると考えると，三つの角の大きさと三つの辺の長さ，この二つが頭に浮かびます。両者が関係していることは明らかです。それを確かめるために，どんな棒でもよいので，三本用意して三角形をつくってみましょう。一種類しかつくれないことがわかりますね。辺の長さで角度があらかじめ決まってしまうようです。

このことは，実際の辺の長さよりも明らかに長さの比に関係があるようです。というのも，辺の長さが違うのに，すべての角度が同じ三角形があるからです。別の言い方をすると，三つの角が互いに等しい二つの三角形は，かたちは同じですが，大きさが異なる場合があります。幾何学の授業ではこれを，二つの三角形は「相似である」といいます。三辺の長さの比では，三角形の実際の各辺の長さではなく，角度が決まります。

西暦600年頃，インドの学者たちは，現在私たちが知る主だった三角比をつくりだしました。さまざまな名称をつけて使われてきましたが，今はサイン（sin：正弦），コサイン（cos：余弦），タンジェント（tan：正接）と呼ばれています。

このほかにも，三角比はさまざまな名称で呼ばれてきました。なかには，ある公式や作業に便利であるという理由から，現在でも別の名称が使われているケースもありますが，今はこの呼び方が最も一般的となっています。長い間，人々はいろいろな三角形を測って，苦労してこの三つの値を求めていました。どうして，そこまでする必要があったのでしょうか。答えは簡単です。その当時，なかなか解決できない日常のよくある問題が，三角法があれば対処できたからです。

たとえば，登るのが大変な高い木があるとします。あなたはその木の高さを測りたいと思っています。地面に寝そべると，木のてっぺんを見上げる角度が測れます。何か簡単な道具があれば，正確に角度が測れます。また，あなたが木を見ているところから地面沿いに木の根もとまでの距離も簡単に測れます。この二つの情報をもとに，三角法を使えば，木の高さを求めることができます。

角度xとその隣辺（底辺）の長さAがわかっていて，私たちは対辺の長さOを求めようとしています。公式から，次のように計算できます。

$$\tan(x) = \frac{O}{A}$$

測った角度が40°だったとします。一覧表でtan(40)を調べるか，計算機を使えば，値が約0.839であることがわかります。測った距離Aは10m（ここでも，10kmなど，ほかの単位でも数が10であればよい）でした。したがって，次のようになります。

$$0.839 = \frac{O}{10}$$

つまり，木の高さOは8.39mとなるはずです。このように，三角法は古代の測量師や建築にたずさわる者にとって，知っているととても役に立つ技術でしたし，後継の人たちに今もなお使われ続けています。

最もよく使われる数学の一部を構成する基本三要素，
円，角度，距離（長さ）。
三角法はこの三つを結びつけ，
不思議な調和をつくりだしています。

円錐曲線

円，楕円，放物線，双曲線は自然界の至るところに存在し，すべて一つのシンプルな幾何学的説明でつながっている

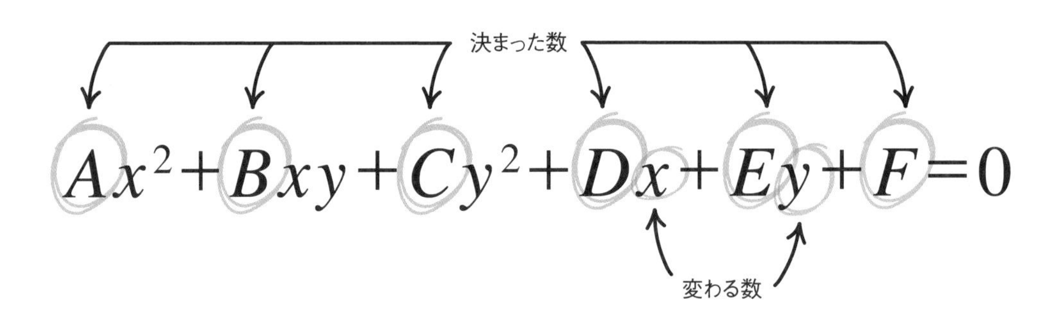

一体どんなもの？

懐中電灯の光を壁にまっすぐあててみましょう。光の円ができますね。では，ゆっくりと少しずつ上に向けていきましょう。円がだんだん伸びて，別の形になります。そのまま上に向けていくと，ある一点から突然，光が急にどこまでも広がっていくように見えます。さらに上に動かしていくと，しばらくは光も上に動いていきますが，ほんの少しずつかたちが変わっていきます。壁にできた光のかたちは，それぞれまったく別ものに見えますが，実はみな同じ「円錐曲線」です。どれもみな，懐中電灯の先から出る光の円錐の，文字どおり断面図なのです。

円錐曲線は，壁や懐中電灯とはまったく関係ない自然のなかにも不意に現れ，幾何学的に非常に美しい統一性を見せてくれます。これは，先ほどの例でいうと懐中電灯が実は三次元の光の円錐をつねにつくり続けているからで，部屋が煙っていたり，ほこりが舞っていたりすると，その円のつながりがよく見えると思います。二次元の場合，壁が円錐を「切断する」角度が変化するので，壁に映る形が変化しているというわけです。

詳しく知りたい

懐中電灯を傾けていくと，壁には楕円，円，放物線，双曲線が順に現れます（右図参照）。

円錐曲線は，数学上，最も重要な曲線に含まれます。ボールを投げると，軌道は放物線を描きます［ニュートンの第二法則（運動の第二法則），71ページ参照］。このかたちは，鏡やマイク，そのほか反射を利用して一点に信号を集中させる装置などでも使われています。アルキメデスが，紀元前３世紀のシラクサ包囲戦で巨大な放物面鏡をたくさん使い，太陽光線を集めて敵の船を燃やしたという言い伝えもあります。太陽系の惑星が太陽を中心として周回する軌道は楕円［ケプラーの第一法則，66ページ参照］のかたちですし，楕円にはおもしろい反射の性質があり，ロンドンのセント・ポール大聖堂の「ささやきの回廊」や音波を使った胆石の治療にもその性質が利用されています（ささやきの回廊はドーム屋根の内側の高さ30mにある回廊で，壁に向かってささやくとドームが完全な球体のため音が反射し，反対側まで声が届きます）。双曲線は石けんの膜や電界にみられ，建築やデザインでよく使われています。懐中電灯の光線が壁にあたってできる光の像は，懐中電灯が壁に平行となったとき，たとえば懐中電灯がまっすぐ上を向いたとき，放物線から双曲線へと変化します。ですから，ランプを壁に近づけると，たいてい双曲線状のかたちが現れます。

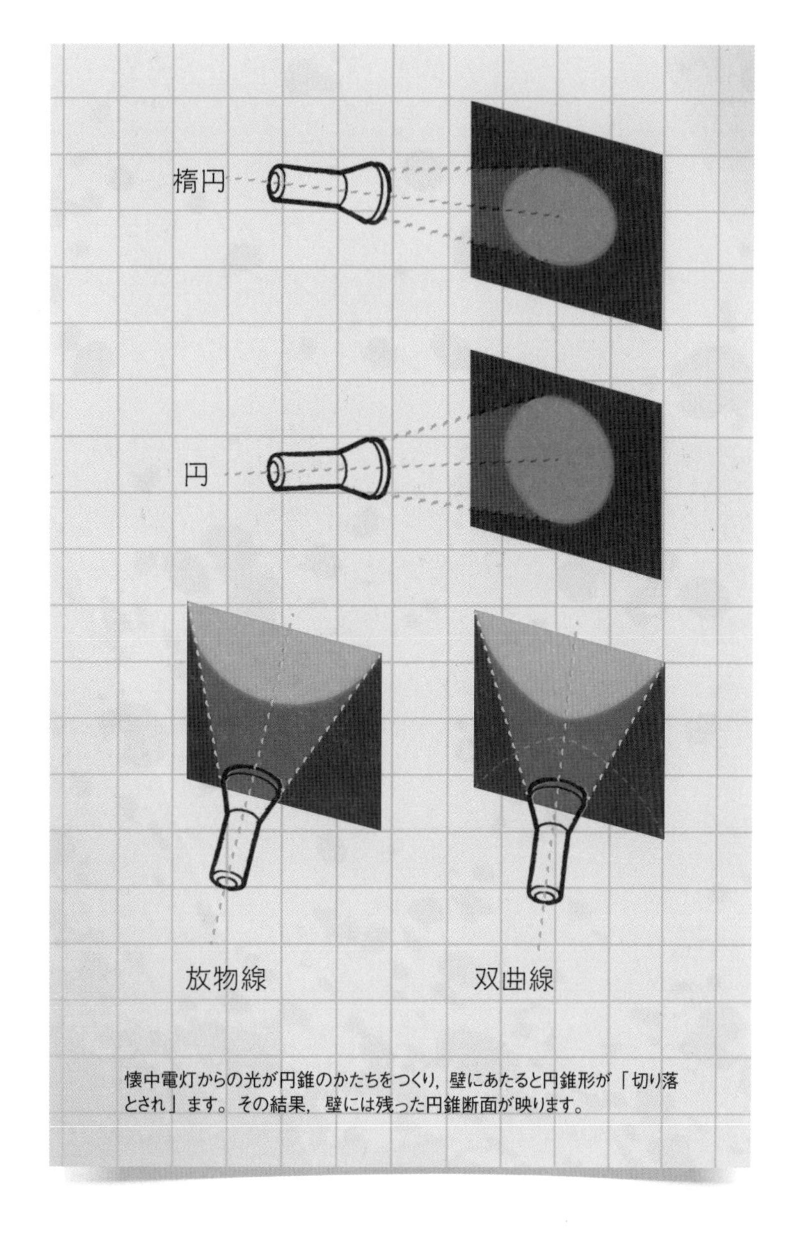

懐中電灯からの光が円錐のかたちをつくり，壁にあたると円錐形が「切り落とされ」ます。その結果，壁には残った円錐断面が映ります。

この方程式を使って曲線を描くために，まずAからFまでの記号の値を決めましょう。それ以外の文字（xとy）で二次元での点の位置を定義し，一つひとつの点が互いに独立したxとyの組み合わせとなるようにします［ピタゴラスの定理，12ページ参照］。では，この二次元上の各点を用いてこの方程式がすべて真である（正しい）かどうか，調べていきましょう。真であれば点は曲線に含まれ，真でなければ点は曲線に含まれません。私たちが確認した点のほとんどが真でないとしましょう。イコール記号で結ばれている式の左側の辺をすべて計算してゼロ以外になったとき，その点は曲線上にないことを意味します。左辺の計算がゼロになる点だけを選び，そこに小さな点で印をつけていきましょう。点は必ずつながり，懐中電灯を照らして壁にできた光のかたちのどれかが現れることがわかります。円，

多くの発電所と同様に，イギリスのディドコットにある発電所も
冷却塔の輪郭は円錐曲線の放物線です。

オーストラリアのアデレード大学の噴水もよく放物線を描きます。

楕円，放物線，双曲線……決まった数（定数）として選んだ値によってかたちは変わります。実際には，ほかにまだ二つの可能性があります。非常に注意して定数とする数を選べば，交差する二本の直線か，たった一点か，どちらかが現れるはずです。

古代ギリシャ人をとりこにした円錐曲線。
現代ではレンズの製造から建築に至るまで，
非常に幅広く利用されています。

ゼノンの二分法のパラドックス

運動が不可能であるという「証明」は
微積分の発明より2000年早く，そこにあと一歩まで迫っていた

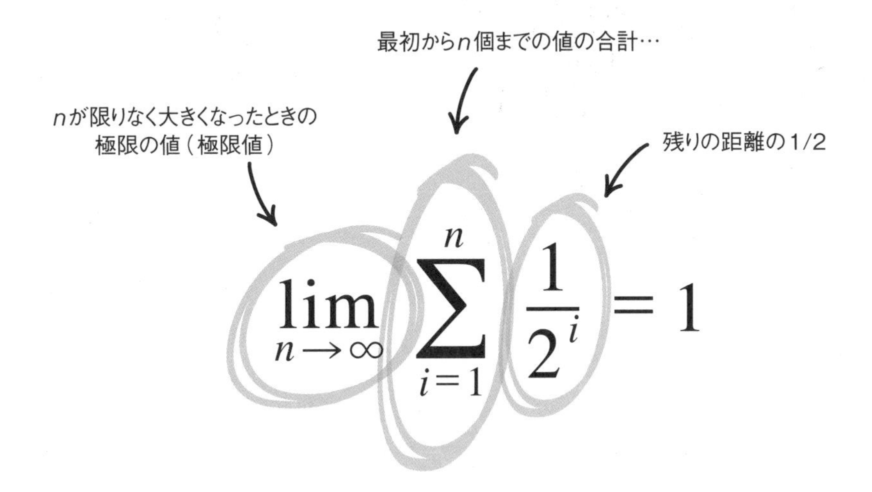

$$\lim_{n \to \infty} \sum_{i=1}^{n} \frac{1}{2^i} = 1$$

一体どんなもの？

古代の哲学者エレアのゼノンはこう言いました。今，あなたが部屋の真ん中に立っていて，部屋から出たいと思っていると想像してみてください。扉は開いていて，あなたと扉の間にさえぎるものは何もありません。まっすぐ扉まで歩き出してください——ただし，少しやっかいな条件があります。まず，扉までの距離の半分だけ，進まなければなりません。次に，またドアまでの距離の半分，進まなければなりません。扉にはまだ着いていないはずですから，この動作を何回も繰り返してドアまで進まなければなりません……。

さて，何回繰り返せばよいでしょう？　ゼノンの考えでは，正解は「無限回」です。結局のところ，動くたびに扉に近づいてはいきますが，その次の一歩も残りの距離の半分しか進まないわけですから，扉までの距離がゼロになることは決してありません。ゼノン自身，結論として，有限の時間のなかで何かを無限回できるわけはないのだから，部屋から出ることは不可能！　と言っています。

この議論は，実はそうばかげた話でもないのです。空間・時間・運動について古代の人々がもっていた，ある考えに対して，ゼノンはその矛盾を示すために連係した一連の四つの説（パラドック

ドアに到達するには，ベティはまず部屋の途中から残りの距離の半分まで進み，次に新しい残りの距離の半分を進まなければならない――永遠に続きそうな作業です。いったい彼女は脱出できるのでしょうか。

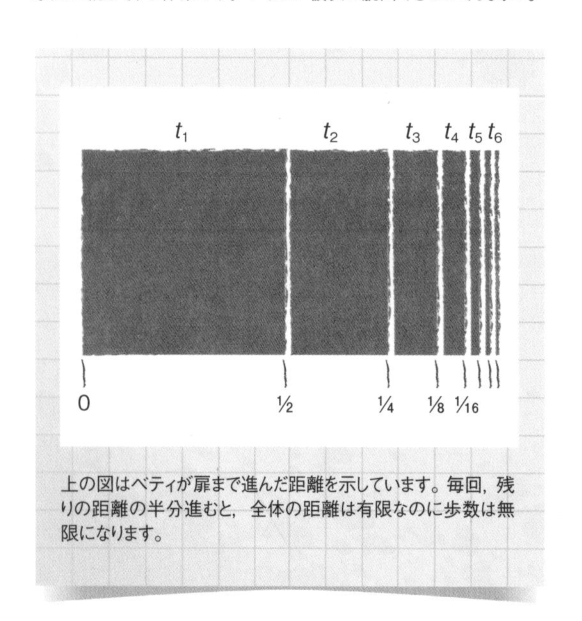

上の図はベティが扉まで進んだ距離を示しています。毎回，残りの距離の半分進むと，全体の距離は有限なのに歩数は無限になります。

ス）を思いつきました。これは，そのうちの一つですが，私たちは彼の説の哲学的な部分よりも数学的な部分に興味を覚えます。ゼノンが着目したのは，与えられた距離が，扉までの距離の半分，そのまた半分，またさらに半分……といった具合に，何度も半分ずつ進んだ距離の合計と等しいように見える点です。現代数学でいうと彼が発見したのは「極限値」という概念で，18世紀には数学と物理学の基礎的な手法となりました。

どうして重要？

無限とは難しいテーマですが，それは哲学研究の範囲にとどまるものではありません。たとえば数学でも，「何かを無限に足し合わせると，まったく普通の有限な何かが得られる」という考えは，明らかに非現実的に見えます。結局のところ，すべての和を計算することは現実に不可能なのですから，この作業には終わりがありません。このような問題に対してアリストテレスは，実際に存在する無限と単に可能性としての無限，この二つの重要な区別を行いました。このおかげで，明確な最終点がなくても，望むだけ無限が続くことになりました。

一番簡単な例として，数を数えるという作業があります。私は今，数えたいだけ数え続けることができます。当然ながら最大の数というものは存在しない（数に1を足せば，つねに大きな数が得られます！）ので，この作業は無限に行える余地があります。でも，現実に「無限」まで数えることはできません。先ほどのゼノンの説の動作も「無限まで数える」作業とよく似ていて，明らかに起こりえないように思えますね。

17世紀の終わり，物理学が「微積分」という新たな手法を使い始めると，ゼノンのパラドックスは大問題になりました。この手法は非常に便利ですが，無限に小さい（無限小の）距離の計算のように，発明した本人たちですら正当かどうかが証明できない方法に頼っているように見えたからです。実はニュートンと彼の信奉者たちの新しい物理学がゼノンのパラドックスのような，いい加減な考えに基づいていたとしたら？　これはとても心配になりますね。ですから，微積分を使って数学の問題を解くことと，すぐれた新たな物理学の理論を生み出すこと，この二つのはざまで悩む多くの人々が，この「無限」をどう解釈すればよいか問い始めたのです。その結果として生まれたのが「極限値」という概念です。難しそうですが，極限値は現代の数学やそれを用いる応用分野の多くで幅広く用いられています。

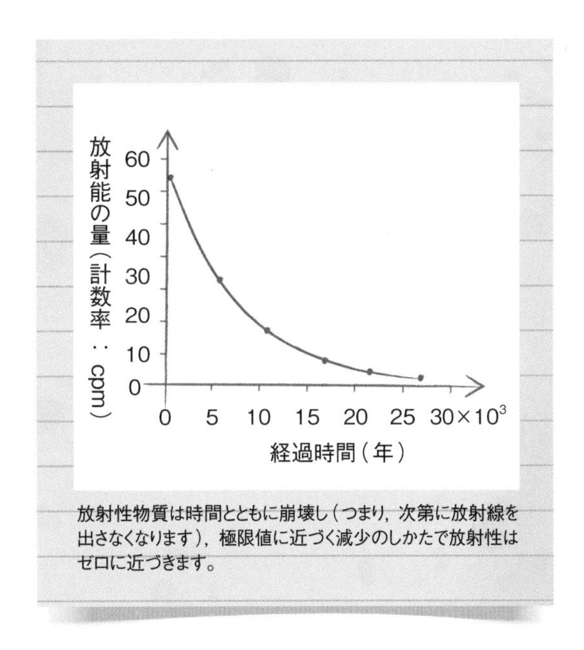

放射性物質は時間とともに崩壊し（つまり，次第に放射線を出さなくなります），極限値に近づく減少のしかたで放射性はゼロに近づきます。

詳しく知りたい

ゼノンの二分法の内容をひも解くために，一般的な表記記号を二つ知っておいたほうがよいでしょう。ちなみに，ゼノン自身もその記号を知らなかったと思います。どちらの記号も，この本のあちこちに出てくる方程式に登場しますし，見た目とちがって全然おそろしいものではありませんので，知っておく価値はあると思います。一つめはジグザグのような記号Σですが，これはギリシャ文字のアルファベット，シグマの大文字です。二つめはlim。これは英語のlimit（極限）そのままの表記です。

シグマはギリシャ文字で英語のSにあたり，ここでは「合計（sum）」，特に「総和（すべての数の合計）」を意味します。つまり，この大きなsumの記号のあとに書かれた内容がすべて足されていくことになります。でも，実際にどうやってやるのでしょうか。

シグマの下に$i = 1$という添え字の方程式があり，上にnと一文字書かれています。これがシグマを使うヒントとなります。では，シグマをn階建ての建物だと想像してみてください。私たちは一階から入って，階段を上がっていきましょう。1つ階段を上がって踊り場に着くたびにiに1を加え，次にシグマの記号のあとに書かれた式の数値を求めます。結果をメモして，さらに進みましょう。最上階（$i=n$）に着いたときには，メモに数字が並んでいますから，それを足し合わせて，つまり「合計（sum）」して最終結果を得ます。

10階建ての建物の場合，式に書くと，次のようになります。

$$\sum_{i=1}^{10}\frac{1}{i}=\frac{1}{1}+\frac{1}{2}+\frac{1}{3}+\frac{1}{4}+\frac{1}{5}+\frac{1}{6}+\frac{1}{7}+\frac{1}{8}+\frac{1}{9}+\frac{1}{10}$$

左辺には，$i=1$から始まる10階建てのシグマ記号が書かれていますね。シグマ記号のとなりに$1/i$と書かれているので，1階から上がって踊り場に着くたびに，$1/i$を計算して，さらに続けます。最後に，得た値をすべて足し合わせて答えを求めます。計算する値はそんなに大きくありませんが，計算機を使ってもかまいません。

次に，これと似た計算例を紹介しましょう。ゼノンの二分法のパラドックスであげた例で，「10歩近づいたら，扉にどのくらい近づくか」を表しています。

$$\sum_{i=1}^{10}\frac{1}{2^i}=\frac{1}{2}+\frac{1}{4}+\frac{1}{8}+\frac{1}{16}+\frac{1}{32}+\frac{1}{64}+\frac{1}{128}+\frac{1}{256}+\frac{1}{512}+\frac{1}{1,024}+\frac{1}{2,048}=\frac{2,047}{2,048}$$

アルキメデスの「取り尽くし法」に基づいてつくられた一連の多角形。青い線でふちどられた円のかたちにだんだん近づいていきます。

ちょっと見れば，この合計が実に的を射た表し方だと気づいていただけると思います。最初，扉から半分の距離まで進みます。次に全体の1/4の距離を進み（残りの距離の1/2），さらに全体の1/8の距離（再び残りの距離の1/2）……と進みます。すべてを合計すると扉に非常に近くなっていることがわかりますが，扉にはまだ到達していません。

この例では，正確に10歩進む必要は特になく，nのかわりに10を使ってシグマの表記を少しわかりやすくしているだけなので，好きな歩数を代入して扉までの距離を求めることができます。

$$\sum_{i=1}^{n}\frac{1}{2^i}$$

すでに気づいている方もいるかもしれません

が，ゼノンは扉に到着するまでの歩数を設定していません。何歩進もうと，扉に近づきこそすれ，到達することは決してないと彼は述べています。現代の数学用語でいうと，極限値を与えないかぎりnはどんどん大きくなるのです。では，どうなるか見てみましょう。ここで，limの出番です。

もう少し簡単な例を見てみましょう。

$$\lim_{n\to\infty}\frac{1}{n}$$

nが大きくなると，$1/n$はどんどん小さくなっていきます。したがって，nが非常に大きくなると$1/n$は限りなく0に近くなります。さらには，どんなに小さくても「誤差」があると，$1/n$が誤差の範囲内で0に近づくようにnの値を求めることができますし，その値以降はnが増えても$1/n$はつねに誤差の範囲内にあります。「nが限りなく大きくなるとき，$1/n$の極限値は0である」と表します。これは決して「nは無限になる」という意味ではなく，「nはどこまでも増え続けることができる」という意味です。つまり，それが極限の値というわけです。

では，表題の方程式が示す内容を見てみましょう。

$$\lim_{n\to\infty}\sum_{i=1}^{n}\frac{1}{2^i}=1$$

「nが限りなく大きくなるとき，初項から第n項までのすべてのiの$1/2^i$の総和の極限値は1である」と表します。確かに長い文でなかなか言いにくい表現ではありますが，二つの幾何学的な直観による認識を正確に表しています。すなわち，残りの距離の半分進むたびに扉に近づく（すなわち，扉までのもともとの距離全体1を進む）こと，そしてたくさん進んでよいのなら好きなだけ扉に近づける（といっても，決して扉に到達しない）ということです。

この洗練された18世紀の極限の概念は，その昔，アルキメデスが「取り尽くし法」を使って円周を求めたとき，すでにほぼ完成していました。彼は，正多角形を円の内側にぴたりとおさめて（内接させて），辺の数を際限なく増やしていくと，多角形は次第に円のかたちに近づいていくことに着目しました。現代の数学用語でいうと，アルキメデスは「辺の数が増えるとき，正多角形の周囲の長さの極限値は，円の円周である」と認識したということです。これによって彼は円周率πの近似値を得ることができました［オイラーの等式，51ページ参照］。

どんどん小さくなる一歩を
無限回重ねて極限値に近づくのは，
哲学的な言葉あそびのように見えて，実は微積分の核心です。
これは数学におけるあらゆる発明のなかで
最も便利な発明に数えられます。

フィボナッチ数

五角形，古代神秘主義，ウサギの繁殖に関わる数とは？

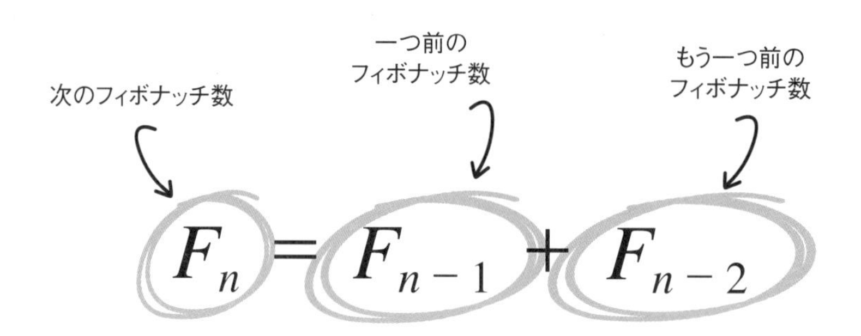

$$F_n = F_{n-1} + F_{n-2}$$

一体どんなもの？

1202年，フィボナッチという名で知られるピサのレオナルドは，著書『そろばんの書（Liber Abaci）』に次の問題とその解を示しました。あなたが農夫で，特別な種類のウサギを育てていると想像してください。ウサギは1カ月で成熟し，とても長生きする種です。成熟したメスは毎月オスとメスを一匹ずつ産みます。あなたは生まれたてのオスとメスを連れていき，大草原に放しました。食料がふんだんにあって，敵はまったくいません。ウサギたちのその後を自然の成り行きにまかせ，nカ月後にあなたは草原に戻ってきました。つがいのウサギは何組になっているでしょうか。答えはn個めのフィボナッチ数F_nとなります。ページ上段の方程式が計算のしかたを示しています。

フィボナッチが提示した問題はつまらなさそうに見えるかもしれません。たしかに，現実にはあまり起こりえない状況です。にもかかわらず，フィボナッチ数は驚くべき大発見なのです。この数は，多くの人々に神聖視され，あるいは神秘として称えられてきた「黄金比」という古代の数と深い関わりがあるのです。また，さまざまな数学の難問とも驚くようなつながりがあります。さらに自然のなかで，特に生物学において，かなり多くの場面でこの数列が発見されています。もしかしたら，フィボナッチ数のようなシンプルな規則性が，複雑なすがたの生物を生み出す有機的な成長がどのようにして比較的小さいDNAにコード化されうるのかを，解明してくれるのかもしれません。

どうして重要？

実はフィボナッチ数のとりこになっているのは，科学者でもエンジニアでもなく，その多くは数学者です。この数を数学者がおもしろがる数学的な理由については，のちほどお話しします。先にこちらに注目しておきましょう。この特別な数の発明のなかで，フィボナッチはとても大切な概念を生み出しています。それは「漸化式（ぜんかしき）」です。

大まかにいうと，決して変わらない規則性に基づいて，次の項がその一つ前または複数の前の項によってのみ決まる，すべての数列のことです。

漸化式に見られる，前の項から次の項への値の進みかたは，時間をかけて進展するさまざまなプロセスを説明するときに大変便利です。きわめて簡単な漸化式では，たとえば，みなさんの銀行口座の預金額（毎月決まった額を振り込んでいると仮定して）や住宅ローンの金額などに利用されています[対数，46ページ参照]。経済学者はさらに複雑な漸化式をよく使っていますし，生物学者やエンジニアもしかりです。また別に，「マルコフ連鎖」と呼ばれる漸化式があります。基本的に直前の値一つだけで求めることができ，たいていは偶然の要素がふくまれます。こちらの漸化式

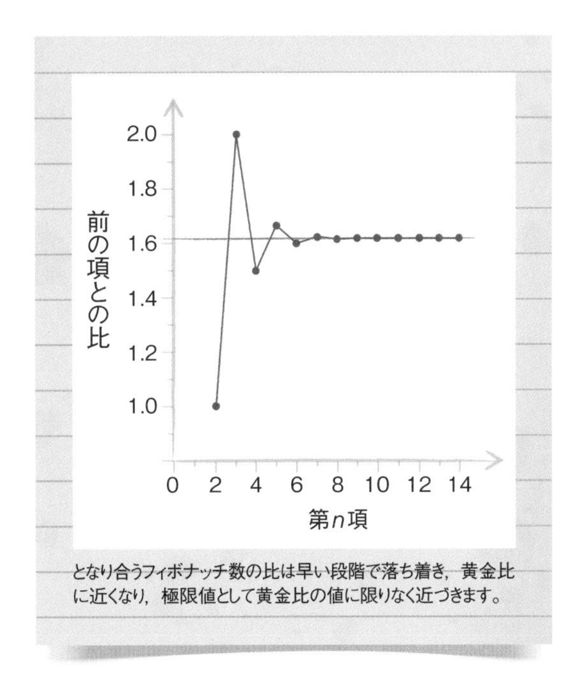

となり合うフィボナッチ数の比は早い段階で落ち着き，黄金比に近くなり，極限値として黄金比の値に限りなく近づきます。

フィボナッチのウサギの家系図は，少なくとも理論上は漸化式に基づくはずです。しかし，現実はもう少し複雑です。

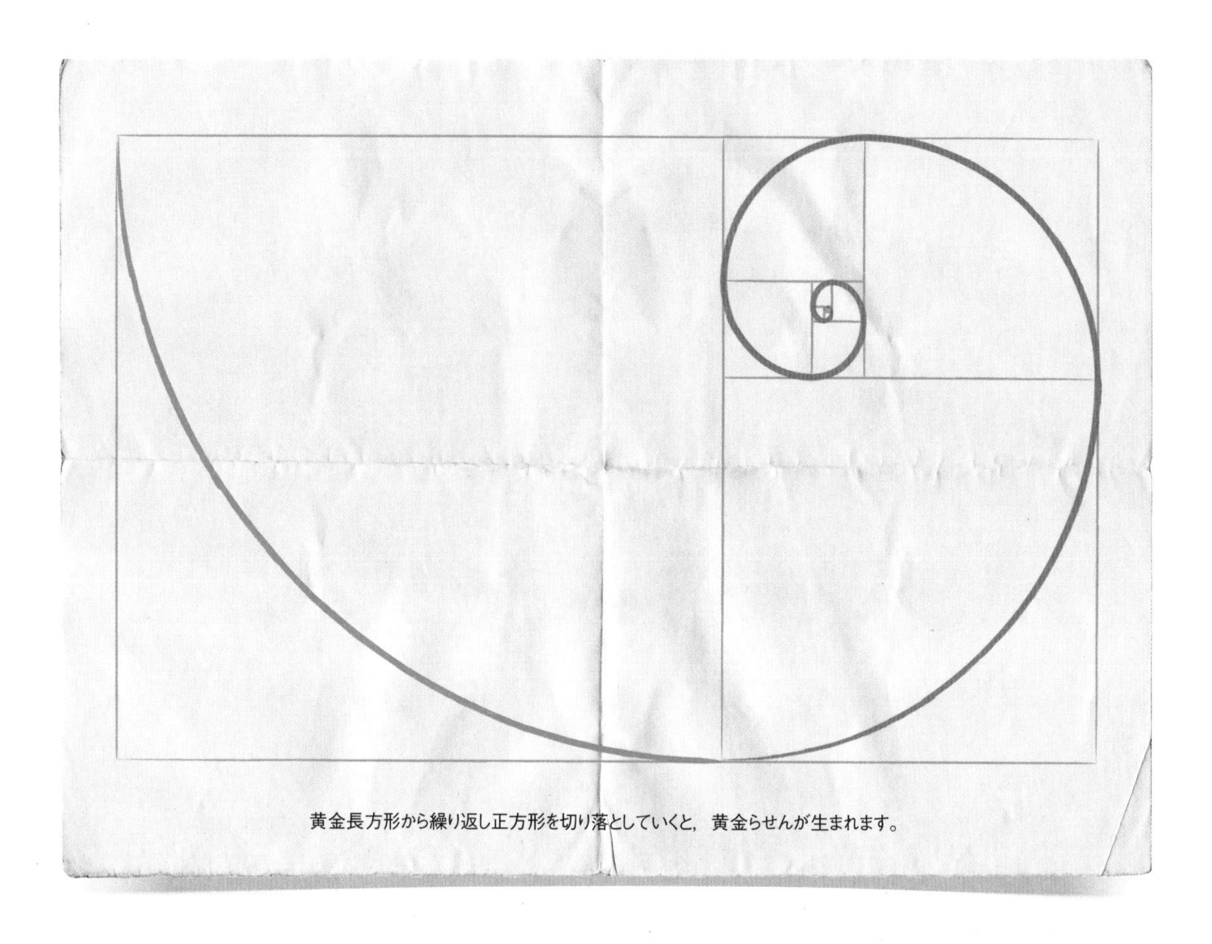
黄金長方形から繰り返し正方形を切り落としていくと，黄金らせんが生まれます。

も，熱の拡散の物理学［熱伝導方程式，103ページ参照］から経済予測［ブラウン運動，90ページ参照］にいたるまで，実にさまざまなところで利用されています。

一方で，純粋数学に貢献し続けている漸化式もあります。最も有名なものをご紹介しましょう。数列の最初の項は，素数なら何でもかまいません。ただ一つ決まりがあって，最後の数が偶数なら1/2に，そうでない場合は3倍して1を足します。たとえば最初の項を7とすると，数列は以下のようになります。

7，22，11，34，17，52，26，13，40，20，10，5，16，8，4，2，1，4，2，1，4，2，1，4，2，…

数はいったんはあちらこちらへ飛びますが，最終的に1という数にたどり着き，その後は三つの数字のシンプルな繰り返しに落ち着きます。では，どの数から始めても，いつも同じ結果になるのでしょうか。つまり，最終的に数列には必ず1が出てくるのでしょうか。

いわゆるコラッツ予想と呼ばれる考えによれば，そうなります。わかりやすい現象ですが，この予想が実際に真（正しい）かどうかは誰にもわかっていません。もしその答えが見つかれば，ほぼ間違いなく新たな数学の概念の発展に影響を与え，おそらく幅広い利用が期待できるでしょう。

詳しく知りたい

さて，フィボナッチ数は数列をつくることがわ

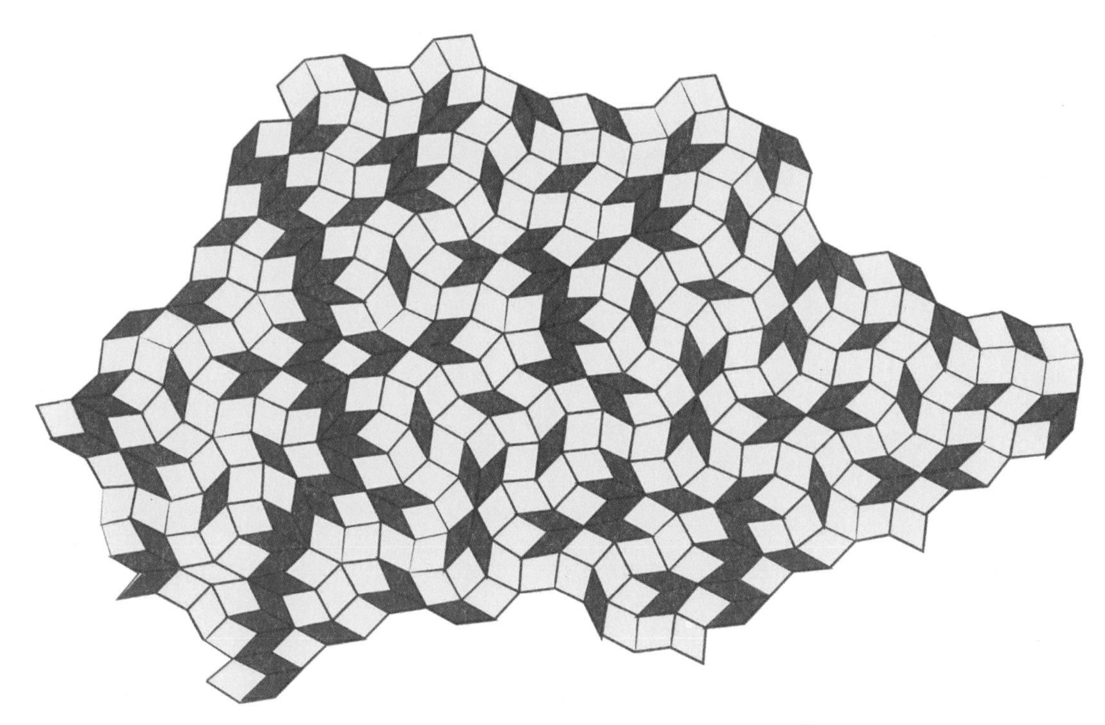

タイルどうしの角度が黄金比に基づくペンローズタイル。どこまで続けても，まったく同じパターンを繰り返すことはありません。

かりました。それぞれのフィボナッチ数を書き出す場合，F_nは数列のn番目の数になります。フィボナッチ数のつくりかたとしては，単純に前の二つの数を足し合わせればよいのですが，最初となる数が必要なので，$F_1 = 1$，$F_2 = 1$とします。ここから$F_3 = 1 + 1 = 2$と計算でき，数列の計算を始められます。最初のほうの数はこのようになります。

1，1，2，3，5，8，13，21，34，55，89，144，233，377，610，...

そして永遠に続いていきます（あるいは飽きるまで）。

フィボナッチ数列の数は明らかに大きくなっていきますが，それ以外のパターンを見つけるのは少し難しそうです。でも実は，この数列にはいろいろなパターンがひそんでいます。

重要な例として，それぞれのフィボナッチ数を一つ前の数でわって分数にした場合の変化を見てみましょう。

1/1，2/1，3/2，5/3，8/5，13/8，21/13，34/21，55/34，89/55，...

不思議なことに，この分数を計算機で計算すると，まるである特定の数に集まっていくかのように，数があまり変化しなくなっていることがわかります。現実に，これらの数が極限値に近づくことを証明することもできます［ゼノンの二分法のパラドックス，23ページ参照］。

$$\lim_{n\to\infty}\frac{F_n}{F_{n-1}}=\frac{1+\sqrt{5}}{2}$$

この極限値はϕ（ギリシャ文字のファイ）とい

う記号で表されます。これが，いわゆる黄金比と呼ばれるもので，およそ1.618（正確には少し異なる）です。正五角形（同じ長さの辺が五つある図形）を定規とコンパスだけで描きたいときも，まさにこの数が必要になります。芸術家や職人にとっては大切な実用技術とされていましたし，古代ギリシャ人はこの数のおかげで，フィボナッチとあの想像上のウサギの話よりもずっと前に黄金比を発見しています。

黄金比には非常に不思議な歴史があり，今日でも何か魔力のようなものをもっていると思っている人がいます。こうした人々は，多くの自然現象はこの比によって成り立ち，建築家や芸術家はこの比を使って本能的に心地よいと感じる構成比率を取り入れた作品をつくっていると主張しています。残念ながら，その主張の大部分は間違いであることが明らかになっています。しかし，黄金比は「準結晶」と呼ばれる自然の構造のなかにも見られ，今も化学者たちが積極的に研究を続けています。

黄金長方形（30ページの図参照）といわれるものに関しては，もっと大胆な主張もよく聞かれます。この種の長方形から正方形を切り取ると，残りのかたちは最初の長方形とまったく同じ比の構成になります。つまり，切り取る正方形はだんだん小さくなりますが，切り取る作業は永遠に（あるいは飽きるまで）続けられるというわけです。正確に何度も黄金長方形を切っていくと，切り取った正方形でそれぞれ円を1/4描くことができ，やがて黄金らせんができあがります。とても美しいかたちです。これは長方形の長いほうの辺（長辺）が短いほうの辺（短辺）× ϕ の長さであるときにだけ有効です。その理由を少し考えてみましょう。もし有効であるなら，たとえば一番大きい長方形の長辺の長さを r，短辺の長さを1とすると，1×1の正方形を切り取るとき，残る長方形の辺の長さは短辺が $r-1$，長辺が1となりますね。つまり，r が次の方程式を成立させていなければなりません。

$$\frac{1}{r}=\frac{r-1}{1}$$

少し書き換えると，$r^2-r-1=0$ という方程式になります。高校レベルの代数で計算すると，二つの可能な解の一方は ϕ になります（もう一方の値も有効です。長方形をその辺を中心に，ただ反転させているだけです）。

さまざまな自然の営みのように，繰り返しによって複雑なものをつくりだす漸化式。永遠のように続くその動きは，しばしば驚きに満ちています。

微分積分学の基本定理

微積分は数学の万能ツール
その核となるのがこの方程式

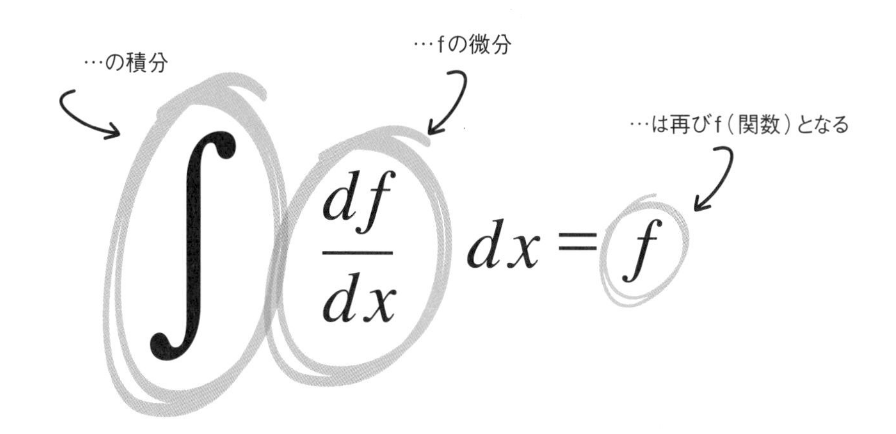

$$\int \frac{df}{dx}\,dx = f$$

一体どんなもの？

微分積分学は英語で，Calculusといいます。ラテン語で「小石」を意味するcalculusに由来しています。古代には，簡単な計算の記録に小石などの道具がよく使われました。微分積分学のほかに，calculation（計算）やcounter（カウンター）も，calculusを語源としています。カウンターは，現在も試合のスコアを記録するためなどに広く使われています。また，小石を枠にはめて使うそろばんが考案され，その一種が今も多くの国の子どもたちに使われています。やがてcalculusという言葉は，機械が行う作業も人間の手作業で行う技法も，数学の助けとなるものすべてを意味するようになりました。けれども1700年代以降，その名にふさわしいもの一つだけに，この語が使用されるようになりました。それが微分積分学です。ニュートンとライプニッツがそれぞれ独自に考案したもので，今なお発展し続けている分野です。微分積分学という一つの，あるいは一連の手法は数学のあらゆる分野と，数学以外の微積分を用いるほぼすべての分野と関わってきたといって差し支えないでしょう。古代ローマ人は小石をつかう魔術師をcalculariiと呼んでいました。ひいては，素人には入りこめない謎めいた微分積分学も，魔術のようにすばらしいという意味でCalculusと呼ばれているのかもしれません。

微積分には，微分と積分の二種類があります。微分はものの変化率をその動きから考えることができます。たとえば，車の位置が時間とともにどのように変化していくかを知っているとしましょう。微分を使えば，どの特定の瞬間でも，そのときの車の速度を求めることができます。積分は，数を足し合わせる新しい方法であり，ほかの方法では求めるのが難しい，あるいは求められない面積や体積が求められます。微分も積分も極限値［ゼノンの二分法のパラドックス，23ページ参照］を使います。微分積分学の基本定理から，微分と積分はまったく別もののように見えても，実は密接に関係していることがわかります。言うなれば，かけ算とわり算の関係と同じで，微分と積分は互いの計算をもとに戻す操作です。

どうして重要？

微分と積分では，微分の重要性のほうがわかりやすいと思います。微分は，空間での運動を運動の速度に転換します。速度が変化するときは加速度も求められます。本書では実際の計算方法は説明しませんが，参考になりうる具体例を紹介します。微積分は初めてという方も，私を信用して一緒に足を踏み出してみましょう。

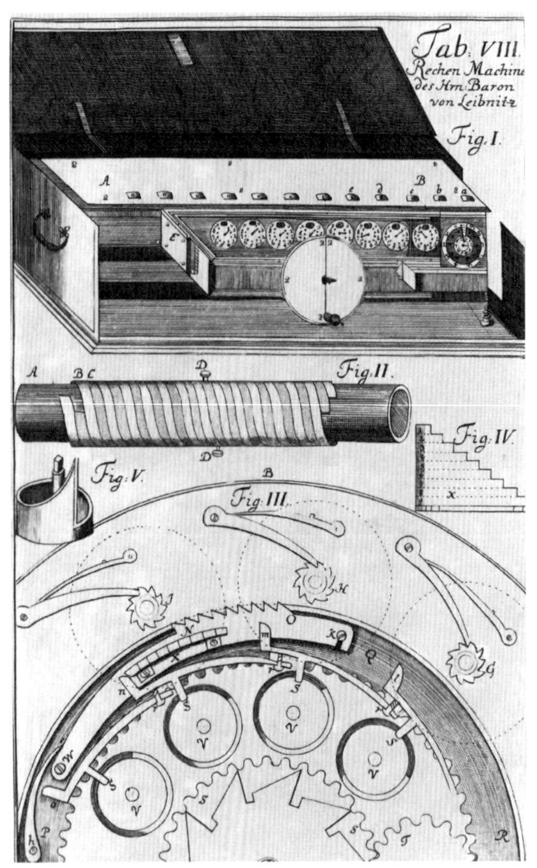

基本的な四則演算をすべて行えるライプニッツの計算機

高さ200 mの塔のてっぺんから球を落とし，落下する様子を動画で撮ったとします。ビデオを解析し，t秒後の球の地面からの高さの近似値を次の式を使って求めてみましょう。

$$h = 200 - 4.9t^2$$

一度この式を微分すると，一秒ごとの球の位置の変化率，すなわち速度についての公式が得られます*。

$$\frac{dh}{dt} = -9.8t$$

簡単な規則を二つ三つ使えば，この答えが得られます。ここで重要なのは，大まかには分数dh/dtが「時刻がほんの少し変化したときに変化するボールの高さ」を表していることです。一般的な言葉でいうと，「各瞬間の球の落下速度」です。球を落下させる前の高さを基準に考えます。瞬間の落下速度dh/dtは時刻tによって変化することに注目しましょう。落下するにつれ（落下時間が進むにつれ），球の落下速度が増していくからです。球は地面に向かって下方向に進みますから，もとの高さに対して減少している，すなわち負になると考えると，dh/dtは負の数になる，つまり時間が進むほど落下前の高さから減少していくというしくみです。

もう一度，同じことをやってみます。今度は「球の位置の変化率の変化する率」，一般的に「加速度」とよばれるものを求めてみましょう。

$$\frac{d^2h}{dt^2} = -9.8$$

33ページでは，左辺に何やら奇妙な記号∫（インテグラル）が書かれていますね。今見ているのは「二次導関数」**であるということ以外，特に重要なことはありません。右辺はもはや時刻と関係がないので，気をつけましょう。球の加速度は9.8 m/s^{2}で一定です。これは単に，重力により生じる球の加速度にすぎません。球が落下するときに唯一，球に作用しているのが重力で［万有引力の法則，76ページ参照。ニュートンの第二法則（運動の第二法則），71ページ参照］，重力はつねに一定だからです。これはガリレオの伝説的な実験の結果と一致しています。左のイラストのように，重さの異なる二つの球をピサの斜塔から落とすと，重い球と軽い球は二つ同時に地面に着きます。重力は二つの球にまったく同じように作用しており，重さは関係ありません。

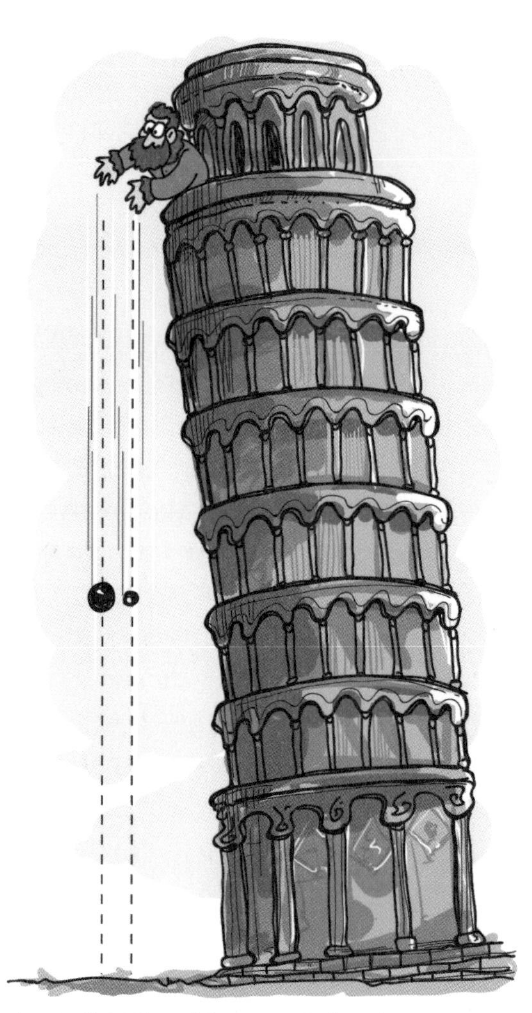

ガリレオの落下実験は，「重いものほど速く落ちる」というアリストテレスの考えに反して，「すべての落下する物は，その質量に関係なく，同じ割合で加速する」ことを示しました。

このシンプルな物理学的な設定なら，三次導関数の意味も理解できます。一般的に，加速度の変化率を「ジャーク（加加速度ともいう）」といい，体感が不快かどうかを正確に表す量です。さきほどの球を落とす実験の場合，少なくとも球が地面に着くまでジャークはゼロであることがわかっています。自分でも調べられます。加速度は一定（時刻の変数tと関係がない），つまり加速度は変化しないので，変化率はゼロです。

逆に，たとえば何かの加速度がわかっていて，その何かの動作について（進行方向や速度など）知りたいとします。ここで登場するのが，微分積分学の基本定理です。この定理があれば，積分と

---

* dh/dtは，関数hをtで一回，微分するということです。

** 関数hを二回，微分する場合はd^2h/dt^2と表します。これを「二次導関数」と呼びます。

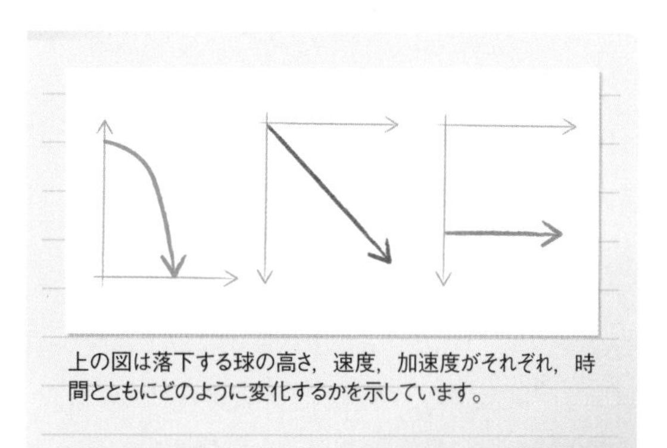

上の図は落下する球の高さ，速度，加速度がそれぞれ，時間とともにどのように変化するかを示しています。

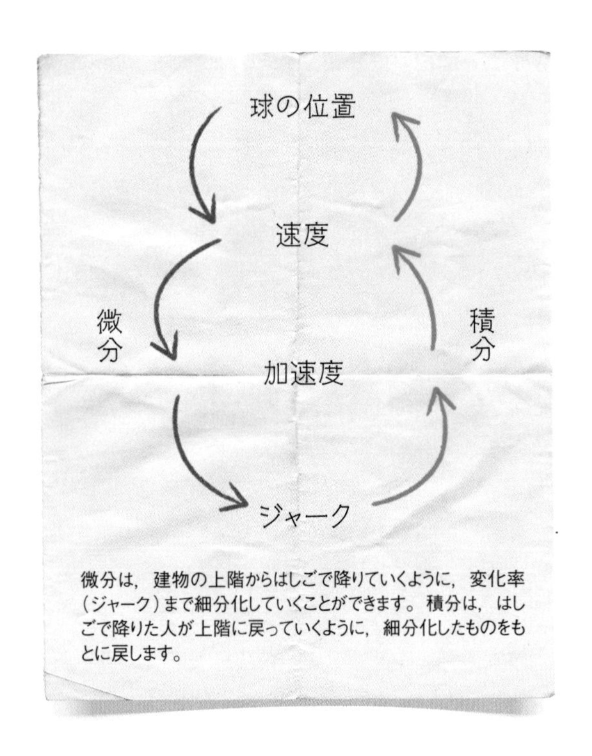

微分は，建物の上階からはしごで降りていくように，変化率（ジャーク）まで細分化していくことができます。積分は，はしごで降りた人が上階に戻っていくように，細分化したものをもとに戻します。

いう手法を使って変化率から変化しているものの状態に「戻す」ことができるのです。ご想像のとおり，この定理はこれ以外にもさまざまな働きをするのですが，これが基本的な概念です。

詳しく知りたい

微積分が登場するまでには，長い年月がかかりました。何千年もの間，微積分の基礎となる概念のいくつかが定まっていなかったのですが，17世紀の科学者たちがついにまとめあげました。それができた大きな要因の一つとして，アラブ世界からヨーロッパに代数学が伝わり，デカルトとその仲間たちが幾何学と融合させたことが挙げられます［ピタゴラスの定理，12ページ参照］。そこからまた微積分が整理され，かなりごちゃ混ぜに入った道具袋から一つにまとまった大きな学問体系に変身するまでにさらに100年を要しました。人類の文明において，創造的な偉業の一つと呼ぶに大変ふさわしい学問体系といえるでしょう。

微積分で解く問題は連続的な変化をともなうので，簡単には解けない難問です。また，解の近似値の求め方を説く微積分では，解の精度をいくらでも上げられるので，どこまでも解を求めることができます。そして，精度を上げ続けて求めた解は，最終的に極限値［ゼノンの二分法のパラドックス，23ページ参照］に近づきます。これこそが，私たちが求める正確な答えとなります。この正確な答えも，簡単な規則を少し使えば，すぐに計算できます。

たとえば，先ほどの球の落下実験に話を戻してみましょう。ただし，時刻tにおける球の速度は，次の式で求められます（もとの位置から見ると球が下向きに進み，地面からの高さが低くなるので，負と考えます）。

$$v = -9.8t$$

実験では，200 m上から球を落としました。このとき，球が地面に着くまでどのくらいの時間がかかるか，調べてみます。まずは，近似値を求めましょう。高さ200 mから始めて，たとえば1/10秒ごとの速度を計算します。球は次の計算単位までの1/10秒間ずっと，同じ速度で移動しているとします。次の位置を求めて，また速度を計算し，これを繰り返します。時刻$t = 0$のとき，$v = 0$になります。つまり，何も起こっていない状態（球が手から離れ，空中に浮いた瞬間）です。時刻$t = 0.1$のとき，$v = -0.98$ m/s（毎秒0.98 m下方向に移動）になり，次の1/10秒後，球は0.098 m下方向に移動し，地上199.902 mの高さにあると推測できます。値が0より小さくなるときまで，すなわち球が地面に着くまで，この計算を続けることできます。この計算が64段階に分かれるとすると，約6.4秒かかったことになります（可能なら，表計算ソフトを使って自分で計算してみましょう）。

このような計算は，「およそ等しい」を意味する「≒（ニアリーイコール）」の記号を使って，次のように表せます。

$$h \fallingdotseq 200 - \sum_{i=1}^{64} 0.98i$$

さて，上の式について，次のように考えてみましょう。球が落下する時間全体を64に分け，速度はどの部分でも一定であることにします（本当は一定ではないとわかっています）。全体の時間をわる数を増やすと，たとえば1/10秒のかわりに1/100秒に分けると，もっと正確に予測できます。

$$h \fallingdotseq 200 - \sum_{i=1}^{640} 0.098i$$

こうして求めた値が，正確な値の近似値になる――これが積分の基本的な概念です。時間をさらに小さな単位に分けていくと，正しい値により近づきます。分割の数が無限に近づくとき，必ずこの計算プロセスの極限値となります。そして，シグマの記号は∫，つまり長い「S」（これも「合計（sum）」の意味）となり，次のような積分の式で表すことができます。

$$h(t) = 200 - \int_0^t 9.8t\,dt$$

この計算によって，ある特定の時刻tにおける高さが得られます。もっと簡単な規則を使うと，次のように表すことができます。

$$h(t) = 200 - 4.9t^2$$

おや，落下実験の話のはじめの部分に戻ってきましたね。つまり，「変化率（速度）」を「変化しているもの（高さ）」に戻すことができる，それが「微分積分学の基本定理」です。また，もっと広い意味で，この定理はより多彩な働きができます。計算そのものの基本をしっかり捉えているからです。この定理の現代的な形である「ストークスの定理」は，私たちが今こうして考えている状況よりもはるかに奇妙な興味深い状況に利用されています。少なくとも現代の数理モデルに空間と時間が現れることから考えれば，この現代的な定理は空間と時間の本質についてとても奥深い内容を表していると思われます。

微分は，物体の変化のようすを正確に表し，
積分は無限に小さく分けた量を足し合わせます。
まさにコインの表と裏，表裏一体の奇跡です。

曲率

現代物理学の中心にある微分幾何学
曲率は，その初期の最も実り豊かな概念の一つ

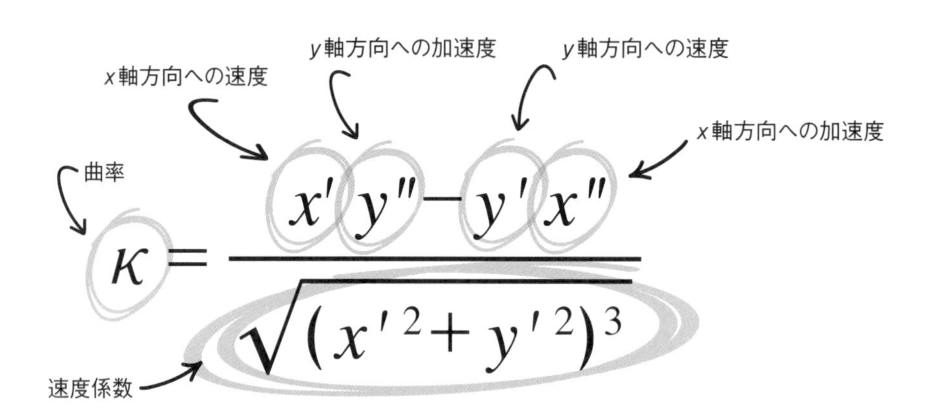

$$\kappa = \frac{x'y'' - y'x''}{\sqrt{(x'^2 + y'^2)^3}}$$

一体どんなもの？

曲線をイメージするとき，何か一つの方程式を満たす固定の点の集合として思い浮かべる方法があります［円錐曲線，20ページ参照］。もっと大胆な方法もあります。今，自分がとても小さな粒子になっていると想像してみてください。一定の速度で曲線の上を進んでいます。どんな感じがしますか。線の形によって，何か違いますか。もちろん，違いますね。誰もいない，長い直線の高速道路とうねうね曲がっている田舎道をドライブして比べてみましょう。目を閉じていても，自分がどこにいるかわからなくても，その違いはわかるはずです。あなたが感じている感覚の大部分は，曲率の影響によるものです。この曲率のおかげで，道路のそれぞれのポイントでのカーブの度合いを正確に測ることができます。カーブを曲がるとき，直線上を進むときとはかなり違う動きになります。

どうして重要？

たとえばカーブを曲がるとき，私たちは進む方向を変えていきます。これは加速を受けていることを意味していて，さらに言うと，自分に作用する力を感じているということです［ニュートンの第二法則（運動の第二法則），71ページ参照］。直線道路では進んでいることすら気づかないくらいスムーズに進みますが，曲がりくねった道では左右に勢いよく振られながら進みます。曲率の公式では，曲線の度合いを正確にとらえた絶妙なバランスで速度と加速度が調和しています。

長い直線道路の運転は快適ですが，ちょっぴり退屈ですね。この道のりをスリル満点のジェットコースターのコースに変えてみましょう。遊園地のアトラクションの設計士は，曲率を計算して，乗客をワクワクさせるけれども設備としては安全

直線の線路が円形の線路に接合するときのように，曲率が突然変化するときにジャークが生じます。現代のジェットコースターはクロソイドという曲線を取り入れ，なめらかに曲率を変化させています。

なレベルの加速度となるようにコースを設計します。これは「宙返り回転」をするアトラクションでは特に重要です。昔のアトラクションの設計では，単純にレールの直線部分に円を接合させていました。ただ，この方法だと曲率ゼロの直線部分から曲率ありの円へ突然変化しますから「ジャーク（加加速度）」が生じます。おそらくあまりいい乗り心地ではなかったはずです。特にホットドッグをほおばったり，綿菓子で口の中がいっぱいになったりしているときだと，なおさら不快だったでしょう。鉄道の古い線路のつなぎ目でも同じ経験をした人がいるでしょう。そこでは列車が方向を変えるために，円形の部品が（当然ながら，この場合は平らな地面の上で）使われています。円形と直線の接合部分を通るときの揺れは，かなり不快なものです。

この問題は現在すでに詳しく理解されており，微分幾何学のおかげで進行中に急な変化を感じ

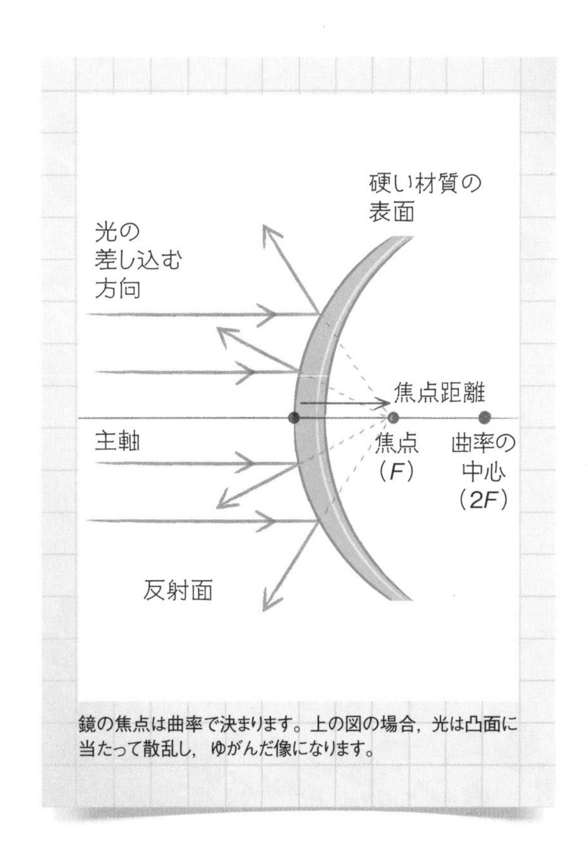

鏡の焦点は曲率で決まります。上の図の場合，光は凸面に当たって散乱し，ゆがんだ像になります。

ることは少なくなっています。電車やジェットコースターは特殊な曲線を利用しているので，急速かつスムーズに曲率を変化させられます。その一つが「クロソイド」と呼ばれるらせん状の曲線です。このような変化をスムーズにするよう考慮すれば，宇宙船や航空機についても，危険な力にさらされずにできるだけ効率よく飛べる飛行経路が計算できます。特にジェット戦闘機にとって，これは重要なポイントです。高速飛行で描く曲線が機体とパイロットの両方に大きなダメージを与える可能性があるからです。

さて次に，もう少し静かなものに目を向けてみましょう。曲率は凹面・凸面の鏡やレンズの焦点の計算にも利用されています。たとえば，表と裏でどこも曲率が同じ（必ずしも同じでなくてかまいません）の厚いレンズだと，「レンズメーカーの公式」から，次のように表せます。

$$P=(n-1)\left(\kappa_1-\kappa_2+\frac{(n-1)d\kappa_1\kappa_2}{n}\right)$$

Pはレンズの度数，nは材料の屈折率，dはレンズの厚み，κ_1（カッパ）とκ_2は光源から最も近い部分と最も遠い部分，二カ所の曲率をそれぞれ表しています。レンズの度数は，つくられている材料とレンズの厚みと曲率，この三つだけで決まるのがポイントです。

詳しく知りたい

平らな表面上にある点の位置は，座標とよばれる，二つの数字の組み合わせで表せます［ピタゴラスの定理，12ページ参照］。点が移動していると，x座標とy座標が時間とともに変化していきます。ですから，x座標方向とy座標方向での変化率についてもわかりますね。

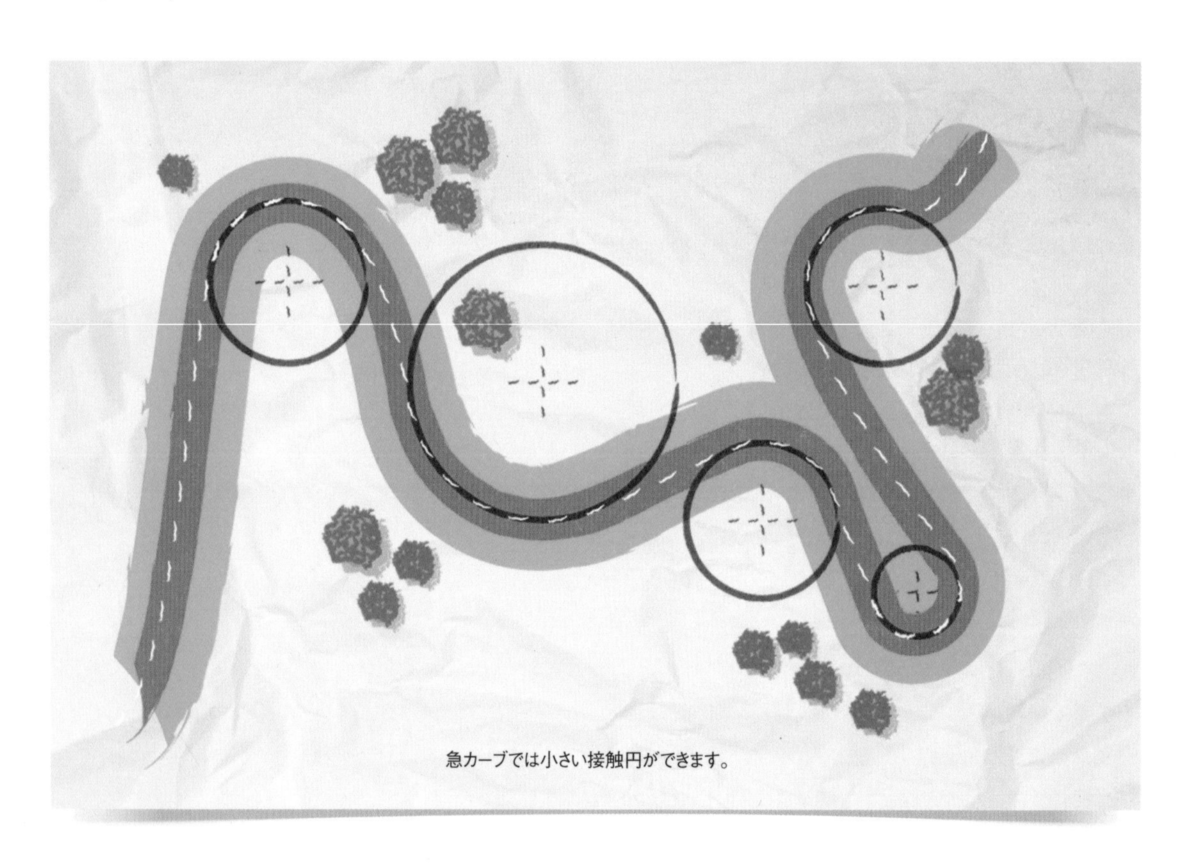

急カーブでは小さい接触円ができます。

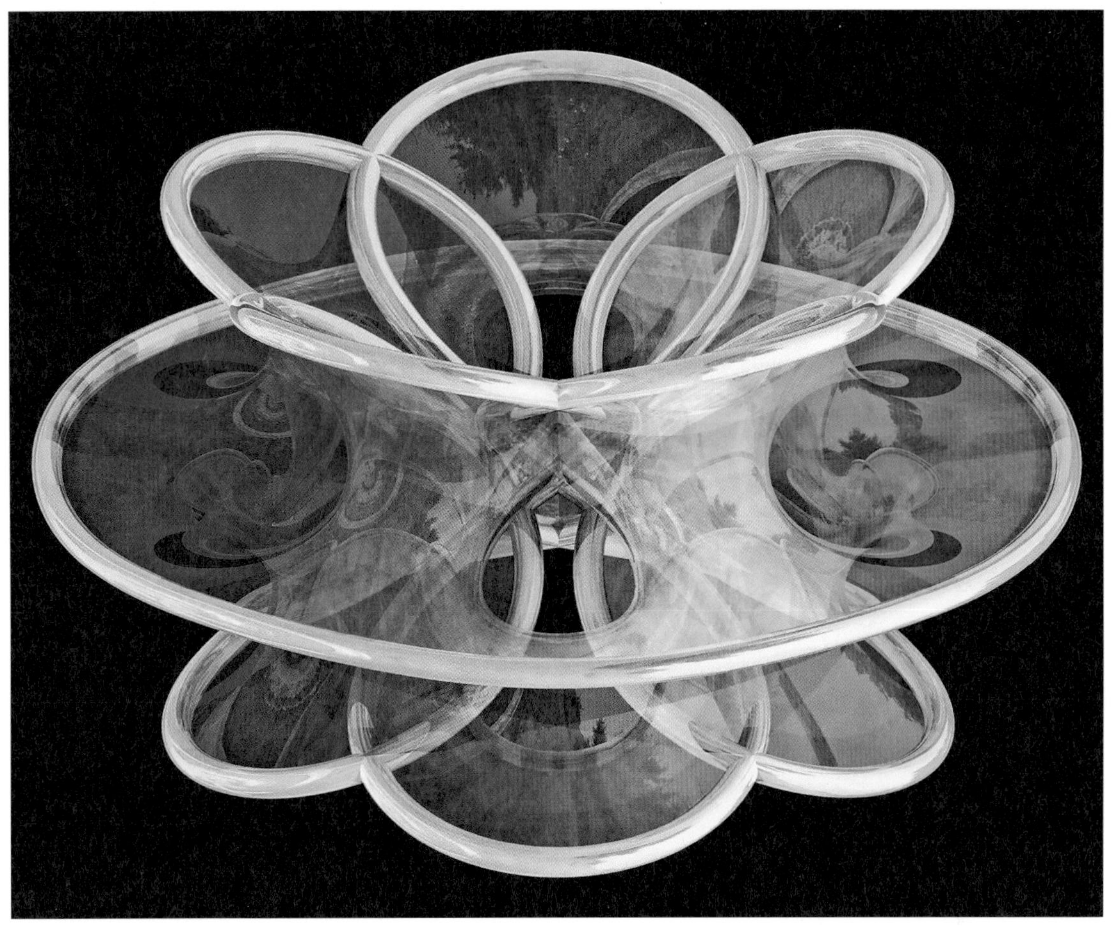

石けんの膜は，表面張力の作用によって表面積をできるだけ小さくするかたちを「つくろうと」します。また，それにより平均曲率がゼロになることがわかっています。

微積分では［微分積分学の基本定理，33ページ参照］，次のように簡単に表すことができます。

$$x' = \frac{dx}{dt}$$

そして

$$y' = \frac{dy}{dt}$$

文字の右上についている「'」は「プライム」といいます。変わった名前ですが，時刻に関する一次導関数，すなわちx軸またはy軸方向での速さを表します。プライムが二つついている場合，加速度を表す二次導関数を表し，x''はx軸方向への加速度を意味します。ある瞬間における，x座標とy座標（粒子の位置），x'とy'（粒子がx軸方向とy軸方向に動く速度），x''とy''（加速度のx軸方向とy軸方向）を計算して求められます。これらの情報から，その瞬間の移動経路の曲率が計算できます。

38ページの方程式を見てみましょう。左辺の分数の分子は「x軸方向の速度とy軸方向の加速度の積とy軸方向の速度とx軸方向の加速度の積をそれぞれ計算し，その差を求めたもの」です。これで曲率の数字にかなり近づきました。分母は，主に方程式を調整するためのもので，点が線上を移動する速度に関係なく同じになります。つまり，本人の主観としては速度が変わるとカーブの感じかたも変わりますが，実際には道路の曲がり具合と運転の速度は無関係というわけです。分母の部分には，本人の感覚的な違いは「含まれていない」ので，曲率を客観的に測定できます。

さて，曲率はとても簡単に，見えるかたちに表せます。たとえば40ページの図では，コース上のそれぞれのカーブで，曲線上にぴったりおさまる円が一つだけつくれます。これを「接触円」（osculating circle：osculareはラテン語でkiss,「接する」の意味）といいます。接触円はとても簡単に求められます。曲線から長さ1/ κの直線を延ばします。それが接触円の半径になります。線の曲がり具合が大きいと，接触円が小さくなることに注目しましょう。理にかなっていますね。車で急に曲がる場合，その曲がるポイントで接触円より大きくならないように回ると安全です！

もう少し詳しく見て，二次元の面でのさまざまな曲率の値が区別できるようになりましょう。一番簡単なものは「平均曲率」です。このしくみを知るために，まず，なだらかな丘に立っていると想像してみてください。その場でぐるっと一周まわってみましょう。見る方向によって，丘の傾きが変わっていくのがわかりますね。たとえば，先ほどは下り坂のほうを向いていましたが，少しあとでは上の丘のほうを向いています。同じように方向を変えながら，今度は自分の前に地面に沿ってまっすぐな線を引いてみましょう。引いた線の曲率を計算できます。一周すると，見る方向によって丘の地形もいろいろ変わり，曲率もいろいろ変化することがわかるでしょう。平均曲率とは，今立っているその場所で求められる最大曲率と最小曲率を平均した値です。

自然の営みのなかには，「極小曲面」と呼ばれる，平均曲率がゼロになるかたちがあります。最もよく知られた例ではシャボン玉や石けんの膜のつくるかたちがあります。膜に表面張力が働くので，どちらも極小曲面をつくりやすくなっています。この効果を利用して，似たかたちのテントがつくられていますし，また彫刻家，建築家，産業デザイナーの制作モデルの原型にも使われてきました。

極小曲面の数学的研究は，18世紀後半に微積分が成熟してきた頃に始まりました。現在も積極的に研究され，さまざまな科学分野で利用されています。

微積分は幾何学にとても豊かな表現力をもたらしました。あいまいで，言葉で長々と説明されることが多かった曲率などの概念が，緻密でべんりなかたちで表現できるようになったのです。

フレネ・セレの公式

ハエが飛ぶ曲線ルートから宇宙探査機の軌道を求める

接線の変化率

$$\frac{d\vec{T}}{ds} = \kappa\vec{N}$$

曲率　主法線（しゅほうせん）

主法線の変化率

$$\frac{d\vec{N}}{ds} = \tau\vec{B} - \kappa\vec{T}$$

捩率（れいりつ）　接線　従法線（じゅうほうせん）

従法線の変化率

$$\frac{d\vec{B}}{ds} = -\tau\vec{N}$$

一体どんなもの？

今あなたがハエになって部屋のなかをブンブン飛び回っていると想像してみてください。顔は進行方向を向いています。右足は「右」と思う方向へ突き出しています。また，笠のような円錐形の帽子を背中に着けていて，帽子の先端は自分が「上」だと感じる方向を示しています。どんなときも，たとえケーキ皿に激突している最中でもその方向を示しています。

こうして，空間での三つの「方向」が決まりました。あなたにとっては，その三方向はつねに一定です。しかし，はたから見ると，あなたは飛び回っているので，この三方向はつねに変化してい

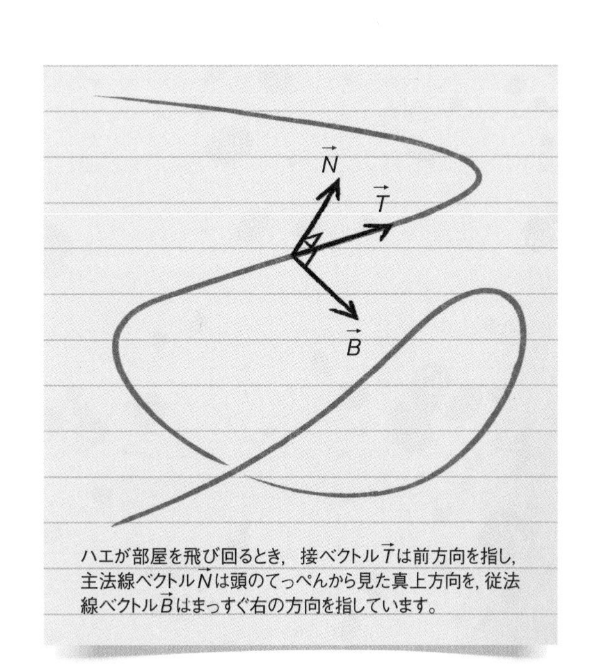

ハエが部屋を飛び回るとき，接ベクトル$\vec{T}$は前方向を指し，主法線ベクトル$\vec{N}$は頭のてっぺんから見た真上方向を，従法線ベクトル$\vec{B}$はまっすぐ右の方向を指しています。

飛行機雲は，飛行機が飛んだ曲線の経路を示しています。フレネ・セレの公式から，パイロットの目から見た曲線の見え方がわかります。

ます。では，三方向をあなたの体から突き出ている三本の矢だと考えてください。これらの矢は，互いに直角の関係にあります。一般的に前方向に向く矢を「接ベクトル」($\vec{T}$)，上方向の矢を「主法線ベクトル」($\vec{N}$)，右方向の矢を「従法線ベクトル」($\vec{B}$)といいます。この三つのベクトル全部で「基準座標系」をつくっています。あなたが動くと，この座標系も動き，周囲の空間を認識するのを助けてくれます。

時間内のある一瞬におけるこの三つのベクトルの計算は，ハエの飛んだルートの曲率κ［曲率，38ページ参照］と，ハエの飛んだ曲線ルートが三次元空間ではどのくらい捩(ねじ)れているかを表す単位「捩率(れいりつ)」を表すτ(タウ)によって決まります。公式は，その瞬間のハエの動きがこの二つの要素だけで決まることを表しています。このように，ハエの飛ぶルートの幾何学的パターンには，とても単純な事実が複数含まれています。その事実が，必要な情報を一通り教えてくれます。

詳しく知りたい

地球は1時間に1600km以上の速度で自転していますが，同時に，それよりももっと速い速度で太陽の周りを公転しています。たとえば宇宙のなかに不動の点を見つけて，その点を原点としてあらゆる測定を行うことは不可能です。そのかわりに必要となるのが，加速度の影響を受けない「慣性座標系」と，もしもあなたと私の慣性座標系とが別々であったとき，情報を伝え合うために使う数学の用語です。移動する点をふくむ基準座標系の歴史は，近代物理学の起源とほぼ同じくらい古く，ガリレオの時代までさかのぼります。便利な座標系を選べば，超難問がやさしい問題に大変身します。

フレネ・セレの公式のよいところは，曲線の幾何学的な配置を説明できることです。運動する物体の動いたルートを曲線の内側からとらえられるのです。たとえるなら曲線がジェットコースター，基準座標は乗り心地を表すというところでしょうか。この公式のおかげで，計算が楽になることが多いのです。公式は「運動中のある一点にいて，別のある点へ進みたいとき，この方法で向きを決めて移動すればよい」ということを表していると考えてみましょう。概念としては「別のある点」がどの点なのかわかりにくいですが，この表現で直観的なイメージはつかめると思います。

私たちは普段，空間は三次元で，空間を曲線で動き回る点の位置は時間で決まると考えています。けれども，ミンコフスキー時空のなかで点が移動している可能性もあります。ミンコフスキー時空は四次元です。この場合，フレネ・セレの公式はもっと複雑になり，次元ごとにベクトルが要りますから，合計四つ必要です［質量とエネルギーの等価性の方程式，113ページ参照］。

空間での位置の認識は，
自分が移動すると変化します。
移動座標系を使った移動の表現は，
直観的に「正しい」とわかり，
方程式も解きやすくなるのです。

航海に役立てるため1600年代に発明された数学の技法が
現代もなお何千もの分野で役立っている

対数計算される数

これを真とする数「真数」c

$$\log_b(a) = \{c \mid b^c = a\}$$

底

一体どんなもの？

右ページのイラストのように，てっぺんに入り口，底に出口がついた装置があると想像してみてください。入り口から数を一つ落とすと，出口から別の数が出てきます。この装置は，入ってきた数に，それと同じ数を三回かけるしくみになっています（詳しいしくみは，ここでは省略します）。ですから，5という数を上から落とすと，装置は5^3，つまり$5 \times 5 \times 5 = 125$を計算し，出口から125が出てきます。

では，下の出口に64という数があったとしましょう。最初に入れた数は何だったでしょうか。64をゆっくり「三乗根」の装置まで運び，上から入れると，答えがわかります。おや，4が出てきました。$\sqrt[3]{64} = 4$だからですね。$4^3 = 64$の別の表し方です。つまり，先ほどの装置がしていた作業をすべて，もとに戻す装置があるというわけです。

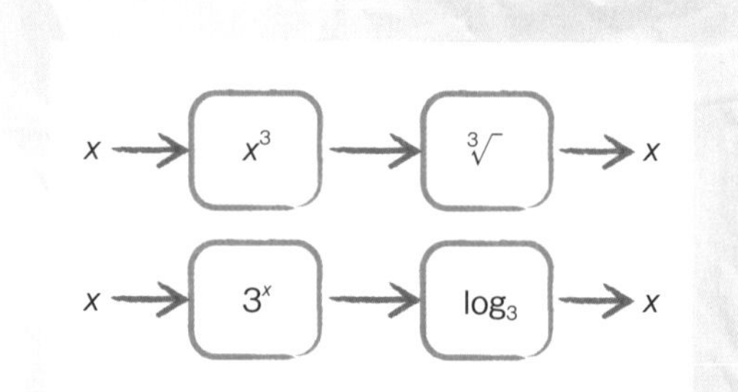

数学の関数をからくり箱と考えるとわかりやすくなります。一つ数を入れると，なかで仕掛けが働いて新しい数が出てきます。互いの仕掛けを消し合って，もとの数に戻す二つの箱は，逆関数を表します。

数学では，三乗根は三乗の「逆関数」である，といいます。

さて，もう一つ新しい装置をご紹介しましょう。今度は少し違ったタイプです。上から数を入れると，入れた数の回数だけ3をかけ算します。5を入れると，3^5，つまり$3 \times 3 \times 3 \times 3 \times 3 = 243$を

三つ目の装置は，3を上から落とした数の回数だけ，かけ算します。ベティは，自分の同僚がどの数を入れたから19,683が出てきたのかを知るためには，出てきた数を$\log_3$装置に入れなくてはなりません。

計算して，下の出口からは243が出てきます。ここでもう一度，考えてみましょう。19,683という数が出口から出てきました。最初に入れた数はいくつでしょうか。わからない数をxとして，どんな数xが$3^x = 19{,}683$を真とするのでしょうか。この疑問を説いてくれるのが対数です。すなわち，「$\log_3(x)$は3^xの逆関数である」のです。

どうして重要？

対数は1600年代初めに発明され，これによって大きな数字のかけ算やわり算が簡単に手で計算できるようになりました。この技法は当時，海を渡る航海士に重宝がられました。海では一歩間違えれば針路を外れ，危険なことになりかねないからです。やがて，かけ算をしたときの累乗の働きのおかげで，対数を使うと，かけ算の問題が足し算の問題に変わることがわかりました。

$$59{,}049 \times 2{,}187$$
$$= 3^{10} \times 3^{7}$$
$$= 3^{(10+7)}$$
$$= 3^{17} = 129{,}140{,}163$$

水夫たちは対数表を使ってこの問題を10＋7というやさしい問題に変え，さらにその和を実際の答えに逆変換しました。こうした手法は，私たちが先ほど想像した入り口と出口のついた装置のような働きをしています。

この例では二つの数をちょうど3の累乗にして意図的に簡単に計算できるようにしていますが，

対数はどんな数の組み合わせにも使えることがわかっています。また，3のかわりに「底（てい）」にどの数を用いても同じ結果になります。たとえば，5を底とすると，

$$\log_5(59{,}049 \times 2{,}187)$$
$$= \log_5(59{,}049) + \log_5(2{,}187)$$
$$\fallingdotseq 11.6043$$

$$5^{11.6043} \fallingdotseq 129{,}140{,}163$$

計算を目的とするなら，（おそらく）これは真の値に十分近い答えです。この≒の記号は右辺の値が左辺の近似値であることを表しています。

底を変えると，対数をいろいろな用途に使えて便利です。10を底とする対数では，十進法で書き表すと数が何桁か数えられます。桁数は，10を底としたその数の対数より必ず一つ大きくなり，小数点以下を切り捨てます。一番簡単な例だと，10,000は10^4になり，$\log_{10}(10{,}000) = 4$で10,000の桁数は4＋1＝5で5桁となります。もっと一般的な例では，$\log_{10}(37{,}652) = 4.5757881\cdots\cdots$となり，小数点以下を切り捨てて，1を再び足して5。これがこの数の正しい桁数です。対数で求められる値は，よく「等級」や「規模」の数に使用されています。現象によっては，単なる測定値よりもその等級を見たほうがわかりやすく，役に立ちます。

その一つが地震の強度を表す震度です。地震の規模を示すリヒタースケール（マグニチュード）は$\log_{10}$で表されます。マグニチュード3.0は，マグニチュード2.0よりも10倍強いことを意味します。そのほか，$\log_{10}$の使用例では，音の大きさを表すデシベルや物質の酸性度を表すpHなどがあります。こうした使用例ではすべて，対数を使わず単純に計算すると値がとてつもなく大きくなったり小さくなったりして，最大から最小までの値を比べるのは大変な作業になってしまいます。$\log_{10}$関数を利用すれば，そうした値がわかりやすくなり，対数のことを何も知らない人にも理解できます。

3以外にもう一つよく使われている底は2で，何度2倍されたかを計算できます。$\log_2$は音楽のオクターブにもひそかに使用されています。

周波数が2倍になると，ピッチ（音高）は，1オクターブ高く聞こえます。

歴史的な理由から，A4（基準音：ピアノの鍵盤の真ん中の部分）と呼ばれるピッチは通常440 Hzに調律されています。たとえば今，110 Hzのピッチになっているとします。対数を使って計算すると，

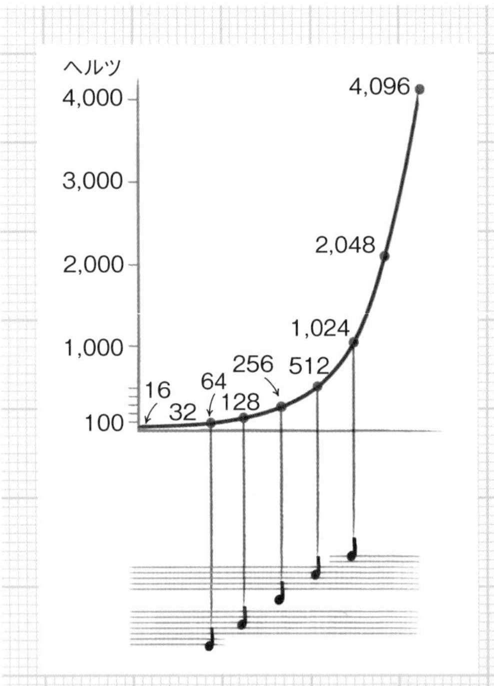

オクターブで区切られる音符は2の累乗の数列をつくるので，対数を使えば二つのピッチ間に何オクターブあるか調べられます。

$$\log_2(440) - \log_2(110) = 2$$

つまり二つのピッチの間にはちょうど2オクターブあることになります（110を二度二倍すると440になります）。

また，2を底とする対数を使って，放射性物質の半減期も計算できます。ここでも，2の倍率（ここでは1/2倍ずつ崩壊）が大きな要素となります。

心理学ではフェヒナーの法則という法則があり，人間の感覚量は受ける刺激の強さの自然対数に比例する傾向があると述べています。かなり大まかで，完全に正確ではありませんが，この法則は非常に幅広い種類の刺激に当てはまります。私たちが感覚を通して感じるさまざまなものを対数スケールで測定したがるのは，おそらくこのためでしょう。

詳しく知りたい

対数では，いわゆる「自然対数の底」，eという特殊な底が非常によく使われます。eは，2や10などの簡単な数ではなく，「無理」数で，繰り返し部分のない無限に続く小数と考えられています。大まかには，自然界の現象の多くに見られる連続的な成長や増加といったものについて考えられて生まれた数です。

eを理解する一般的な方法としては，複利の計算がよいでしょう。まず年利5%の預金口座に1000円，入金したとします。三年後，口座にはお金がいくらあるでしょうか。計算すると次のようになります。

$$1{,}000 \times (1 + 0.05)^3 \fallingdotseq 1{,}157.625$$

これは，つまり当初の預金金額に，利息が三回続けてついてきた場合です。さて，5%の利息が年一回適用されるのと，利息を半分にして（2.5%）

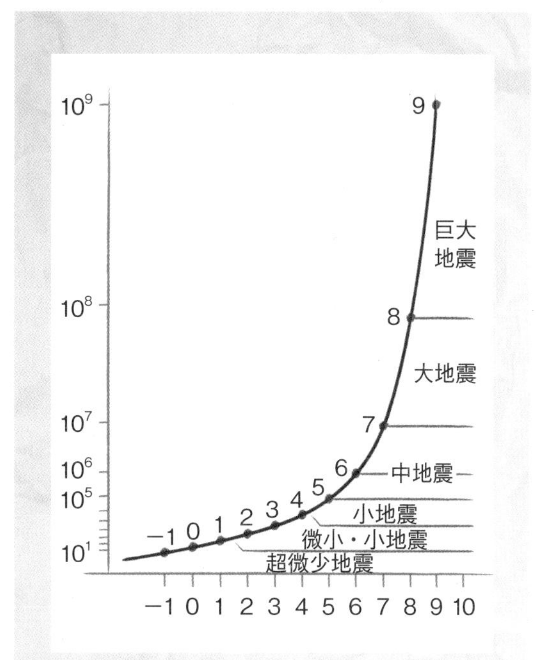

リヒタースケールは対数を使用して，線形スケールよりもはるかに正確に地震規模増大の体感をとらえます。

年に二回受け取るのとでは，どちらがよいでしょうか。利率を半分にして，三年間で三回ではなく六回，利率をかける計算をしてみましょう。

$$1{,}000 \times (1 + 0.025)^6 \fallingdotseq 1{,}159.69$$

この方法だと，預金が少し増えますね。では，このように利率を分ける操作を続けると預金のお金はどんどん増えていくのでしょうか。答えはノーです。逆に，利息の合計は極限値に近づきます。

自然の営みは，飛躍的に大きく進んだりしません。連続的にゆっくり進んでいきます。「自然は飛躍せず」という古代の格言もあります。

一見すると突発的な事象も，よく見てみると特定の瞬間の変化ではなく，急速であっても穏やかな移り変わりが起こっているのがわかります。これはニュートンの科学の大前提の一つです。対数は，突然に起こった一つ一つバラバラの変化の集まりの単なるイメージから，現実の生物の成長過程を教えてくれます。

対数がどのようなものかを知るために，ある年の年間の銀行からの支払い回数が増えていく例を考えてみましょう。利息の支払い回数を増やし，支払い時期の間隔を縮めるほど，利息額が減っていきます。おそらく週ごと，日ごと，時間ごと，秒ごと……に支払いの回数が増え，その一方で支払い金額は減っていきます。

これは，極限値を考えることになりますね［ゼノンの二分法のパラドックス，23ページ参照］。

$$\lim_{n\to\infty}\left(1+\frac{1}{n}\right)^n$$

上の式から，年間の銀行からの支払い回数が限りなく大きくなり，一方で支払金額の増加分は支払いごとにゼロに近づいていきます。この極限の数をネイピア数eといいます。自然界に存在すると思われる，連続的な増加を表しています。値はおよそ2.718ですが，小数や分数を使って完全に表すことができない数です。この数を底とし，先ほどのような増加を表したいときに使用します。

ではここで，もう一つ，ごく身近な例を見てみましょう。7日前に高さ40 cmだった植物があります。今は45 cmになっています。伸び率はいくらでしょうか。植物が絶えず生長していると仮定して，一週間の伸び率は，$\log_e(45/40) = 0.1178$（およそ）または11.78%です。

もし週末に一気に5 cm伸びたのだとしたら，実際の伸び率は12.5%です。でも，そんな伸びかたはしませんでした。植物は11.78%の伸び率で絶えず成長し続けました。もし翌週もそのまま成長し続ければ，高さは次のようになるでしょう。

$$45\,\mathrm{cm} \times e^{0.1178} \fallingdotseq 50.625\,\mathrm{cm}$$

連続的な増加や崩壊の移り変わりを正確に予測できる自然対数。その不思議な魅力にぜひ親しんでください。

底を累乗する計算作業をもとに戻せるのはとても便利ですが，
対数の貢献はそれだけにとどまりません。
連続的に増加する現象をモデル化したり，急激に増加する現象を
整然と表したりする手段ともなっています。

オイラーの等式

五つの基本の数の密接な関係を表すこの式は，最も美しい数学の等式といわれる

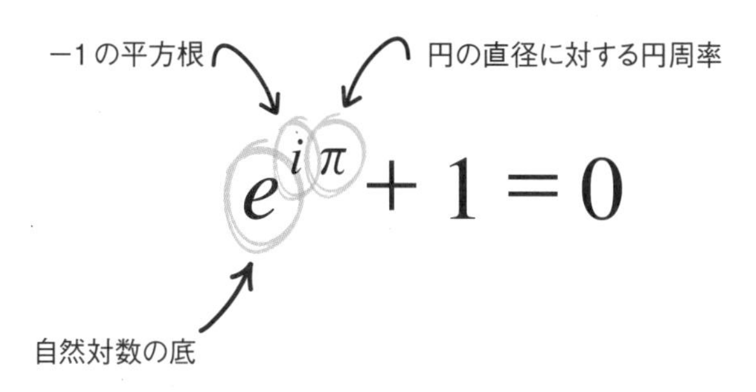

一体どんなもの？

この等式は，互いにまったく関係ないはずの，五つの基本の数の間に成り立つ，シンプルですばらしい関係式です。五つの数とは，自然対数の底e［対数，46ページ参照］，虚数平方根i（以下参照），円の直径に対する円周率π，そして，ほかのどんな数にかけても変わらない1と，どんな数に足しても変わらない0のことです。

互いに無関係に見える，この五つの基本の数が一つの式にまとまるなんて，驚くべき偶然の一致でしかありません。もちろん，本当に偶然につくられたわけではないのですが，等式の洗練された美しさと等式がもたらすさまざまな奇跡から，世界で最も有名な等式の一つとされています。

どうして重要？

オイラーの等式は，いわゆる複素数という，私たちが学生時代から見慣れている範囲を越えた数の体系に関係しています（次の「詳しく知りたい」を参照）。複素数は慣れるまで少し時間がかかります。また，数がとても不思議なふるまいをします。

長い間，複素数は単にものめずらしいもの，ハチャメチャな数学的空想からの気まぐれで生まれた数と考えられていました。

けれども現在では，物理学や工学の大半をつくっているのが複素数であることがわかっています。その一つの理由は，ある一定の条件があれば，複素数を使うとつねに方程式が解けるからです。たとえば，「真」の解が存在しない場合でも，「複素数」のなかの予想される数を必ず解とすることができます。複素数は，複雑になるはずの多くの要素や計算のプロセスを簡単にしてくれるほか，美しい理論の構築を可能にします。

複素数（とオイラーの等式）を使うと，普段使っている普通の数字よりも，さまざまな実用的な問題が解きやすくなります。また，流体力学［ナビエ-ストークス方程式，123ページ参照］，電子工学［マクスウェル方程式，118ページ参照］，デジタル処理［フーリエ変換，176ページ参照］などの分野でも，複素数を使うと研究や作業をスムーズに進められます。また，量子力学の基本的な方程式にも用いられています［シュレーディンガー方程式，133ページ参照］。こうした複素数の利用は微分方程式から生まれたものが多く［ニュートンの第二法則（運動の第二法則），71ページ参照］，微分方程式は現代の科学や科学技術でもいたるところで利用されていて，複素数の世界のほうが計算は楽なのです。

詳しく知りたい

同じ数どうしをかけると，答えはつねに正の数になります。これは，負の数の場合でも真です。−2×−2は4となり，−4にはなりません。この法則に驚く人がいますが，あなたもそうなら，覚えておいてください。古代から1700年代に入るまで，数学者たちはこの法則が正しいかどうかをえんえんと論じ続け，負の数は無意味だとあやしむ者すら存在したのです。

しかし最終的に，この規則を認めれば，数学のそのほかの問題は万事解決するという認識にいたりました。その結果，負の数を累乗しても答えが負にはならないので，負の数の平方根は存在しないと結論づけられています［ピタゴラスの定理，12ページ参照］。あるいは歴史を掘り下げなくても，単純にこう質問すればよかったかもしれません。「たとえば，$\sqrt{-4}$みたいなものは理解できますか」。現代では，代数学の標準的な規則を使

こんなに無関係そうな数五つが仲よく並ぶのはめずらしいことです。

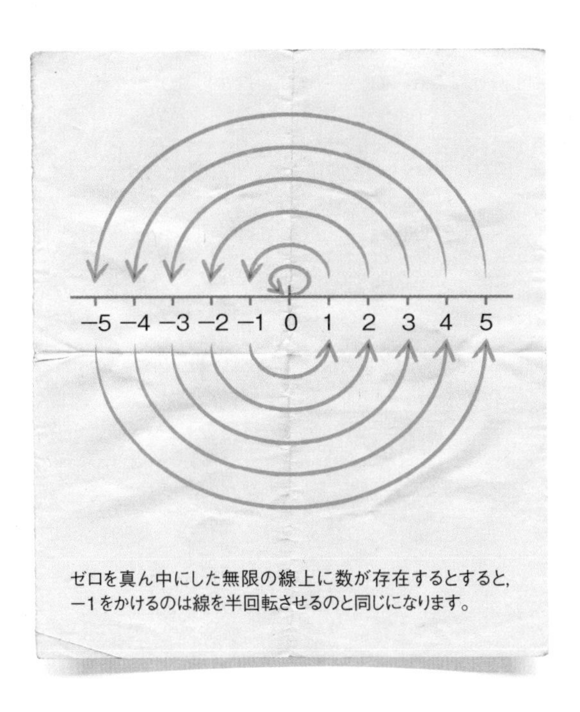

ゼロを真ん中にした無限の線上に数が存在するとすると，
−1をかけるのは線を半回転させるのと同じになります。

って負の数の平方根も表記できます。$\sqrt{-1}$の平方根にはiを使うのです。

$$\sqrt{-64} = \sqrt{64 \times (-1)} = \sqrt{64} \times \sqrt{-1} = 8i$$

iという文字は「想像上の（imaginary）」という意味を表しています。これは，複素数が真の数とみなされていないからであり，少なくとも発明された当初，真であると思う者は誰もいなかったからです。虚数から生まれた「複素数」という記数法（数字を使って数を表す方法）は，やがて，純粋数学だけでなく，実用的な場面でもとても便利であることがわかり，幅広く受け入れられるようになりました。複素数は，本書でも何度か登場します。あえて注意して見る必要はまったくありませんが，どのようなものか，その概要を知っておいても困ることはないでしょう。

オイラーの等式は，複素数の幾何学的な意味について基本的な事実を表しています。基本的に，1という数を半回転させると−1になると言っているのですが，あやしい式にしか見えませんね。

まず，複素数を$a+ib$というかたちで考えてみましょう。a，bはそれぞれ普通の数（負の数，分数などを含む）です。この表記のしかたから，「複」という語が使われ，複素数と呼ばれています。複素数の「複」は「複雑な」という意味ではなく，「複数の要素で構成されている」という意味です。aの部分は複素数の「実部」，bは「虚部」といいます。

複素数の表記法で普通の数を表したいときは，bの値をゼロにすれば虚部のない表記になります。aには，数字をそのまま入れます。真ん中をゼロとして，正の数は右に，負の数は左にそれぞれ無限に伸びる長い定規のような数直線上に存在する数です。

虚部をもつ複素数は数直線上にはあてはめられませんが，アルガン図（訳注：複素平面ともいいます）という図に含まれる二次元の面上に詳しく

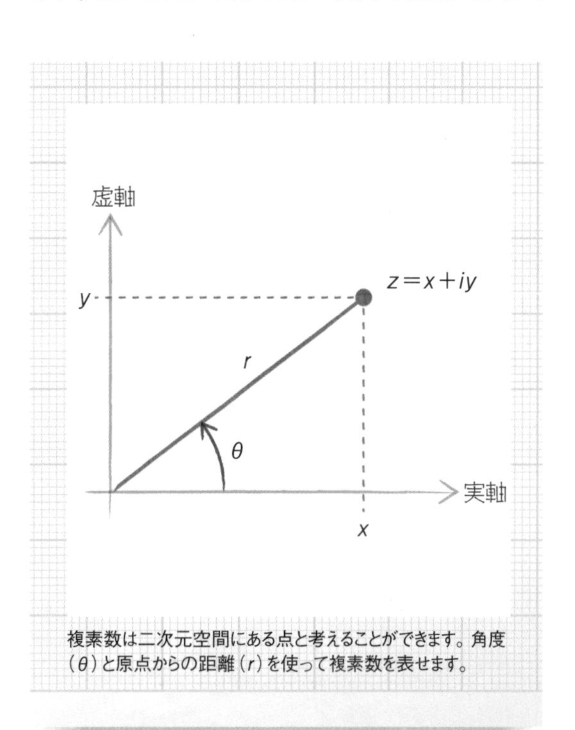

複素数は二次元空間にある点と考えることができます。角度（θ）と原点からの距離（r）を使って複素数を表せます。

多くのフラクタル図形はアルガン図なので，たいていはオイラーの等式を使うととても計算しやすくなります。

表すことができます。この面上では，一つ一つの点がx座標とy座標をもっています［ピタゴラスの定理，12ページ参照］。この座標は，複素数の虚部と実部として解釈できます。つまり，図には普通の数線（x軸）と同じものと，普通の数線よりもはるかに多い数とが存在しています。

しかし，ここではオイラーの等式の意味を理解するために，いつもとは少し違う視点でアルガン図を見てみることにしましょう。すべての複素数は，平面上のどこかにある点と考えられます。同時に，原点（軸の交差するところ）からその点までの線，つまり原点からその点までまっすぐ歩いていく場合にたどる線，とも考えられます。今，あなたは原点を出発し，x軸ぞいに正の数の方向を見ています。一つの数を表す場合，その数のほうを向く角度と，その数までまっすぐに進んでかかる距離で表せます。この二つをそれぞれ「偏角」，「絶対値」といいます。これらを使っても複素数が表せます。

つまり，特殊な数eと，この情報を使って複素数を非常に簡潔なかたちで表せるというわけです。これについては私を信用してもらわなければなりませんが，複素数の偏角θと絶対値rの場合，次のように表すことができます。

$re^{i\theta}$

では，rを一定にしてθを増やしていきましょう。複素数を表す数線が時計の長針のように回り始め，半径rの円を描いていきます。このように円運動と関係があるので，複素数はあらゆる状況で登場します［三角法，17ページ参照］。

オイラーの等式を理解するために，もう一つ考えてみましょう。角の大きさを角度で測るのは見慣れていると思います。360°で一回転ですね。すでにお気づきでしょうか。実はこれ，不思議なのです。どうして，360という数字なのでしょう？言い伝えでは古代バビロニア人となにか関係があるそうですが，それはたいした理由ではありません。たいていの場合，角度はそんなに便利でもなく，情報もあまり入っていません。角度のかわりに数学で非常に幅広く使われているのが，ラジアン（弧度）の角度の測定法（弧度法）です。この方法では，一回転は整数倍のラジアンではなく，2πラジアンとなります。一見奇妙に見えますが，ラジアン法を使うと角度が自然に円と関連づけられ，円と角度の本来の関係性が現れます。

では，次は何を表しているのでしょうか。

$e^{i\pi}$

この前には数字が何もありませんから，絶対値は1と推論できます。円一周が2πラジアンですから，πラジアンは半円であると考えられます。したがって，これが1単位の長さを表す複素数で，半円を描きます。答えは−1となります。

$$e^{i\pi} = -1$$

当然，ここから次の式になりますね。

$$e^{i\pi} + 1 = 0$$

これがオイラーの等式です。複素数の世界で，円運動の中心的な役割を果たす式です。

**オイラーの等式は，この本のなかで
最も便利な方程式というわけではありませんが，
三角法，複素数，対数といった多様な分野を融合させた式です。
また，複素数を使う計算には
とても便利なものです。**

オイラーの標数

誰にでも理解できる四色定理
だが，今なおお残る数学史上，最難問の一つ

オイラーの標数　頂点　辺　面

$$\varkappa = V - E + F$$

一体どんなもの？

「公共料金の問題」はとても有名なので，見たことがあるかもしれませんね。家が三軒，そして水道，ガス，電気と公共サービスが三つあります。さて，問題です。それぞれの家とそれぞれのサービスとを線で結んでください。ただし，線を互いに交差させてはいけません。子どもによく出すクイズで，正解のない結構いじわるな問題です。むずかしさの原因は，オイラーの標数と呼ばれる2という数で，左下の図のように，通常，問題が平面上に書かれているときに見られます。一方，右下の図のように「トーラス」というドーナツ状のかたちの上では解が一つ見つかります。トーラス

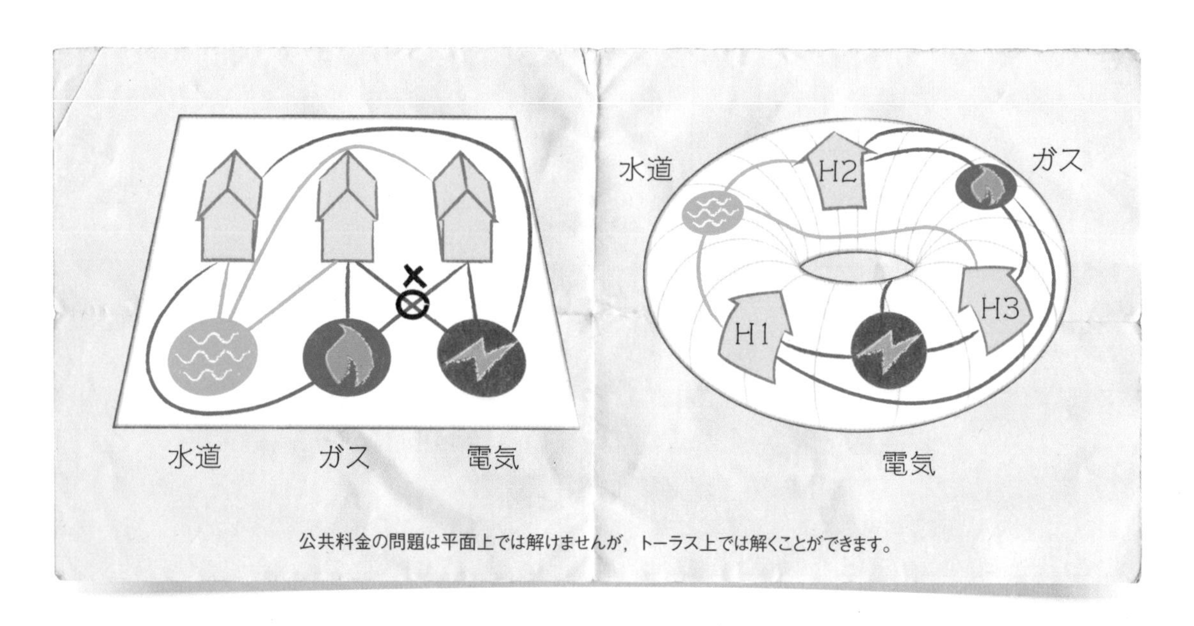

公共料金の問題は平面上では解けませんが，トーラス上では解くことができます。

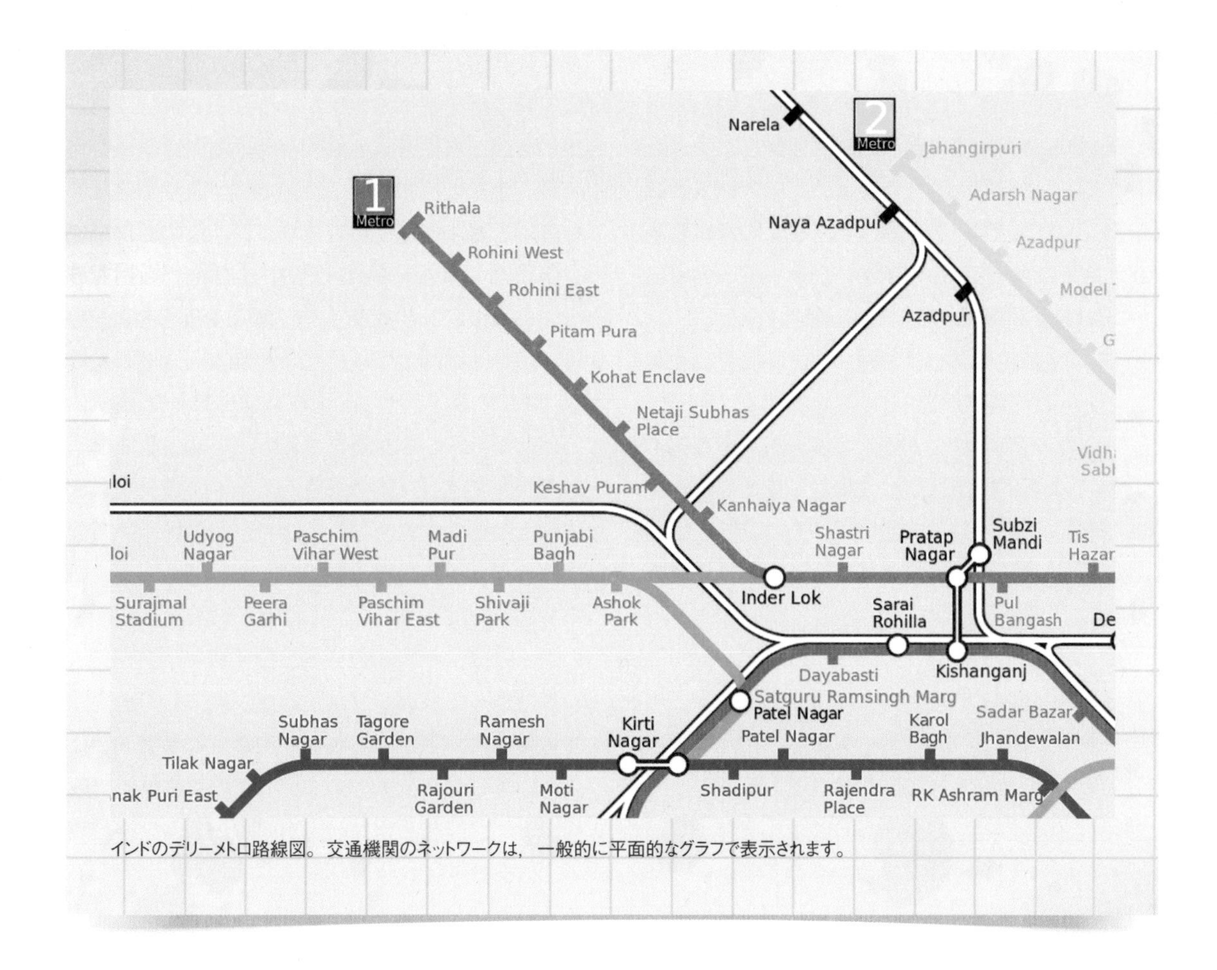

インドのデリーメトロ路線図。交通機関のネットワークは，一般的に平面的なグラフで表示されます。

上では，オイラーの標数が変わってきます。

また，別の問題を耳にしたことがあるかもしれません。今，私があなたに地図を渡すとします。地図では，平地は「国」に分かれています。最低何色あれば，国の色分けができるでしょうか。ただし，隣り合う国は同じ色を使わないものとします。これがいわゆる「地図の塗り分け問題」で，この問題もオイラーの標数に大いに関係があります。

詳しく知りたい

公共料金の問題は数学者たちが「グラフ（理論）」と呼ぶものについての問題です。グラフは「頂点」とよばれる点と，その点をつなぐ「辺」とよばれる線の集まりです。グラフはとても便利です。通路やケーブル，地下鉄など，小さなもの（頂点）を結んだネットワークなら，何でも表せます。

公共交通機関のマップは基本的にグラフで示されますし，コンピューターのネットワーク図や工業の工程，基板などにも使用されています。つまり，グラフについての問題はさまざまなところで活用できます。多くの場合，重要な問題の解決には，時間をかけて全力で取り組む以外に方法はありません。この分野で大発見があれば，きっと私たちの生活のさまざまな分野に大きな影響を及ぼすでしょう。

数学的な「面」のような平らな紙面に書かれるグラフを「平面的」といい，その辺はけっして交わりません。グラフは平面を辺で区切って複数の部分に分けます。一つ一つの部分を「面」といいます。平面図に書かれた頂点の数，辺の数，面の数が互いに関係していることは明らかです。一度，自分で描いて確かめてみましょう。公共料金の問題が解けないのは，この問題を解くために必要なグラフが平面でないからです。つまり平らな紙の上には，この問題のは描けないのです。

一枚の紙の上にグラフを描いて，平面でのオイラーの標数を計算することはできます。このとき，辺は交差していません。たとえば，三角形を書くとしましょう。頂点三つと辺を三つ使って，紙面を内側の面と外側の面，合計二つの面に分けます。つまり，オイラー標数を計算すると次のようになります。

$$\chi = 3 - 3 + 2 = 2$$

この平面のオイラーの標数は2となります。一般的に三角形に特に着目するのは正しい方法なのですが，今回は当てはまりません。ほかのグラフでも同じ計算をしてみましょう。同じ答えになり，その理由が見えてくるはずです。

今，手もとにわかりにくい地図があり，色分けしなくてはならないとします。何色あればよいでしょうか。確かに簡単でわかりやすい質問ですね。これはグラフを使った問題にすることもできます。各国の内部に頂点を一つ書けばオーケーです。隣り合う国どうしの頂点を結んでみましょう。1890年，どんな地図でも五色あれば十分であることが，イギリスの数学者パーシー・ヒーウッドによって証明されました。けれども四色で塗り分けられるかどうかは，長い間，未解決となっていました。1976年，ついに証明されるときが来ました。イリノイ大学の二人の数学者ケネス・アッペルとヴォルフガング・ハーケンは，これを証明するために，コンピューターを使って大量の演算を行いました。彼らの方法は，人間では検証できないという理由から，今も物議をかもしています。

**トポロジー（位相幾何学）は，
空間どうしのつながりかたから空間の中にある穴の種類まで，
空間のさまざまな性質を研究する分野です。
オイラーの標数は，この分野の問題を単なる内容の説明から
方程式に変身させます。**

毛玉の定理

位相多様体*上のベクトル場について**
まだあまりよく知られていない事実から知る
地球上につねに一つある無風の場所

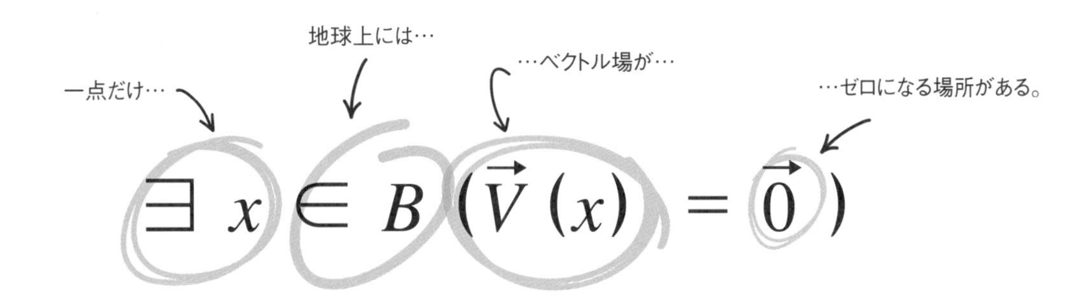

$$\exists\, x \in B\,(\vec{V}(x) = \vec{0})$$

一体どんなもの？

毛玉の定理では，地球の表面には風が吹いていない場所がつねに一つあるということを述べています。私たちは普段，天気予報などで地図上のある地点に，風速と風向が小さい矢印で表示されているのをよく見かけます。矢印の長さは風速を表しています。通常，目にするのは，平面地図の地球上のごく一部の地域に限られています［メルカトル図法，140ページ参照］。でも，もし地球全体で同じように風をとらえてみると，この定理によれば，地球上のどこかに必ず一点，風が吹いていないために矢印が消えている場所があります。

理論的には，このような風の吹かない場所が存在せず，世界全体に風が吹くのは想像できない

どんなにブラシをかけてやっても，全身毛におおわれたまんまるなネコには必ず体のどこか一カ所，毛玉が残ります。確かに，これはかなり学術的なテーマかもしれません。

---

*位相多様体　図形や空間を数学的に一般化した概念

**ベクトル場　あらゆる場所にベクトルがあると考えられる空間

地球表面上の空気の流れは，意外かもしれませんが，ネコの毛並みによく似ています。

でしょう。どうにかして風のない場所に風を吹かせて，風のない場所をなくせたとしても，世界のまた別のどこかに風の吹かない場所が現れるでしょう。この概念は気象系の作用とは一切関係がありません。幾何学の基本的な事実です。

どうして重要？

全身がふわふわの毛でおおわれた，まんまるのネコを想像してみてください。毛玉の定理では，こうしたネコの毛をすいてやっても，必ずどこか一カ所にもつれた毛玉ができてしまうと考えています。すぐに何かの役に立つとは思えない内容ですね。この定理は微分位相幾何学に含まれていた時期があり，長らく「純粋数学」の最も高尚な分野，すなわち実用にはごく間接的にしか関係しない分野の成果と考えられていました。

とはいえ，毛玉の定理はこれまで，さまざまな用途に使われてきました。最も目に見える利用例は，先ほど紹介した風の例と関係があります。この定理によれば，空気や水などの流体が表面上を連続して流れる際の流れ方に制約が生じています。また，ボールを持って回転させると，それがどんなに複雑な動きであっても，最初から少しも動いていない点が必ず一カ所はあります。

物理学ではこの定理は，光や音のような球面波の研究や，電界や磁場の研究で，重要な役割を果たしています。近年，最先端の研究では，毛玉の定理のような深遠な研究成果を技術的に直接利用する動きが起こりつつあります。たとえば2007年，アメリカのマサチューセッツ工科大学の技術者グレッチェン・デブリーズとその同僚たちがこの定理を利用して金のナノ粒子を結合させることに成功し，結晶やポリマーのような，より大きなナノ構造をつくる方法を発見しました。

2010年にはイギリスのマーク・レイバーとエドワード・フォーガンがイギリスの学術雑誌*Nature Communications*に，毛玉の定理が超伝導体に及ぼす影響に関する論文を発表しています。この二つの研究プロジェクトは，かつてはあまりに抽象的すぎると考えられていた方程式から，最先端の技術の概念が生まれるようすを表しています。

詳しく知りたい

毛玉の定理は，まず，オランダの数学者で哲学者のライツェン・エヒベルトゥス・ヤン・ブラウワーによって1912年に証明されました。それまでにもこの説を唱える者がいました。フランスの博学者アンリ・ポアンカレがブラウワーより少し前にこの定理を証明したといわれています。当時，位相幾何学が大変な勢いで発展していました。まだ比較的新しい，非常に不可思議に見える数学の分野で，ポアンカレは新分野のさまざまな発明に大いに貢献しました。しかし，ポアンカレの研究の多くは物理学の問題に関係していました。オランダの物理学者ヘンドリック・ローレンツとの共同研究は，特殊相対性理論の発展に大きく寄与しました。ブラウワーは実用主義的な人物というよりむしろ，数学に多大な貢献をした数学者でしたが，それと同じくらい哲学者でもあり，また時には神秘主義者でもありました。

さて，まんまるのネコの話はさておき，そもそも毛玉の定理とは何でしょうか。これは，二次元の位相球面上にある連続する接ベクトル場に関する一つの事実です。専門用語を少しひもといて，どんな組み立てになっているのか見てみましょう。

ベクトルとは，小さな矢印と考えることができます。重要な特徴は二つ，「どのくらいの長さか」と「どちらを指しているか」です。ゼロベクトルとは，まさに「長さがゼロの矢印」のことです。想像できるでしょうか。ベクトルがだんだん短くなって最後になくなったときの矢印です。毛玉の定理では，「ある一定の状況ではゼロベクトルを少なくとも一カ所，どこかに見つけることができる」と述べています。その状況を知るために，数学用語をもう少し読み解いていきましょう。

一つの面上のベクトル場では，すべての地点に矢印がついています。矢印はわずかな隙間もなく，ベクトル場にひしめいています。物理学者はベクトル場を使って，電磁場や重力場，水や空気のような流体の流れなど，さまざまな現象をモデル化

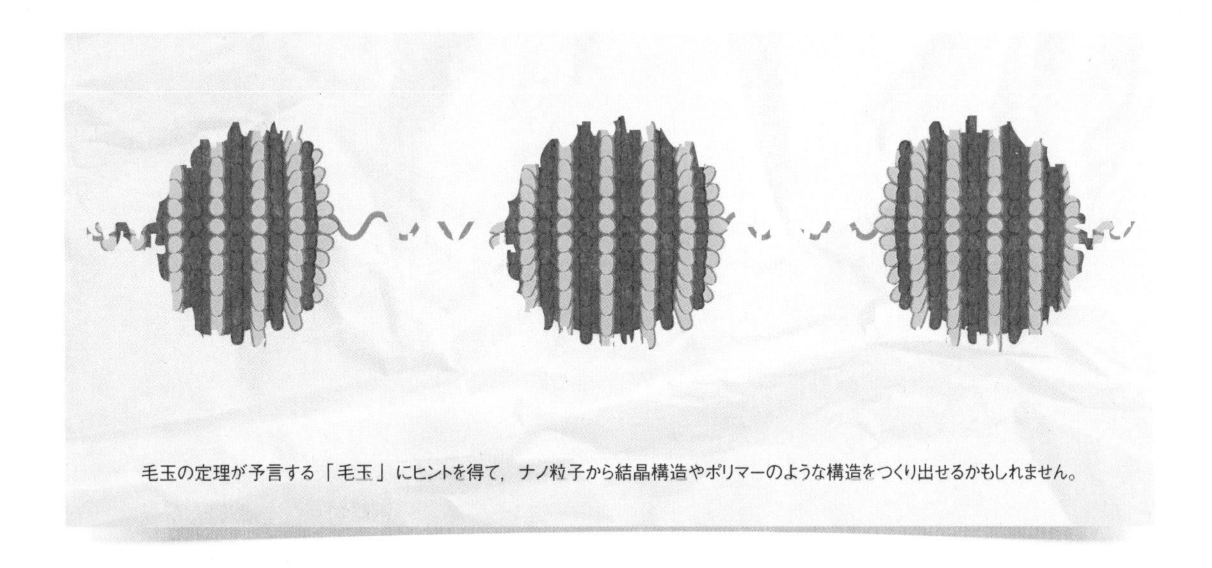
毛玉の定理が予言する「毛玉」にヒントを得て，ナノ粒子から結晶構造やポリマーのような構造をつくり出せるかもしれません。

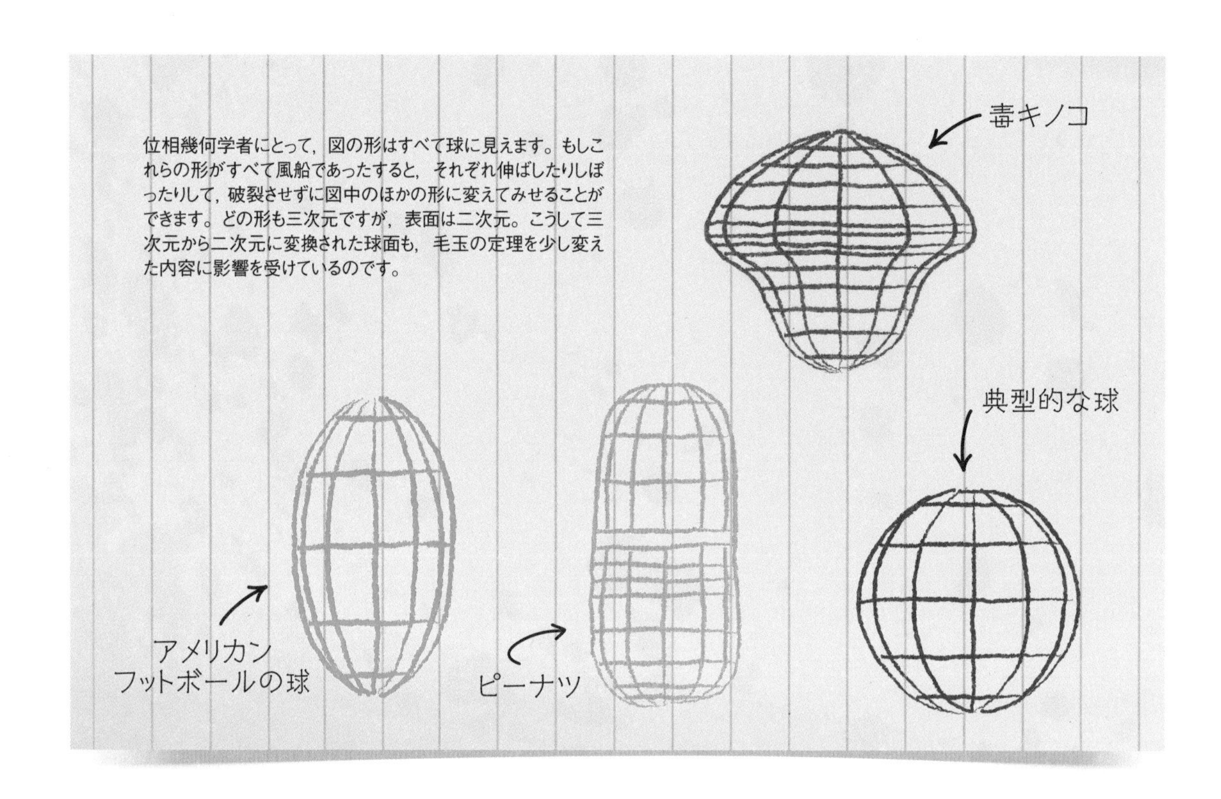

しています。今回，ベクトル場を理解しやすいイメージとして，天気図で風向きと風速を示す矢印を考えてみましょう。天気図の一部ではなく，とにかく，すべての地点に矢印があると想像してください。

接ベクトルは平らに広げた天気図上に記されていますので，上や下に突き出たりせず，地面に平行にどこかの方向を指しています。たとえば，宇宙からやってきた小さな知的生命体が地球を探検しようとしていると想像してみてください。この生命体が今立っている地点のベクトルが，ある方向を指しています。移動するたびに，新しい地点のベクトルが新たな方向を指し，生命体はそれに従ってあちらこちらとあわただしく動き回っています。

しかし，ベクトル場は連続しています。もし矢印の大きさや向きが突然変わったように見えても，近づいて矢印を「拡大」してよく見てみれば，急ではあっても徐々に変化が起こっていることが確認できるはずです。たいていの物理的な状況では，「自然は飛躍しない」と考えたいと思います。急速な変化も想定内です。自然界でよく見られる瞬間的な変化ですから。毛玉の定理は，人やものが球面上を動くとベクトル場が連続して変化するときだけ，あてはまります。

連続する接ベクトル場にも大いにあてはまります。では，二次元の位相球面ではどうでしょうか。風船のようなものを想像してイメージをつかみましょう。風船はとてもしなやかなゴム質の材料でできています。伸ばしたり，しぼったり，ねじったり，そのほかにも手を使っていろいろなことができます。パン！　とわらない限り，風船は，見た目がそれほど丸くなくても，位相的に球面のかたち（連続的に変形することで球にできるかたち）を保っています。位相幾何学では，何か急激な作用を加えても変化しないかたちの特徴を研究しています。毛玉の定理は，そのほかの種類の面上にはあてはまりません。ブラウワーの言葉を借りれば，毛むくじゃらのドーナツの毛をすくのは大変な作業ではないのです（すきたがる理由は不明ですが）。

「二次元」は地球の表面と同じ，「二次元の空間」を意味します。地球は三次元ですよ，とおっしゃるかもしれませんね。確かにそうなのですが，実は地球表面は三次元ではありません。私たちが地上で道を探すときに使っているのは，経度や緯度のような二次元です。大まかに，「次元」は次のようなものになります。空間のなかで一つの点の位置を特定するのに必要な座標の数が多いほど，その空間の次元の数も多くなります［ピタゴラスの定理，12ページ参照］。毛玉の定理は，一次元の線や三次元の体積ではなく，二次元の表面に関する式です。

位相幾何学者は「球」という語をかなり専門的に使いますが，それによってどんな（有限の）数の次元の球も存在可能になります。しかし，毛玉の定理は次元の数が変わると，必ずしも真ではなくなります。たとえば「一次元の球面」だと，一般的な円になり，ゼロベクトルがまったく存在しない円上のベクトル場が簡単にできあがります。各点における円の接線に小さな矢印を描けばよいだけです。

ポアンカレ・ホップの定理によれば，毛玉の定理の解釈は偶数の次元に当てはまるそうです。となると，次の段階としては四次元の「球面」が考えられますが，なかなかイメージできないですね。一次元の円をふくむ奇数の次元の球面では，すべての球面が，ゼロになるところをまったくもたないベクトル場をもつことがわかっています。このような高い次元の位相幾何学は，はるか遠い学問の夢の世界にある分野のように見えるかもしれません。しかし近年，大規模なデータの解釈が社会や産業界でますます緊急な課題となるなか，位相幾何学がこの解釈に関する研究に利用されています。

ベクトル場は現代物理学のいたるところで使われています。
ベクトル場が存在する空間の位相幾何学によって，
その空間に存在しうるベクトル場の種類と
存在しえないベクトル場の種類が決まります。

第 2 章

真のすがたを映し出す「科学」の方程式

ケプラーの第一法則

惑星の軌道はどうして円ではなく楕円になる？

x軸方向の太陽からの距離

y軸方向の太陽からの距離

$$\frac{x^2}{a^2}+\frac{y^2}{b^2}=1$$

一つの楕円の軸の長さ

もう一つの楕円の軸の長さ

一体どんなもの？

円を描いてみましょう。こんな描き方があります。まず，中心とする点に釘を打ちます。釘に糸を巻き，糸がたるまないようにピンと張り，もう一方の糸の端がぎりぎり届くところに線を引いていきます（これはコンパスの原理でもあります）。円の曲線上には，糸を張って印した，釘からの距離がまったく同じ点がすべて集まっています。

楕円（だえん）は円を左右または上下に広げたかたちをしています。1605年，ヨハネス・ケプラーが「惑星は，太陽を一つの焦点とする楕円軌道を描く」と

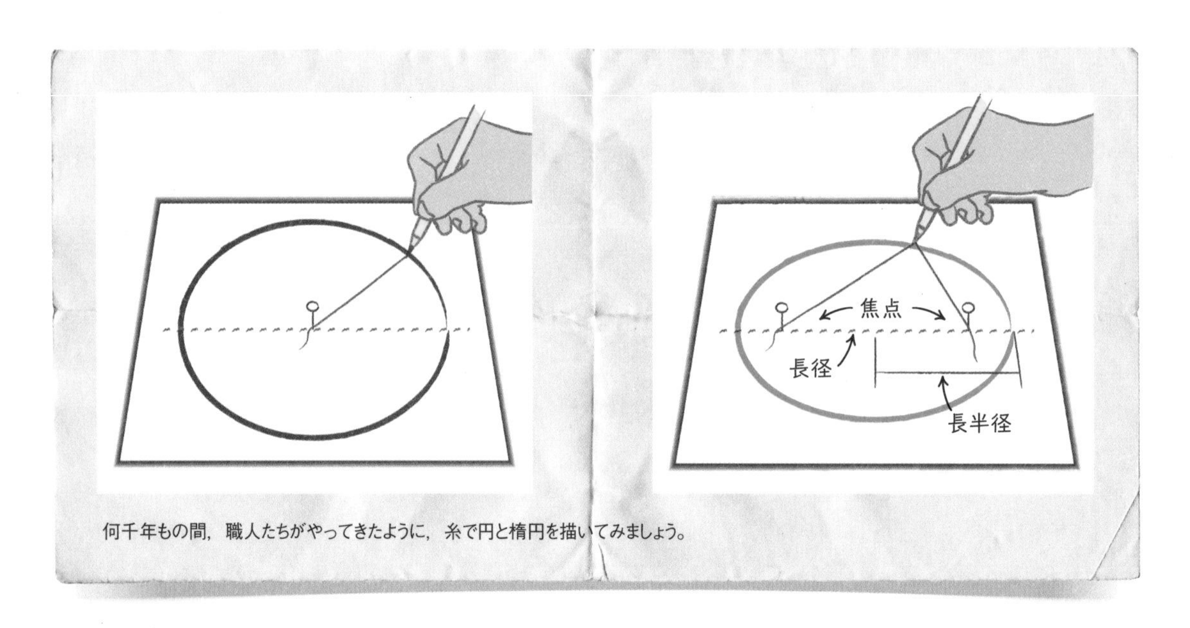

何千年もの間，職人たちがやってきたように，糸で円と楕円を描いてみましょう。

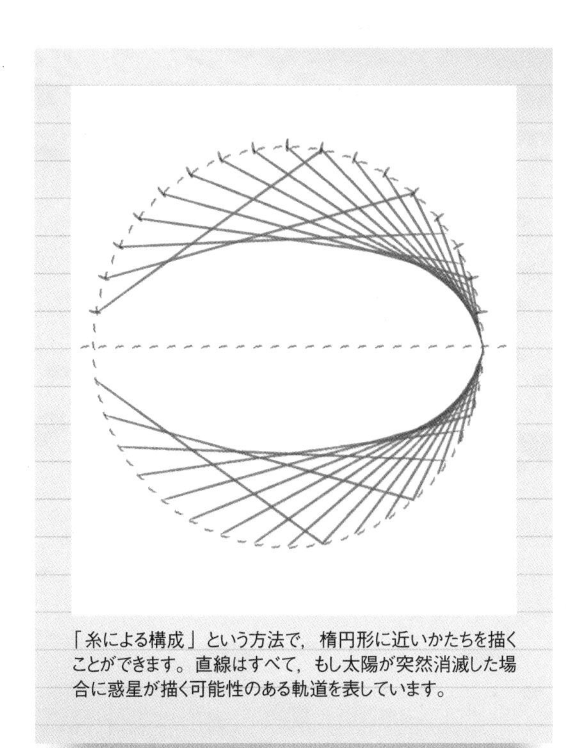

「糸による構成」という方法で，楕円形に近いかたちを描くことができます。直線はすべて，もし太陽が突然消滅した場合に惑星が描く可能性のある軌道を表しています。

いう第一法則を発見しましたが，それよりも数百年前，芸術家はすでに楕円を使って遠近法で円が描けることを発見していました。楕円は，先ほどの円の描き方と同じような道具で描けますが，釘は一本ではなく二本使います。左図のように，二本の釘を並べて刺し，糸を両方の釘にそれぞれ巻きつけます。一つの中心ではなく，釘二本を楕円の焦点とするのです。糸をきつく巻きつけたままにするのはかなり大変ですが，この方法は何百年もの間，大工や庭師，建築関係者，ミステリーサークルの製作者に用いられてきました。

ケプラーのおかげで，私たちは今，惑星が円でなく楕円の軌道を描いて太陽の周りをまわり，太陽がいつも軌道の焦点の一つであることを知っています。この法則は，古代の幾何学の円錐曲線［20ページ参照］と当時まだ新しかった望遠鏡の技術を一つにまとめ，史上最も正確な太陽系モデルをつくり出しました。

どうして重要？

西暦1世紀のクラウディオス・プトレマイオス以来，天文学者たちは宇宙の数理モデルをつくってきました。プトレマイオスのモデルでは，月，太陽，惑星，恒星はすべて，球殻に包まれて地球の周りをまわり，天体の軌道は完全な円のかたちになっていました。ここから導き出される予測は，実際に空で観測される内容とは一致しませんでした。モデルを正確なものにするためにいろいろな修正がほどこされ，年月とともに修正が複雑化していきました。ほかの予測法を提案する研究者も少しはいましたが，一般的にこの手法による考え方が長らく主流となりました。変化が起きたのは1540年代，コペルニクスが新たなモデルを提唱したときです。太陽を中心として，惑星は太陽の周りをまわり，月は地球の周りをまわり，地球は地軸を中心に自ら回転するという地動説のモデルです。

これは，現代の私たちには非常になじみのある概念です。プトレマイオスのモデルは抑制と均衡を組み合わせた複雑な概念でしたが，コペルニクスは彼以前に提案されてきた数多くの考えを，はるかにシンプルな体系にまとめました。予測の精度はプトレマイオスの天動説と変わりませんでしたが，使いやすさの面ではとても優れていました。

コペルニクスのモデルは天文学研究に急激な変化をもたらしましたが，プトレマイオスのモデルから多くの点をそのまま取り入れています。その一つが，「天体はすべて円の軌道を移動する」という考えです。このあと，ケプラーが自分の観測した内容を解明しようと試み，惑星は楕円軌道をまわるという発想にいたる時代まで，それからさらに50年ほど待たなくてはなりませんでした。ケプラーはこの発想に関して，証拠も説明もまったく示しませんでした。しかし，円よりも楕円のほうが数理モデルとして自分の考える理論を明確に表していたので，楕円を使用することにしたのです。

ケプラー以前の円に基づくコペルニクスの地動説は，惑星について実にうまく説明していました。現実に，惑星は，コペルニクスが説いたように，円にとても近い楕円の軌道をまわっているからです。ただ解明できなかったのは，周期的に現れては消えていく彗星などの現象でした。瞬く間に地球に近づいて猛スピードで通り過ぎていき，いったん姿を消すと当分の間，地球には現れません。彗星の軌道は，円運動とはだいぶ違うようです。

少なくとも私たちがいる太陽系では，彗星は惑星よりも明らかに楕円の軌道を描くことがわかっています。この新しいモデルのおかげで，結果的に天文学者は彗星の軌道と周期が計算できるようになり，彗星が再び現れる時期を予測するという古代からの問題をようやく解決できたのでした。これを最初に計算したのは，1705年，イギリスの天文学者エドモンド・ハレーです。彼はニュートンの手法を使って，自分が観測した彗星が76年ごとに地球に戻ってくるという予測を示しました。1758年，その予測が正しかったことが実証されました。新しい天文学の力を示す印象的な出来事でした。

物理学の多くの法則と同じように，ケプラーの法則も実際には近似によるものです。たしかに私たちが住む太陽系の惑星が描く軌道は完全な楕円ではありません。しかし，この近似は実際の値に非常に近いものです。さらに，重力場中で軌道をまわるものはすべてケプラーの法則にしたがっているので，月や惑星だけでなく，人工衛星や宇宙探査機などにもこの法則が応用されています。

特に，軌道をまわる人工衛星に着目してみましょう。唯一，人工衛星の運動に影響を及ぼし，軌道を外れて宇宙のかなたへ飛んでいってしまうのを阻止しているのは，地球の重力場です。つまり，人工衛星は重力の働きのみによって落下する自由

ケプラーは惑星の軌道を円から楕円に広げました。

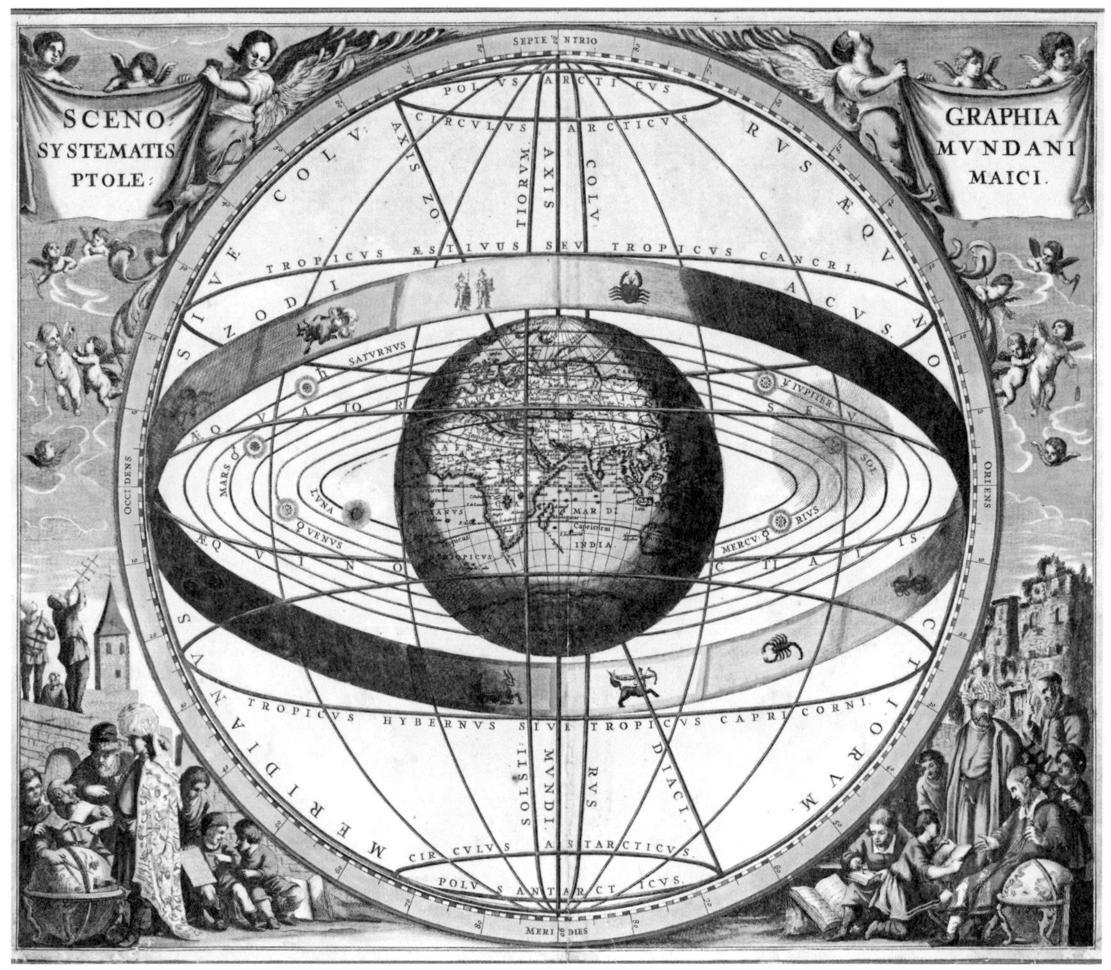

プトレマイオスの太陽系モデル

落下の状態にあり，けっして地面に激突したりしません。彗星や惑星と同じように，人工衛星の運動も楕円をたどりますが，その焦点となるのは地球です。

楕円軌道の広がりは，その軌道を飛ぶ衛星の使用目的によって決まります。ほぼ円に近い軌道をまわる衛星もありますが，なかには，長楕円軌道をまわる衛星も二，三あります。こうした衛星は，太陽の周りをまわる彗星と同じように，ある一点で地球に接近し，軌道をまわりながらしばらく地球のそばを進みますが，やがてまた地球を離れ，残りの軌道を進みます。この衛星の動きは，特殊な測定に適しています。たとえば，欧州宇宙機関のクラスター２プロジェクトでは，探査機を四つ，長楕円軌道に打ち上げています。打ち上げられた探査機は現在，地球の磁気圏の詳しい地図をつくり，太陽風の影響を調査しています。

詳しく知りたい

66ページに記した方程式は，円錐曲線の方程式です［20ページ参照］。

$$Ax^2 + Bxy + Cy^2 + Dx + Ey + F = 0$$

$A=1/a^2$，$C=1/b^2$，$F=-1$，ほかの大文字＝0とすると，こうなります。

$$\frac{1}{a^2}x^2+0xy+\frac{1}{b^2}y^2+0x+0y+(-1)=0$$

ケプラーの時代，円錐曲線は西洋数学では比較的新しく，ケプラーは科学的にだけでなく，神秘的思想への関心から，その理論に関心を寄せていました。古代ギリシャから受けつがれてきた「天球の音楽」と呼ばれる西洋の伝統的思想では，天体の運行が音を発し，宇宙全体が和声を奏でていると考えられていました。ケプラーは，論理的に秩序だった宇宙がこの「天球の音楽」によって支配されるという考えに夢中になりました。ケプラーが惑星の楕円軌道の法則を発表してからおよそ100年後，ニュートンの時代になってようやく，楕円軌道がすぐれた発想だった理由が詳しく解明されました。

惑星の軌道についてのケプラーの結論は，一般的に三つの法則にまとめられています。第二法則「惑星と太陽とを結ぶ線が一定時間に通過する面積は一定」では，惑星が軌道をまわる速度は楕円運動のどの部分に惑星が位置するかによって変わるとしています。惑星は楕円の太陽に近い側の先端付近では，ゆるやかなカーブを描く部分よりも速度を上げて進みます［角運動量保存の法則，79ページ参照］。第三法則「公転の周期の二乗と軌道の長半径の三乗の比はどの惑星でも同じ」では，太陽を一周する軌道が大きくなるほど，一周にかかる時間（惑星の一年）が長くなり，火星の一年は地球の一年よりも長くなる（地球換算で687日）とされています。

この三法則はもともとおおまかな理論でしたが，その正確性は数学的に立証できます。その様式を使えば，ケプラーの三法則はニュートン力学から数学的に導き出せます［ニュートンの第二法則（運動の第二法則），71ページ参照。万有引力の法則，76ページ参照］。まず，ケプラーが天文観測と直観に基づいて惑星の法則を発見し，ニュートンはかなりあとになって，その法則が正しいことを立証したにすぎません。現代的な説明では，ケプラーの法則はよくニュートン力学から導き出されます。ニュートンが提唱し，その後，独自に発展していったベクトル解析の用語を使って，ケプラーの理論が説明されることが多いのです。ただ，導き出す作業は細かく複雑で，いまだに大変です。こうした手法を何ももっていなかったのにもかかわらず，ケプラーが一足飛びにこの法則を公式化できたのはまさに偉業というほかありません。

円錐曲線は数学的に面白い学問というだけではありません。コペルニクスの地動説からほどなくして，ケプラーに，惑星が太陽の周りをまわる美しいモデルをもたらしたのも，円錐曲線でした。

ニュートンの第二法則（運動の第二法則）

物理学全体で二番目に有名な方程式

物体に加わる力　質量　加速度

$$F = m\,a$$

一体どんなもの？

風のない日にボールを投げると，ボールは弧のような曲線を描いて前に進みます。最初は上へ向かって進み，高いところまで行くと，今度は落下し始め，最後に少し離れたところに着地します。あなたが今，誰かがボールを何度も投げるのを見ているとします。ボールの軌道はつねに同じわけではないのに，みな似たようなかたちになるのは不思議だな，と思うかもしれません。たとえ別の角度から投げてみても，いろいろ試しても，ボールは似たような軌道をたどります。一体，どんな

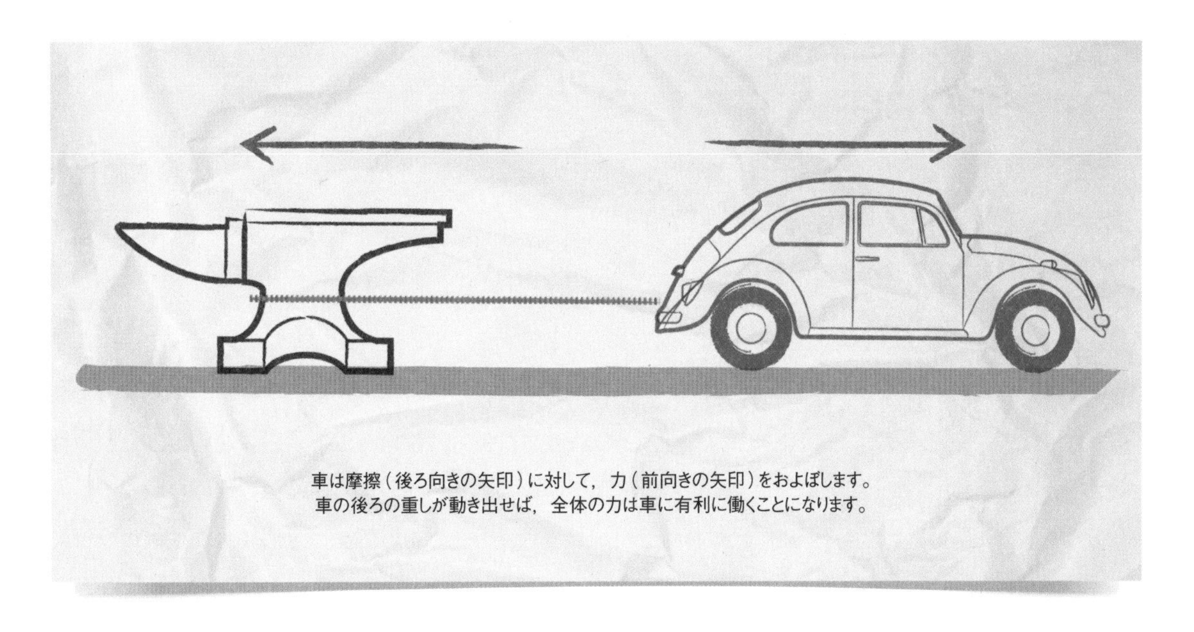

車は摩擦（後ろ向きの矢印）に対して，力（前向きの矢印）をおよぼします。
車の後ろの重しが動き出せば，全体の力は車に有利に働くことになります。

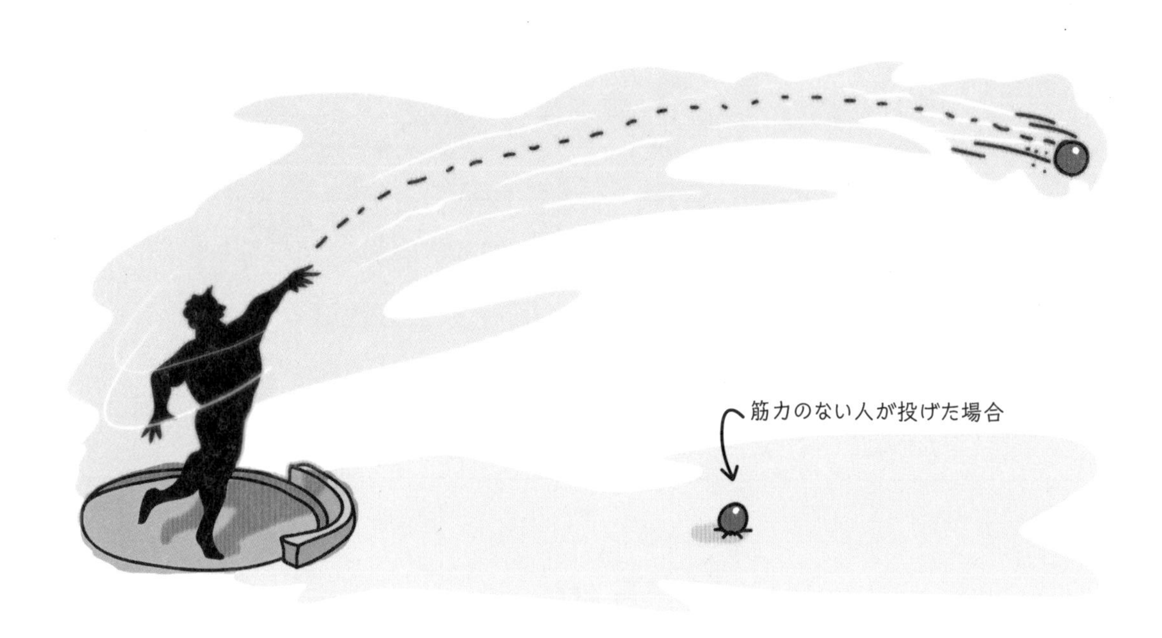

筋力があればあるほど，投げるときに力をこめることができ，球を加速させられます。

不思議な自然法則が働いているのでしょうか。

ニュートンの第二法則は，力，物体の質量，加速度という三つの単純な関係について説いています。エンジニアや科学者たちは，いまも日常的にこの法則を使って計算したり，予測を立てたりしています。非常に使いやすいので，物理学分野のさまざまな疑問にもすばらしい解答を出してくれます。

ニュートンの運動理論を構成する概念の多くは，ニュートンがまとめる以前にすでに人々に知られていました。彼の功績は，宇宙を一つの大きなしくみとして示したことです。そのしくみのなかでは，ボールを投げるときに見られるような規則性は不思議なことではなくて予測ができ，またそれは宇宙という構造全体のしくみに由来している，と考えました。

どうして重要？

ニュートンの物理学は科学史上，最も大きな影響をおよぼした発見（あるいは発明）の一つに挙げられます。一世紀前（15世紀）からの天文観測や数学の概念を，幅広い問題を解決できる，一つの筋の通ったしくみにまとめた学問です。ニュートンが錬金術や占星学などに興味があったことはよく知られていますが，彼は物理学にはあいまいなものや神秘的なものを一切もち込みませんでした。ですから，ニュートンの物理学は明快で正確，かつ現代的でした。この分野での彼の研究は多大な影響力をもっていました。新しい科学研究のスタイルとなり，時代に新たな息吹を吹き込んだことでしょう。

ニュートン力学はよく，三つの運動の法則に集約して説明されます。本項の第二法則はそのうちの一つです。第一法則は「慣性の法則」と呼ばれ，「物体は外部から力が加わらないかぎり，一定の速度で直線方向に進み続ける」という法則です。つまり，宇宙空間でボールを投げると，ほかの力が作用し始めないかぎり，ボールはけっして速さを変えることなく，永遠にまっすぐに進み続けます。

ニュートンの第三法則は最もよく知られている法則で，これには有名なフレーズがあります。「すべての作用に対して，等しく，かつ反対向きの反作用が存在する」――これはニュートンがもともとラテン語で表した言葉をほぼ一言一句そのまま英語に，そして日本語に翻訳したものです。わかりやすく言うと，「すべての作用は等しく逆向きの反作用をもつ」ということです。たとえば，今，コーヒーカップをテーブルに置いたとします。重力がカップを床の方向に引っ張っています。カップが落ちないのは単純に，重力と等しい大きさの逆向きのテーブルの力がカップに働いているからです。なんだか謎めいていますね。カップが床に落ちるのを止めるのに必要なちょうどの力の大きさが，どうしてテーブルにわかるのでしょうか。

別の例から考えてみましょう。今，あなたはローラースケートをはいて，車を押して動かそうとしています。最初に車を押すと，押し戻されたような感覚になります。ちょっと不気味な現象ですね。どうしてそんなことが起きるのでしょうか。おそらく，私たちのほとんどは，車が自分を押したのではなく，自分で自分を押したのだと言うでしょう。あなたは，自分は前に押しただけだと反論するかもしれません。確かに前に押しているのですから，後ろ向きの動きにはなりません。でも，ニュートンの第三法則では，「いや，日常の経験で証明されるように，後ろ向きの動きは生じる」と言っています。

詳しく知りたい

ニュートンの第二法則を理解する一番簡単な方法は，計算です。今，私が1kgのボールをまっすぐ上に向かって投げたとします。一つの数値として高さだけを考えればいいわけですから，簡単ですね。そして，ボールが戻ってきたら，キャッチします。ボールが私の手を離れた瞬間にストップウォッチを押してタイムを測り，（おそらくあとで動画を解析して），その瞬間ボールが20m/s（メートル毎秒。単位は何でもかまいません）の速度で上方向に動いていたことを知ります。

いったんボールが空中に浮かべば，ボールに作用する力は，重力だけです。これまでの実験から，地表付近では重力はすべてのものをおよそ$-9.8\,\mathrm{m/s^2}$（メートル毎秒毎秒。上向きを正，下向きを負とし，落下前の場所を基準すなわちゼロと考えます）で加速させることがわかっています。つまり書き表すと，次のようになります。

$$F = 1 \times (-9.8) = -9.8\,\mathrm{kg\,m/s^2}$$

この測定値の単位を1「ニュートン（N）」ともいいます。ここまでは，普通の計算です。では，この方程式を書き換えてみましょう。

$$-9.8 = 1 \times \frac{d^2h}{dt^2}$$

ここで導入された関数hは，時刻tにおけるボー

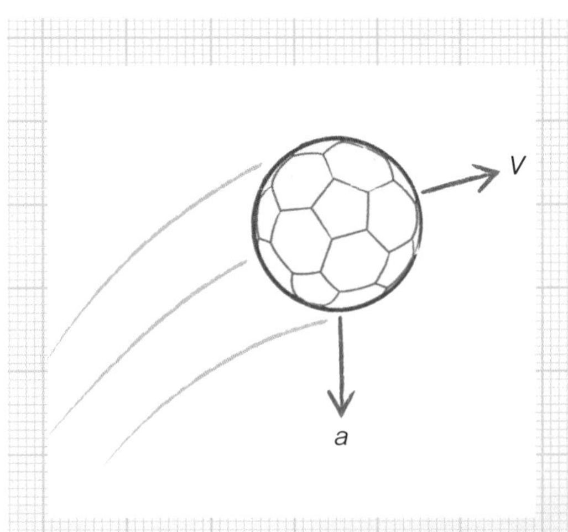

ボールの速度ベクトルはボールの進行方向を指しています。
重力による加速はボールを垂直方向に引っ張ります。

レスリングのさまざまなフォームは，自分自身が加速されないよう抵抗しつつ試合相手を加速させる力を取り入れています。

ルの高さを求める関数です。結局のところ加速度は速さの変化率で，速度は位置の変化率を表します。したがって，加速度はボールの位置の二次導関数となるわけです。つまり，この式は$F = ma$をもっと手の込んだ表記にしたもので，導関数を使った「微分方程式」として表しています［微分積分学の基本定理，33ページ参照］。多くの場合，$F = ma$という式のおかげで，微分方程式は物理学で利用される手法ではほぼ万能な要素となっています。

また，両辺を積分してこの方程式を書き換えることもできます。ここで，vは何か未知の値です（訳注：積分定数のこと）。

$$-9.8t + v = \frac{dh}{dt}$$

とはいえ，実はvの正体はわかっています。ストップウォッチで計測を開始したときにはtがゼロで速さは20 m/sとなり，dh/dtがこれに等しくならないといけませんから，$v = 20$となることがわかり，これを代入して上の式は次のかたちになります。

$$-9.8t + 20 = \frac{dh}{dt}$$

各瞬間にボールが進んでいる速さを瞬時に計算してくれる，ちょっとした計算装置ですね。ボールは私の手から離れてから約2秒後，静止したともいえます。つまり，その瞬間が，ボールが最高の高さに達して上方向への動きをやめて落下し始める瞬間だと常識的にわかります。このとき，ボールはどのくらいの高さまで上がったでしょうか。再び積分してみます。

$$-4.9t^2 + 20t + s = h$$

またsという別の未知の値が登場しました。でも，これも正体がわかっています。ストップウォッチが動き始めた$t = 0$のとき，高さhはボールが私の手を離れたときの手の高さになります。たとえば，2mとしてみましょう。

$$-4.9t^2 + 20t + 2 = h$$

では，ボールはどのくらいまで上がったでしょう？　時刻$t = 2$秒のときに最高の高さに達したとわかっていますから，高さは次のようになります。

$$-4.9 \times 2^2 + 20 \times 2 + 2 = 22.4\,\mathrm{m}$$

少し代数学を使うと，ボールが手を離れてから約4秒後にボールをキャッチすることがわかります。最初はボールの運動に関してごくわずかなことしかわかっていなかったのに，かなり情報が増えましたね。

さらにわかっていることがあります。ボールを強く投げてもやさしく投げても，地上であるいは重力のちがう月で投げても，代入する数が多少ちがうだけで，$F = ma$の式を積分して得られる方程式はみな同じようなかたちになります。特に，投げたボールの高さを時刻の関数としてグラフに表すと，つねに，放物線を表す$-At^2 + Bt + C$に似た方程式が得られます［円錐曲線，20ページ参照］。また，この法則の考え方は，砲弾や人工衛星にも応用されています。

ところで，ボールについてのこの数理モデルは完璧ではありません。たとえば空気抵抗や回転，さらに高さが最も高いときと最も低いときとでは厳密には同じではないという重力の性質の影響などが，考慮されていませんでした。ニュートン力学の長所として，こうしたさまざまな条件に非常に適応しやすいことがあります。先ほどの数理モデルも微調整すれば，使いたい目的に応じて必要な精度に変えられます。少なくとも，相対性理論や量子力学の要素を考慮しなくてはならない速さや大きさを扱うレベルまでは，この方程式は真であるといえるでしょう［質量とエネルギーの等価性の方程式，113ページ参照］。多くの実用的な場面で，ニュートンの物理学は今もなお大いに役立っています。

力，質量，加速度。
このうち二つがわかれば，残る一つは必ず求められます。
加速度を速度や位置に変換できる微積分が
ニュートンの物理学の礎です。

万有引力の法則

**17世紀に発見された近代初の重力理論
長い間，絶対的真理とされていたが，約250年後，
アインシュタインの一般相対性理論に取って代わられる
しかし今なお，広く利用されている重要な法則**

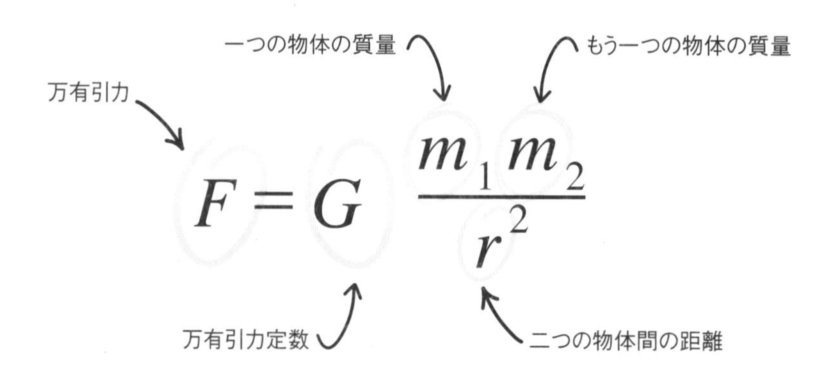

一体どんなもの？

16世紀から17世紀にかけて，宇宙論がめざましく進歩しました。ところが，17世紀後半のニュートンの時代になると，宇宙論のテーマ全体が何やら混沌としてきました。事実，新しい考えや改良された概念がたくさん登場しましたが，人々はそれまでの古い学説がもたらしていた調和や論理が失われてしまったと考えていました。自らを「自然哲学者」と呼ぶ物理学者たちは，より正確な天体予測ができるようになりました。彼らは一体，何に基づいて予測をしたのでしょうか。当時，自然界の法則は根底に単純性をもっているはずだと考えられていました。

ニュートンが著した『プリンピキア（自然哲学の数学的原理）』（1687）は，さまざまな意味で重要な役割を果たしました。その一つとして，彼は著書の中で，物理学は力学のみを中心に構築されるべきである，宇宙の働きは「万有引力」という力を中心に生じると，実際に提起しています。

ニュートン以前にも万有引力の理論は発表されていましたが，彼の理論は，万有引力は世界のすべての基礎，すなわち自然界にもう一度秩序をもたらす唯一の原理であると説いています。現実には，ニュートンもふくめて誰も，この力の実体や，まるで魔法のような「距離の離れた作用」をまだよく理解していませんでした。

詳しく知りたい

万有引力は二つの物体に生じる，互いに引き合う力です。実は，ニュートンは万有引力が作用するしくみも，さらには万有引力そのものが実在するのかさえも，まったくわかっていませんでした。けれども，この不思議な力を理論に加えると，理論モデルが非常に説得力のある，よくまとまったものになりました。ニュートンの有名な方程式では，万有引力は二つの物体の質量と，物体間の距離によって表されます。この法則では，引力は物体の原材料や，どこにあるか，運動中か静止中か，といったことに関係がありません。したがって，細かな条件を考慮せずにすむうえ，地上や特に夜空で起こる現象について観測された内容とも一致します。

左ページの方程式で，特に注目すべきことが三点あります。一点目，二つの物体の質量は互いにかけ合わされます。つまり質量が少し増えると，万有引力は比較的大きくなります。二点目は，一点目に関係しますが，万有引力は二つの物体間の距離の二乗で割って求められます。これは物理学でいう「逆二乗の法則」の一例です。つまり，物体どうしが離れるほど，万有引力の影響が急激に小さくなっていきます。

三点目，この方程式には，定数Gが使われています。Gは物体の大きさや物体どうしの相対的な位置に左右されない定数です。Gはどんなものにもまったく影響を受けません。私たちの知る限り，Gは宇宙のいたるところ，どんな物理的な環境で

月面では地球上よりも重力が小さいので，ゴルフボールは地球上よりもゆっくり落ちてきますが，かなり遠くまで飛びます。1971年，アメリカの宇宙飛行士アラン・シェパードが実際に月面でやってみせました。

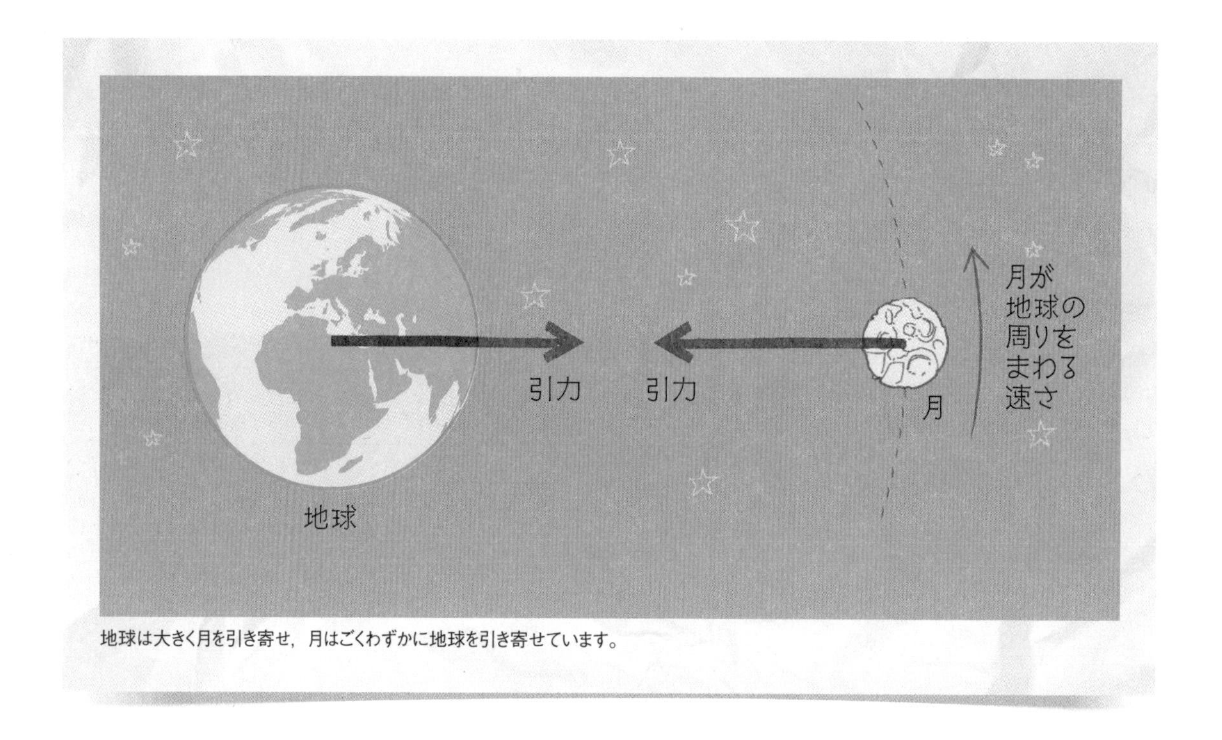

地球は大きく月を引き寄せ，月はごくわずかに地球を引き寄せています。

も同じ値の「普遍の定数」（すなわち，「万有引力定数」）なのです。

現在，万有引力は，宇宙の四つの基本的な力の一つと考えられています。理論上，ほかの力もすべて，この四つの分類を使って説明できます。万有引力以外の三つのうちの一つは電磁気です。19世紀に初めて理解された力です［マクスウェル方程式，118ページ参照］。残り二つの力は，原子どうしがごく近くにあるときにだけ作用しますから，日常で私たちが経験することはまずないでしょう。

万有引力は物理学で最も基礎となる力の一つです。
万有引力の法則の方程式は，
互いに引き合う天体の質量と距離によって，
万有引力がどのように決まるかを表しています。

角運動量保存の法則

フィギュアスケートの選手，はずみぐるま，中性子星など，回転するもののふるまいを支配する基本的な法則

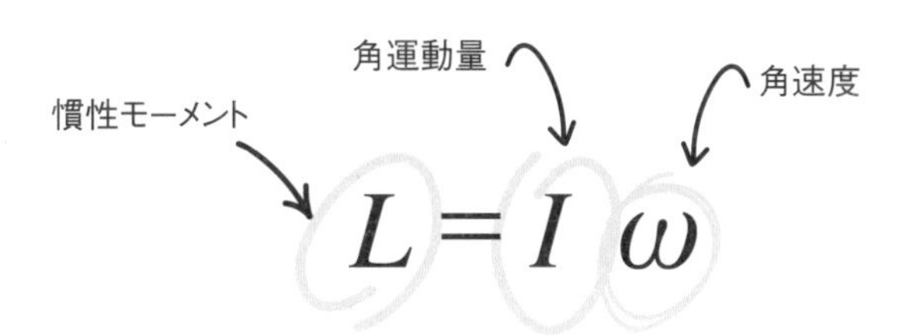

$$L = I\omega$$

17世紀のオランダの科学者クリスチャン・ホイヘンスが，彼の最も有名な発明となった振り子時計を人々に披露しています。

一体どんなもの？

もし回転椅子が身近にあれば，これを使って簡単な物理の実験をすると，この方程式がよくわかるでしょう。まず椅子に座って回ってみましょう。ベアリングに油が十分さしてあれば，椅子は数秒間ぐるぐる回ったあと，摩擦が生じて回転速度が遅くなっていきます。では，もう一度，回ってみましょう。今度は本など，かなり重いものを左右の手に持っておきます。回転し始めて1～2秒したら，本を持ったまま両手を横に伸ばしてみましょう。おや，回転が突然，遅くなりましたね。さて，もう一度やってみましょう。今度は最初から両手を左右に伸ばした状態で回りはじめて，1秒ほどたったら胸のあたりに手を引き寄せてください。回転が速くなりましたね。腕を伸ばしてから胸まで引き寄せると，回転の速さを自分でかなりうまくコントロールできることに気づくはずです。

この実験では，手に持っていた本の角運動量が保存されています。本を持った手を伸ばすと一回の回転で本の進む距離が増えた分，それを補うために速度が落ちます。胸まで引き寄せると伸ばした状態よりも進む距離が小さくなり，回転は速くなります。実際にやってみると，少し不思議な感じがするかもしれません。まるで椅子が回転速度をあやつり，座る人が手を伸ばすか縮めるかによって運動量を補っているように見えます。

どうして重要？

角運動量は，回転する物体の基本的な性質で，回転運動の勢いを表す量です。宇宙で見られる運動のなかで，直線運動の次によく知られているのが回転です。

角運動量の基本的な概念は，1600年代後半，オランダの科学者クリスチャン・ホイヘンスによる時計と振り子の研究から生まれました。振り子のような運動は，現在，時計以外のさまざまな機械技術にも利用されています。この角運動量の知識は，すべてのフライホイール（はずみぐるま）とガバナー（遠心調速器）の製造に重要な役割を果たしました。この二つの装置が蒸気機関を動かす部品となり，産業革命（1760～1840）をもたらしたのです。振り子の前後の揺れは，安定した円形回転とはあまり共通点がないように見えるかもしれません。確かにふつうの振り子では，運動量は保存されません。振り子運動の頂点で振り子が静止するからです。けれども，振り子と円形回転は実はとても密接に関係しています［減衰調和振動子，100ページ参照］。

回転する機会がよくある人なら，この法則の効果を実感して，すぐに実生活に利用できるでしょう。たとえば，宙返りのような演技をする体操選手や曲芸師は，空中で素早く回るために脚を抱え込み，着地するまでにフルで一回転できるように

スケート選手は腕を胸のあたりに縮めて慣性モーメントを小さくします。すると，角運動量を保存するために自動的に回転速度が増します。

します。半回転だけの宙返りはあまりに危険です。フィギュアスケートの選手は，回転椅子の原理を使ってスピンの速さをコントロールします。高飛び込みの選手やハンマー投げや円盤投げの選手，あらゆる種類のバットやクラブ，ラケットを使う選手もこの原理を利用しています。もっと興味深い例があります。綱渡りの大道芸人は長いポールを使って，ロデオの闘牛士は手を使って，バランスをとるようにしています。

日常的に角運動量保存の法則を使っているのは，人間や機械だけではありません。しっぽがある動物も，よく角運動量を利用して，バランスをとったり，俊敏な動きをしたりしています。ネコが高いところから落ちるとき空中で体をひねって着地できることはよく知られていますが，これもこの法則を使っています。とはいえ，周囲にいるネコ科の動物を試すのはやめておきましょう。話に聞くほど，いつでも上手にできるとは限りませんから。

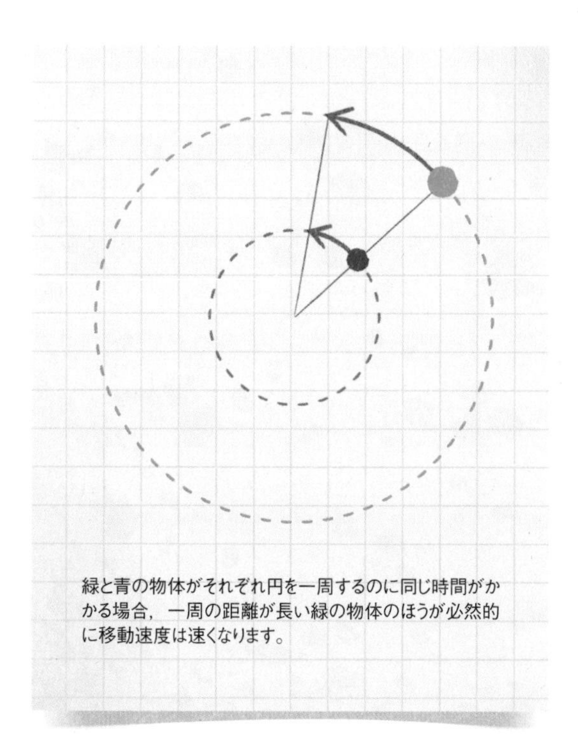

緑と青の物体がそれぞれ円を一周するのに同じ時間がかかる場合，一周の距離が長い緑の物体のほうが必然的に移動速度は速くなります。

宇宙の多くの天体も回転しています。なかでもドラマチックなのは，「パルサー星」です。超高速で回転する，とてつもなく密度の高い天体です。太陽よりずっと大きく，比較的遅く回転する大きな恒星は，最終的に重力崩壊し，やがて小さく収縮して中性子星が生まれます（太陽は質量が足りず，重力崩壊しません）。回転椅子で腕を胸のあたりに縮めるのと同じ原理ですが，これは天文学的な規模で実際に起こっている現象です。

一方，すべての素粒子は「スピン」と呼ばれる，自転のような，角運動の性質をもっています。ただし，量子の世界ではこの性質を文字どおり「スピン（回転）」そのものではなく，回転のようなものとして考えられています。「粒子と波動の二重性」*という性質があるので，たとえば電子を「空間で回転する小さな球体」と考えるのは少し間違っています［シュレーディンガー方程式，133ページ参照］。

詳しく知りたい

運動量とは，動いている物体の動きの止めにくさ（どれだけ止めにくいか）を表しています［ニュートンの第二法則（運動の第二法則），71ページ参照］。円上を回転するのではなく，直線上を進む物体の運動量を線運動量といい，質量と速度の積（質量×速度）で計算できます。これは理解できますね。進路上で物体を静止させにくくする要因は，物体の重さと移動速度ですから。別の例で見てみましょう。時速30kmで進む車にぶつかるのは，同じ速度で飛ぶ紙飛行機に当たるよりもはるかに痛いですし，さらに速度が大きくなっていくと，その分もっと痛いでしょう。ここでも，積の問題が出てきます。先ほどの二倍の速さで車にひかれるのは，二倍の速さで飛ぶ紙飛行機に当た

＊量子論では粒子と波動の区別が明確につかず，一般に両方の性質をあわせもつことが知られています。

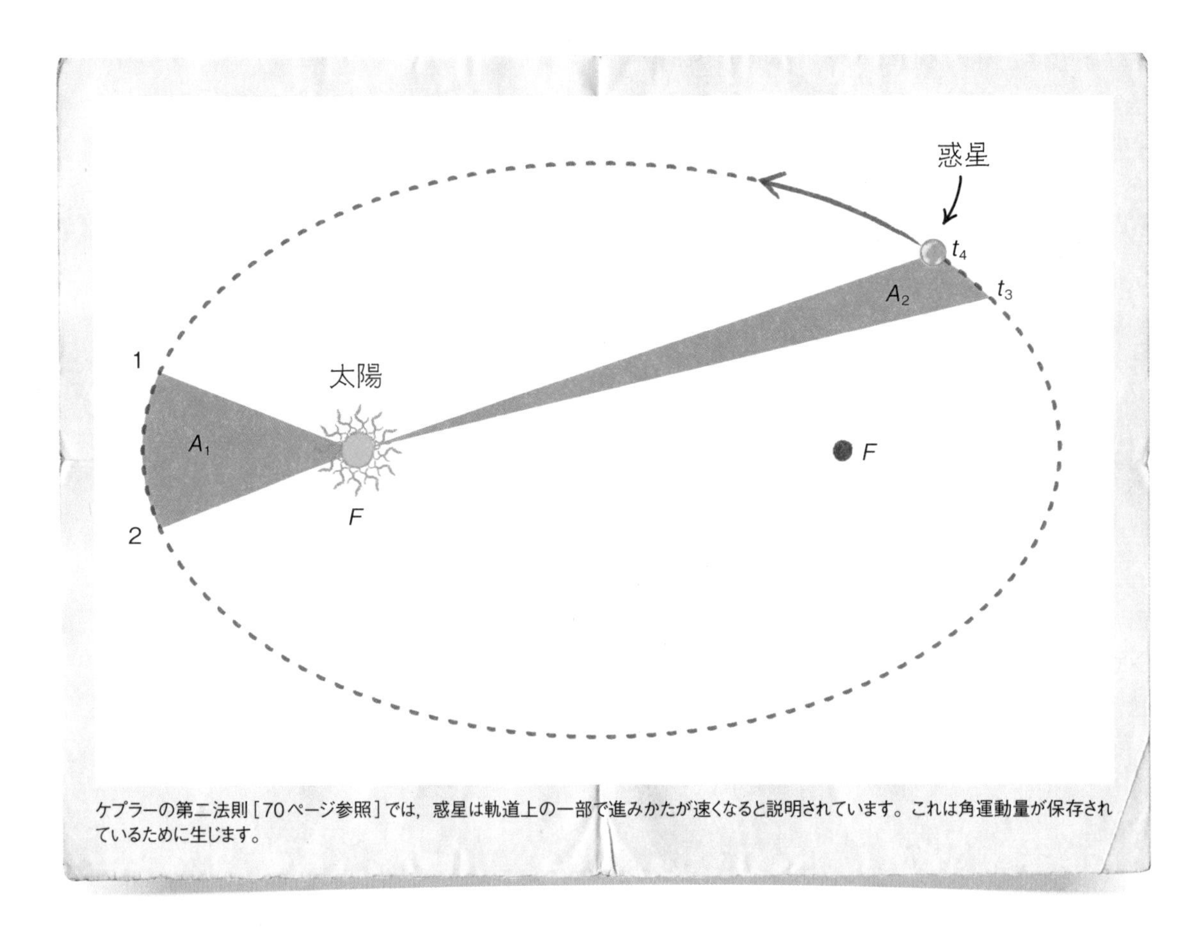

ケプラーの第二法則［70ページ参照］では，惑星は軌道上の一部で進みかたが速くなると説明されています。これは角運動量が保存されているために生じます。

るよりも，はるかに危険です。かけ算する質量が大きい分，運動量がずっと大きくなるからです。

角運動量も基本的な考え方は直線運動と同じですが，微妙に違う点があります。第一に，速度を角度で測らなければなりません。つまり，単位は毎秒mではなく，毎秒°（度）に似た弧度法ラジアンという単位になります。毎秒60°で回転する人は，一回転（360°）するのにきっかり6秒かかります。この角速度は，このテーマの冒頭に紹介した方程式で，ω（オメガ）で表されています。

質量に関しては，もっとややこしくなります。回転椅子の実験を思い出してください。誰かが椅子に座って，両腕を伸ばして回転したとします。先ほどと同じように同じ角速度で回ると想像してください。今度は長いポールを両手に持ち，左右にそれぞれ伸ばします。手かポールの端，どちらに当たるほうが痛いでしょうか。ポールのほうが空中を速く回っているのは，直観的にわかりますね。椅子が一周するのに一定の時間がかかりますが，ポールの両端は椅子よりも長い距離をまわって一周します。そうなると，ポールには椅子よりも威力があり，静止するためにはもっと力が必要になります。「動きの止めにくさ」は慣性モーメント（L）で測ります。角速度は止めにくさを表す，また別の尺度です。この二つの尺度の積で角運動量が得られます。太陽の周りをまわる惑星の運動も，この原理に基づいています。惑星は完全な円ではなく，楕円の軌道上を動いています［ケプラーの第一法則，66ページ参照］。つまり，一部の軌道上では，惑星の角速度がほかよりも大きくなります。太陽を中心に糸を張り，もう一方の端を地球につないで回すのと，よく似ています。糸が短ければ，地球の進む速度は速くなります。この原理は，外部の力の影響が非常に大きくならない限り，宇宙空間の軌道を回るすべての天体にあてはまります。

運動量保存の法則は「独立した」，または「閉鎖された」系にだけあてはまります。外部からの干渉を受けない物理的な環境が条件となります。たとえば，回転椅子の実験では，椅子が回っているときに誰かが椅子を不規則に押したり，回転を遅らせたりすると，先ほどの原理が働きません。そうした場合は，条件をもとに戻して，やり直してみましょう。

質量やエネルギー，線運動量などに用いる物理の運動量保存の法則について耳にしたことがあるでしょうか。1915年，ドイツの数学者エミー・ネーターは，物理のある系を支配するいくつかの方程式にある種の対称性があるとき，角運動量保存のような種類の法則が必ず成り立つと証明しました（ネーターの定理）。ネーターの定理はとても抽象的で，物理学の広い範囲を対象としています。彼女の証明は，素粒子物理学のゲージ対称性（素粒子間に働く力の源）など，それ以降の多くの保存の法則の発見につながりました。つまり，このおかげで，物理学の運動量保存の法則の実体がさらに詳しくわかるようになったのです。また，この種の法則で予測される対称性の欠如や「破れ」（対称性がこわれること）は，1964年に予言された，宇宙を満たし，物質に質量を与えると考えられてきたヒッグス粒子の存在と密接な関わりがありました。予言からおよそ半世紀後，ヒッグス粒子はスイスの欧州原子核研究機構（CERN）で行われた実験で発見されました。

物理学に数多く存在する保存の法則は，
ふだん目にする現象のしくみについて教えてくれます。
円運動はいたるところで見られるので，
この法則は特に重要です。

理想気体の状態方程式

温度，圧力，体積，質量が
一つのシンプルなかたちにまとめられた方程式
圧力鍋から熱気球まで，
現実のさまざまな現象を明らかにする

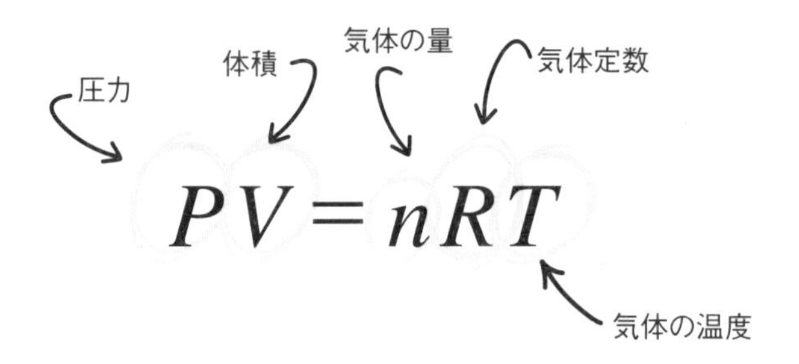

一体どんなもの？

これから紹介する理想気体の状態方程式は，おそらく本書で説明するほかの方程式ほど，すばらしいとか感動的といった式ではないでしょう。逆に，ほかに比べて少しさえない，お粗末な式にさえ見えると思います。理由は二つあります。一つめは，たくさんの情報をコンパクトに短くまとめているから，二つめは，気体はまさにどこにでも存在しているからです。

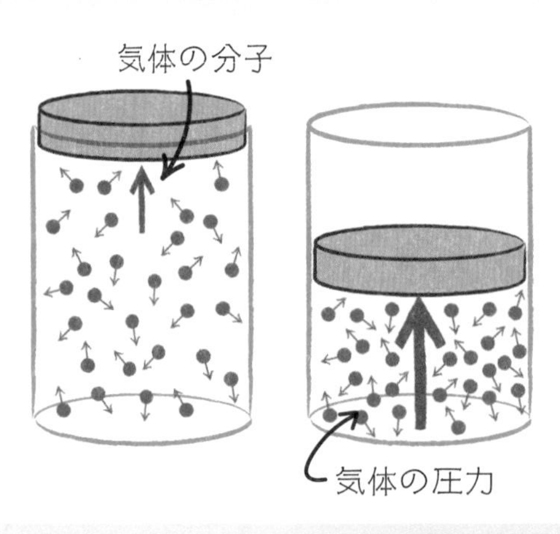

気体の入った容器，大と小の二つがあります。気体の粒子は容器の中で飛びはねる小さな玉で表されます。小さい容器には玉がぎっしり詰まっています。

少なくとも常識的に考えれば，圧力，温度，気体の体積，この三つの間になにか関係性があることは，すでにおわかりでしょう。たとえば風船を熱い空気でいっぱいにしてみましょう。空気が冷えると風船は少ししぼみますね。これは空気が冷えて体積が減ったためです。では，風船をぎゅっと絞ってみましょう（体積が減ります）。風船は破裂するかもしれません。これは風船の中の空気の圧力が大きくなったためです。同じように料理でも，私たちは圧力と温度と気体の体積の三つが作用しあっているのをよく目にしているはずです。この方程式が表しているのは，圧力鍋の原理です。水の入った鍋にふたをすると，早くお湯が沸くのと同じ理屈です。どちらも中の圧力が増し，その結果温度が上昇します。こうした原理が背景となって，さまざまな現象が起こっています。特に蒸気機関は，歴史上重要な発明として誰もが知る一例です。

ジャン・フランソワ・ピラートル・ド・ロジェは1783年11月21日パリで，魅惑の熱気球による初期の飛行を成功させました。

詳しく知りたい

気体をなにか物質のもやっとした雲だととらえると，温度，圧力，体積，質量，この四つの言葉が何を意味するのかわかりにくいですね。特に「温度」と「圧力」は，物質がもつなぞの性質のように見えます。人間がもつと考えられている「知性」や「やる気」と同じで，正体がつかめません。こうした語はいったい，完全にはっきりと定義されているのでしょうか。

気体を，あちこち飛びはねる，重さをもたない無数の小さなピンポン玉（原子）の集まりと考えるとわかりやすいでしょう。ここに風船があるとします。中の空気の温度は，「空気の原子が，平均してどのくらいの速さで飛びまわっているか」で決まります。圧力は，「空気の原子が，伸びたゴム膜の壁にどのくらいの頻度でぶつかっているか」で決まります。

これで理想気体の状態方程式がほぼ理解できますね。もちろん，空気を温めると原子が動き回る速度が増し，風船の壁とぶつかる回数も増えます（したがって，圧力も増えます）。当然ながら，風船を小さくしても中の空気量を変えない場合，空気の原子が風船の壁に当たる回数が増えます（したがって，圧力も増えます）。たとえば，原子が飛びまわる速度はそのままで（つまり，温度はそのままで），風船の壁と衝突する回数を減らしたい（つまり，圧力を減少させたい）ときは，壁を広げればよいですね（体積を増やします）。

理想気体の状態方程式は，次のように書き換えられます。

$$\frac{PV}{nT} = R$$

Rは気体定数といって，物理学上の普遍の定数です。つまり私たちが現在知る限りでは，Rは宇宙共通の数値です。この定数は，ボルツマン定数と密接な関わりがあります［エントロピー，95ページ参照］。

蒸気エンジンの研究にいそしむジェームズ・ワット

地球上の物体を扱った式に見える理想気体の状態方程式が，実は宇宙のどこででもあてはまると知って，まず驚くかもしれません。けれども，この方程式を，ごく小さな粒子の動きを統計的にとらえたシンプルな式だと考えれば，宇宙でも普遍的になりうる理由が理解できるでしょう。

気体のしくみについての基本的な事実。
圧縮すると温度が上昇し，
温めると膨張し，
量を減らすと圧力が低下します。

スネルの法則

光の道すじをあやつる法則
ヘッドライトからハッブル宇宙望遠鏡まで
活用範囲はきわめて広い

媒質Iの屈折率

媒質IIの屈折率

$$r_1 \sin(a_1) = r_2 \sin(a_2)$$

媒質Iにおける入射角

媒質IIにおける入射角

一体どんなもの？

こんなしかけを見たことはありませんか。水の入ったコップを持ち，鉛筆を水の半分あたりまで入れます。見方によって鉛筆が曲がって見えたり，水面で折れているように見えます。これは光の屈折によって起こる現象です。光が空中から水中へ進むと，進行方向が少し変わるためです。

見慣れているので見逃してしまうかもしれませんが，このしかけでもう一つ気づけることがあります。水面できらめく光です。水が光をつくっているのではありません。上方から水面に向かって進む光の一部を反射しているのです。

この二つの現象はそれぞれ違う現象ですが，明らかに関連しています。光線が曲がったり少しそれたりするのが「屈折」，別方向に完全にはね返るのが「反射」です。スネルの法則は「屈折」と「反射」の状況を表しています。

光の屈折を利用して，メガネのレンズから，CDやDVDのプレーヤーのレーザーまで，さまざまな光学技術が成り立っています。光の反射は，その原理が車のヘッドライトやハッブル宇宙望遠鏡，インターネット通信網の基幹をなす光ファイバーなどに利用されています。

さらに，光以外にも音波や電波など，スネルの法則にしたがっているもの，あるいは少なくともこの法則が密接に関係して有効に作用しているものがたくさんあります。たとえばビリヤードが得意なら，この法則について実用的な知識をかなりもっているはずです。本書中のほかのいくつかの

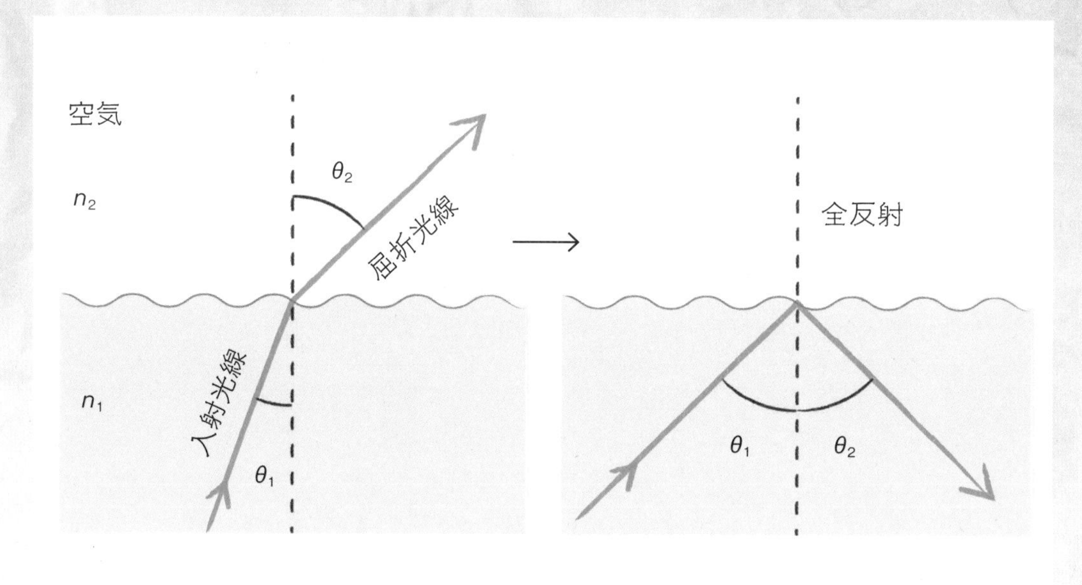

光が一つの媒質から別の媒質へ逃れても，境界面ではね返っても，スネルの法則から正確に何が起こるかを予測することができます。

方程式と共通していますが，この方程式から得られる情報を利用して，研究やトレーニング用のツール，テレビゲームや映画などの娯楽向けに，実際の物理現象のシミュレーションがつくれます。

詳しく知りたい

スネルの法則は，運動量保存の法則です［角運動量保存の法則，79ページ参照］。つまり，何かが変化しても，全体として別の何かが一定になります。

ここで変化するのは光が通過する物質で，「媒質」といいます。たとえば，空気や水は異なる媒質で，それぞれ性質が違い，媒質中での光の進み方も違います。

この方程式に関係があるのは，かなりシンプルな数値です。新しい媒質に入る前後の光の進む角度と，それぞれの媒質の屈折率さえあれば，十分です。角度は，光の進路上で二つの媒質が接する表面に直角な，垂線に対する角度を測ります。一回転（360°）以上した角度がふくまれている場合，360°周期で同じ角度になりますから，sin関数を使って回転分を除外します［三角法，17ページ参照］。

屈折率は，媒質の材料に対して与えられる数値です。これは角度の正弦関数（sin）のように，物理量を表す数値の比を用いて表されるものです。どんな単位を使っても，比率は同じです［複比，150ページ参照］。具体的には，調べている媒質中を進む光の速さで，真空を進む光の速さ（一定で最も速い）をわって計算します。つまり，「媒質の中を進もうとするとき，光の進み方がどのくらい遅いか」を計算するのです。

たとえば，なめらかな舗装道路から，ぬかるんだ野原へ進むと，車の速さはどのくらい遅くなるでしょうか。それと同じように考えれば，光が空中から水中へ進むとどうなるかも想像できますね。

スネルの法則は，屈折率と光線の進む角度がそれぞれ変化しても，この二つはつねに反比例の関係にあることも示しています。

光の屈折によって水の入ったコップの中で鉛筆が曲がって見えるしくみを表す，スネルの法則

反射と屈折は光学の要であり，
三角関数の比の美しい関係に支配されています。

ブラウン運動

不規則に見える微粒子の運動
実は熱流や金融市場の重要参考モデルとなっている

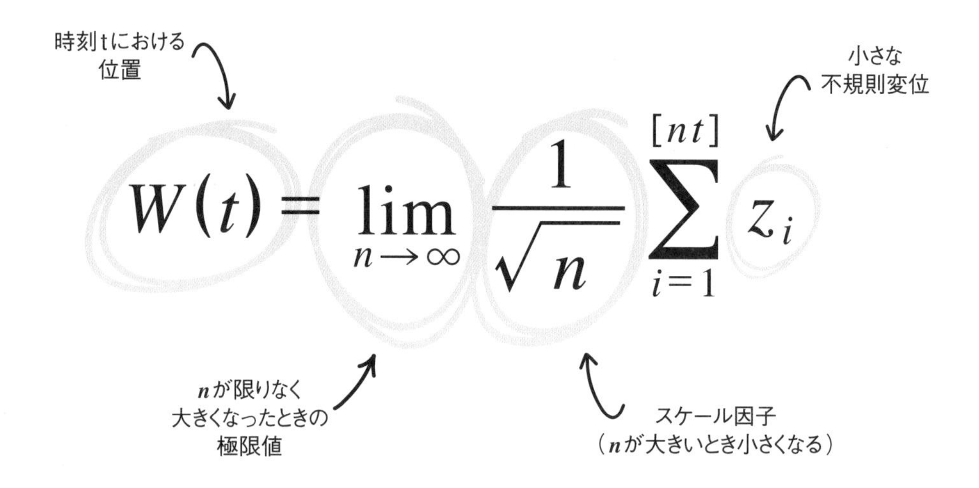

一体どんなもの？

1827年，イギリスの植物学者ロバート・ブラウンは，水の中に入れた花粉を顕微鏡で調べているときに，花粉から出た微粒子が不思議な動きをしているのを発見しました。微粒子は，池の水面をゆるやかにただよう枝のようではなく，絶えず不規則に細かく動き回っていました。ブラウン以外にも，同じことを観察した人はいましたが，その理由を解明した人はいませんでした。ブラウンの発見以降，彼自身が予想しえなかったことが物理学ではたくさん起きました。そして1905年，アインシュタインがようやくこの運動を理論的に説明します。

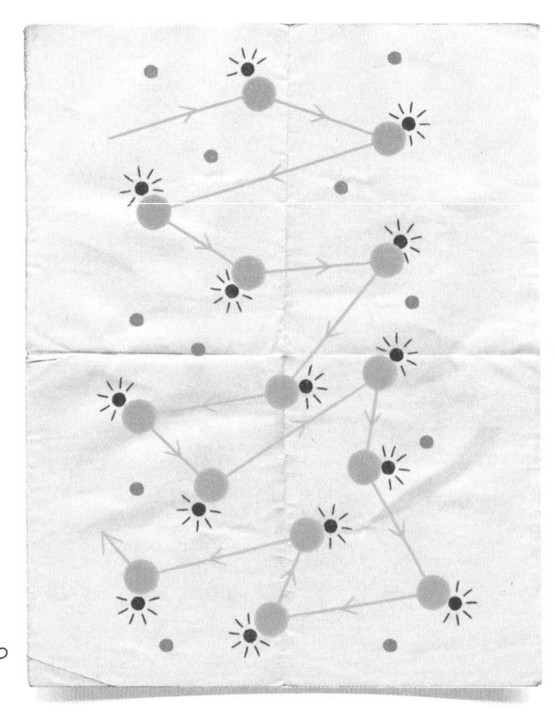

水中をただようオレンジ色の花粉の微粒子は，はるかに小さい水分子とぶつかるたびに，向きを変えます。

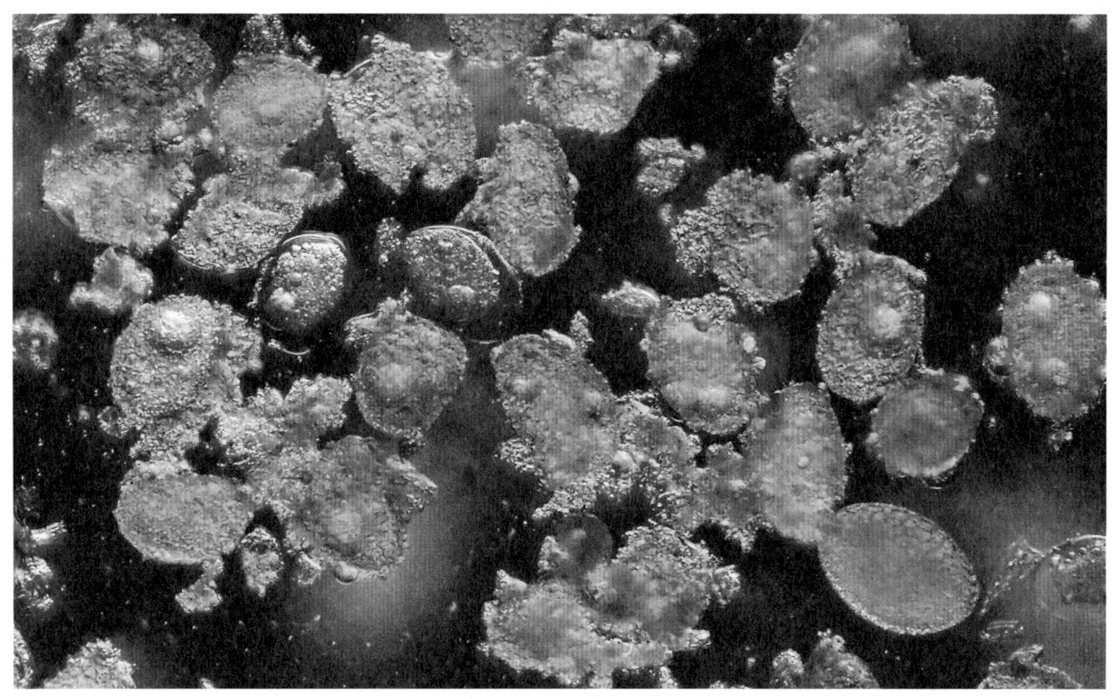

ロバート・ブラウンは顕微鏡で見ていた花粉の微粒子がせわしなく動き回っているようすにとまどいました。

ブラウン運動を理解するために，少し想像してみてください。コンサートやスポーツイベントが行われるような会場に，たくさんの人がすし詰め状態で立っているとします。全員，両手を上げて振っています。その人たちに向かって，ビーチボールを投げてみましょう。ボールが飛んできた人は上げている手でボールを打ち，次の人に回していきます。だれかの手に触れると，ボールはまさに不規則に飛んでいきます。これを，ボールは「ランダムウォーク」をしている，といいます（左ページの図参照）。大勢の人と，長時間にわたるボールの動き。この現象はブラウン運動にとてもよく似ています。

この種の運動はちょっと変わっています。つねにうねうね，ピクピク，ふるえるように揺れる，日常生活では見かけない動きです。自然の営みは，風に舞う落ち葉がつくる曲線のようになめらかなものが多いのですが，一つの方向から別の方向へ，休む間もなく飛びまわっていて，回転運動しているようにも見えます。

当然ながら，この不思議な動きをとらえたよいモデルをつくるためには，かなり変わった数学が必要でした。花粉の微粒子はあちこちに方向を変えるので，物理科学の基本をなす通常の微分積分ではブラウン運動をうまく表せません。つまり，この運動を扱える新しい微分積分の手法の発明が必要でした。

どうして重要？

ブラウン運動の数理モデルが開発されるまでには少し時間がかかりましたが，開発されたモデルは画期的なものとなりました。結果として，そのモデルを応用して，ほかの手法では解決できない問題に取り組むことができました。生物学者たちはブラウン運動を利用して，群れで移動する鳥や魚，昆虫の行動モデルを改良しました。また，医療用の超音波画像をはじめとして，デジタル信号の改良にも使われていますし，金融資産の評価額をモデル化し，取引決定に必要な情報を提供するためにもよく使用されています。

さらに，ブラウン運動の計算はとても変わっていて，計算自体が面白いのです。19世紀，ニュートンとライプニッツが考案した微分積分学は，科学のあらゆる分野で用いられました。科学の最も基本的な前提を否定するような，人の手による奇妙な事例に対してもです。ブラウン運動も，そうした微分積分学の関数の一例です。多くの自然現象のすばらしいモデルとなっていて，「純粋数学」と「応用数学」が実は私たちが思うほどかけ離れていないことを教えてくれます。

詳しく知りたい

お酒を飲み過ぎたらしいジョンが，歩いて家へ帰ろうとしています。帰宅するには，広い野原をまっすぐに走る一本道を通らなければなりません。ジョンはがんばっていますが，歩くたび，前に進むたびに，あっちへふらふら，こっちへふらふら，不規則な千鳥足で進んでいます。上から見ると，ジョンの歩いたルートはジグザグ線のようです（右ページの図参照）。

もう少しジョンのようすを正確に調べるために，コインを一枚投げ［一様分布，206ページ参照］，表が出たらジョンを右へ，裏が出たら左へ進ませます。これを「ランダムウォーク」といいます。時間はかかりますが，ジョンは着実に野原の端から端へ前進しますが，わき道にそれてしまったりもします。

ジョンが野原の端まで進むと，運がよければ自宅の玄関に到着します。でも，おそらく生垣に突っ込んでいる可能性のほうが高そうです。さて，ここで質問です。ジョンが自分の家の玄関にたどり着ける確率はどのくらいでしょうか。簡単すぎる計算ではありませんが，答えは基本的な確率理論から求められます。

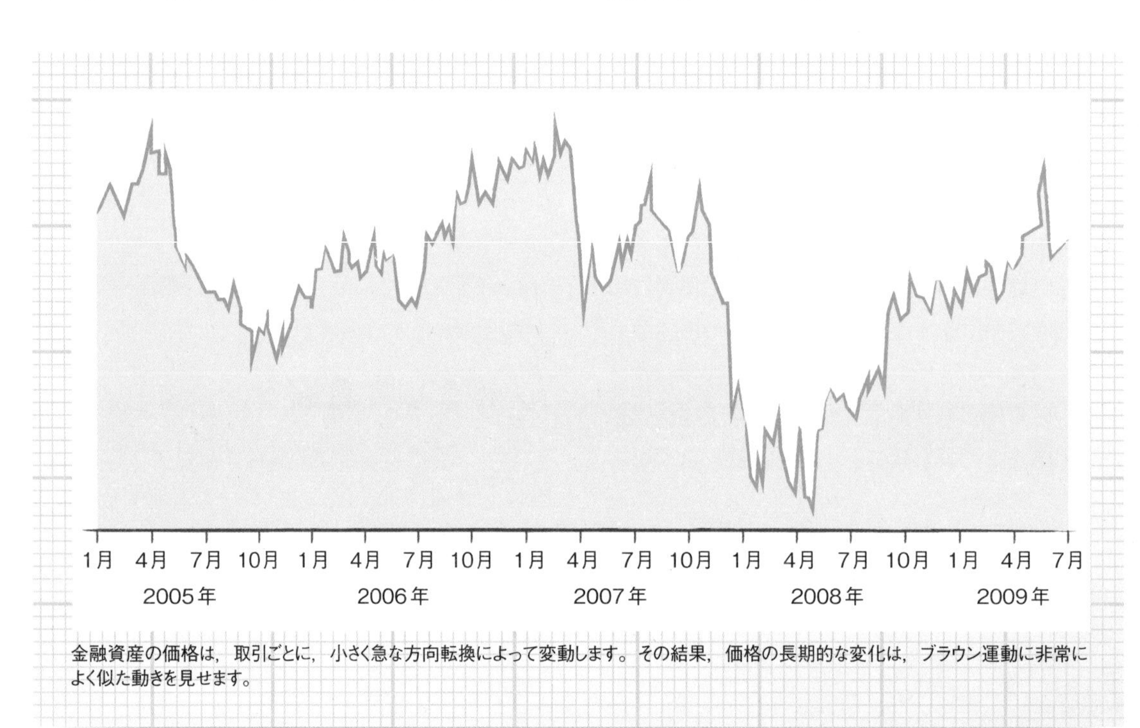

金融資産の価格は，取引ごとに，小さく急な方向転換によって変動します。その結果，価格の長期的な変化は，ブラウン運動に非常によく似た動きを見せます。

右へふらふら進むのと左へふらふら進むのを全体的にみると，バランスがとれて，結局は玄関にたどり着くと予想するのが妥当でしょう。当然ながら，こんなバランスのとれない変な歩き方をしていれば，生垣のような危険が待ち受けています。けれども，もしジョンが最後にどこにいるかについて賭けるなら，やはり最もたどり着くことが多そうな玄関を選びます。また，たとえば，こんな質問もできます。ジョンは最終的に，玄関からどのあたりにいる可能性が高いでしょうか。玄関から3m以内？　10m以上離れたところ？　こうした質問も，ブラウン運動のモデルを使うと明確な答えが得られます。

ジョンがたどるルートには特性があり，確率学者はこれを「マルコフ性」と呼んでいます。野原を歩いている間のどの瞬間も，ジョンの次の一歩は現在地によってだけ決まり，それ以前に起こったことには影響を受けません［フィボナッチ数，28ページ参照］。いわば左右への千鳥足には，それ以前の歩みの記録は関係ありません。マルコフ性とは，このように，次に起きることが現在の状況だけで決まり，それ以前に起こったことに影響を受けない性質をいいます。ただし，現実にジョンは左へふらふら進み始めると，少し勢いが出て，おそらくは左にさらに数歩寄っていくでしょう。この場合にはマルコフ性をもちません。マルコフ性は，物事をきわめて単純化してくれる重要な特性です。

ここまでは問題ありませんね。ブラウン運動を理解するまで，あと少しです。ジョンが野原を横切るのにn歩進んだとします。つまり，つねに左右どちらかにフラフラしながらn歩前進しますから，全体としては斜め方向への運動になります。これをブラウン運動にあてはめるために，nを増やしていきましょう。ジョンには歩幅を小さくしてもらいます。ジョンが先ほどの半分の歩幅で進むと，歩数nは2倍になり，左右への千鳥足はそれぞれ2倍になります。この作業を繰り返していきましょう。毎回nを2倍にして，nがだんだん大きくなるとどうなりますか。

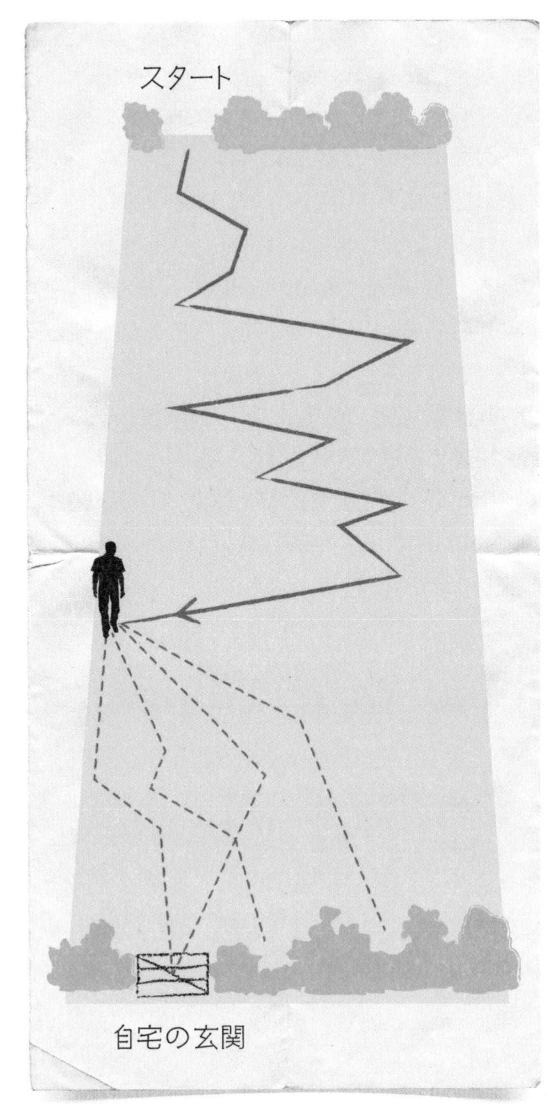

ジョンが玄関にたどりつく確率は？　答えは，ジョンがたどってきたルートではなく，現在地によってのみ決まります。

この千鳥歩きの質問に対する答えは，ジョンが野原の遠くの端のある地点に到達する確率といったものになるのですが，意外なことにnが大きくなると，その答えは一定の値に落ち着いていきます。この結果をもとに，nが限りなく大きくなったときのジョンの歩数の極限値について解き明かすことができ［ゼノンの二分法のパラドックス，23ページ参照］，ウィーナー過程と呼ばれる，数学上の抽象的な概念の確率過程が計算できます。

さて，酔っ払いが野原を千鳥足で横切るお話が参考になるのはここまでです。とても変わった数学概念にしては，ちょっと例が平凡だったでしょうか。では，花粉の微粒子の話に戻りましょう。小さくてとても軽い物質ですね。水中では何百万という水の分子が活発に動きまわり，実に不規則な複雑さでぶつかり合っています。水面の花粉の微粒子は，この無数の分子と衝突しています［理想気体の状態方程式，84ページ参照］。数千分の一秒に一回の割合で，花粉の微粒子にぶつかるたびに，水の分子がかすかに微粒子を押します。こうして水の分子が押した影響として，ロバート・ブラウンが顕微鏡を使って観察した，花粉の微粒子のふるえるような細かい動きが，全体的に生じます。

ただ，ここで大切なのは，何百万回も少しずつ押されるのと，ウィーナー過程から得られる結果，つまりきわめて小さい力で無限回数押されるのとは，原則的に大きく違います。文章で説明するだけでは，物理的にはわかりにくい概念でしょう。もう少し作業をすればこうした無限の値についても数学的な秩序だった概念にできるのでしょうが，実際にはまだ，物理的な状況を近似値で求めているのにすぎません。ブラウン運動は今も大変役に立っており，ウィーナー過程は数学以外の意外な分野でも重要な役割を果たすようになっています［熱伝導方程式，103ページ参照］。その一例が巨額の金融取引です。1900年，偉大なアンリ・ポアンカレのもとで学ぶ学生ルイ・バシュリエが修士論文『投機の理論』を発表しました。彼は論文で，当時新しかったブラウン運動の理論を使って，パリ証券取引所の株価の動きを分析しました。バシュリエの理論は，1960年代に入るまであまり評価されませんでした。しかし，コンピューター時代の幕開けとともに，ブラウン運動は将来の株価の動きをシミュレーションする方法として，もてはやされるようになりました。何もなければ単なる説明用モデルで終わってしまうはずのブラック-ショールズ方程式などのモデルに，将来を予測する力を与えたのです［181ページ参照］。

時間とともに進展する予測不可能な動きを
モデル化するランダムウォーク。
動きの変化はすべて，それまでの動きに影響を受けません。
これがブラウン運動の究極の結論です。

エントロピー

熱力学第二法則
それはコーヒーが冷めてしまう理由，
そして宇宙の宿命を予言するもの？

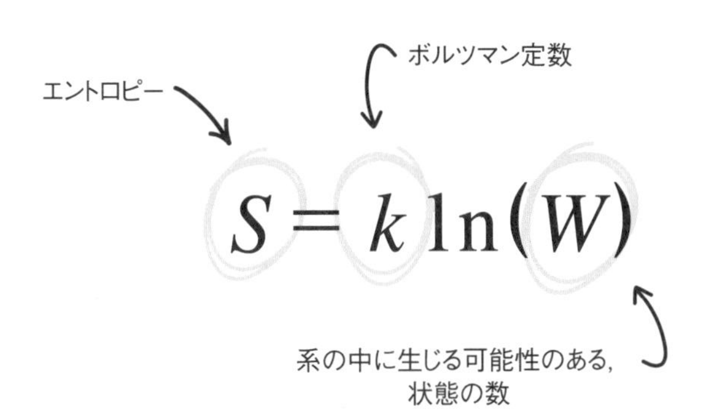

一体どんなもの？

「エントロピーは増大する一方である」をキーフレーズとするのが，熱力学第二法則です。この言葉は何を表しているのでしょうか。エントロピーとは，「系」と呼ばれる一つの集まりに見られる無秩序の量であるとよく説明されます。廃品置き場を思い浮かべてみましょう。いろいろな自動

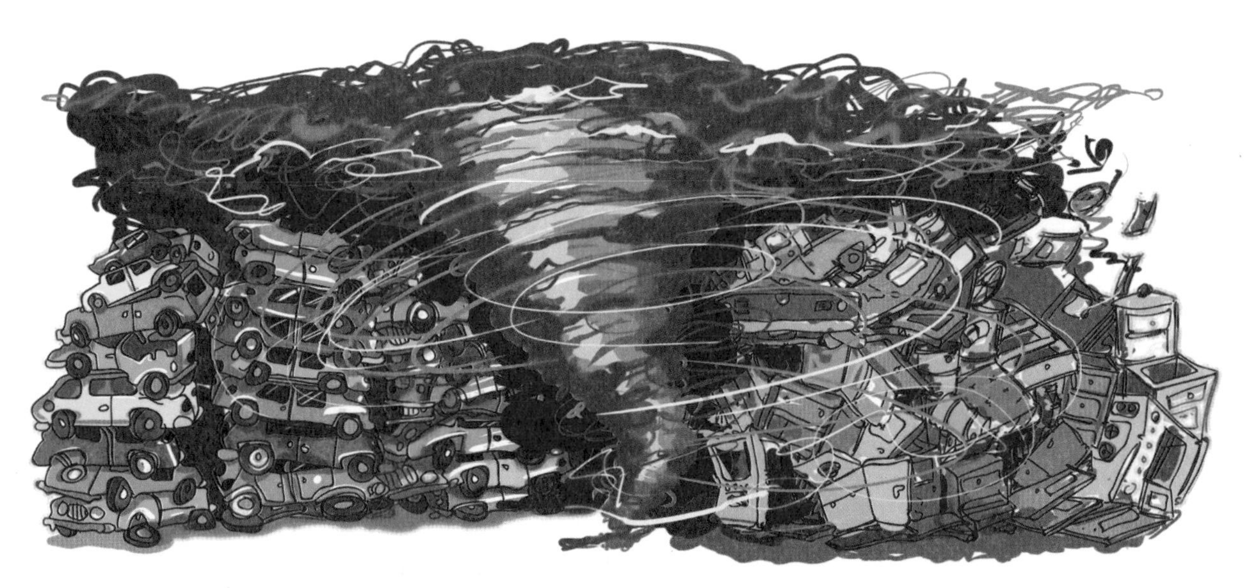

竜巻はどちらに向かって進む？　右から左？　左から右？　どちらかのほうが，もう一方より可能性が高そうです。

車の部品がたくさん，一応きちんと積み上げられています。もし強い嵐が来たら，どうなるでしょうか。予想では，整然と山積みされた部品はごちゃまぜになり，あちこちに散乱してしまいそうですね。逆に，嵐が部品を組み立てて，もう一度作業車やトラックをつくってくれたら，それこそ驚きですね。これは，私たちが「自然の営みは，系に存在する組織やパターンの量を減少させて，均一に広げる」と予想するからなのです。この直観的な考えは論理学的にも利用されており，神聖な創造主の存在を証明する，有名な「デザイン論」の中軸となっています。

少し地味な例をご紹介しましょう。今，あなたがいる部屋の空気は，非常に多くの小さな分子でできています。分子はあちこち飛びまわったり，互いにぶつかり合ったりしています。分子一つひとつの動きは非常に複雑なので，現実には予測不可能です。こうして動いているすべての分子がやがて部屋の一角に集まり，あなたは空気が足りなくなって息苦しくなってしまうかもしれません。これを想像することはできますが，実際にはまずありえないですね。系にエネルギーを加えて，空気の分子を部屋の一角に集めなければなりませんし，おそらく分子が集まった状態を維持しなければなりません。放っておくと，空気が一角に集中している状態から，すぐまた通常の状態に戻ってしまうからです。これが「エントロピーが増大した」状態です。

ただ，これはあまり正確な例ではありません。「無秩序」「不規則性」「構造」とは何でしょうか。測定できるものでしょうか。つまり，正確に増えたか減ったかがわかるものでしょうか。一見すると，第二法則は定量的（数値の変化に着目）というより，定性的（性質の変化に着目）な法則のようです。具体的な数字よりも，系が潜在的にもっている，不確かな一般的な性質を扱っているようです。

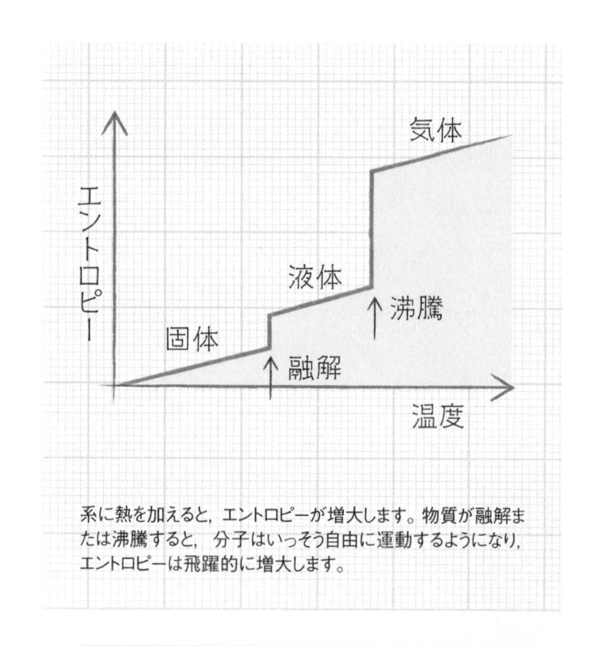

系に熱を加えると，エントロピーが増大します。物質が融解または沸騰すると，分子はいっそう自由に運動するようになり，エントロピーは飛躍的に増大します。

この法則で難しいのは，「私たちがエントロピーについてもっている直観を，どんな方法で具体的な情報に変えるか」ということです。

どうして重要？

エントロピーとその増大する性質は，あなたの生命が有限であることもふくめて，生命すべてに影響しているといっても過言ではないでしょう。というのも，生物という驚異のしくみも，最終的にはエントロピーに支配されているからです。宇宙にまたたく恒星の死さえもこの原理に支配されている事実を知れば，エントロピーが幅広く存在することにおどろく気持ちも少しは落ち着くでしょうか。

日常的な例に話を戻しましょう。冷たいものの隣に，熱いものを置くと考えてみてください。これを低エントロピー系といいます。直観的に見て，これはとても整然とした状態であって，まず自然にこういう状態になることはないでしょう。同じように，あなたが今いる部屋のすべての熱が突然

外部からの力は，第二法則に反することになります。ヒエロニムス・ボスは，天地創造のとき神が天と地を分けたようすを描きました。

一カ所に流れ込んでコーヒーを沸かし，その一方でほかの場所がとても寒くなるという状況にはなりませんよね。現実には，毎秒毎分，熱はあなたのコーヒーから流れ出て部屋中に広がっています。

エントロピーが大きくなると，熱は熱いほうから冷たいほうへ移動し，冷たい物体が温められます。熱力学第二法則のおかげで料理もできますし，熱の移動を利用するエンジンや工業的工程（ほぼすべてが該当）も熱力学第二法則を利用しています。けれども，熱の移動だけではコストがかさみます。第二法則だけを利用しても，機械の効率を最大限まで上げるのは難しいですし，消費するエネルギーを100％作業に転換できる完璧なエンジンはつくれません。

これまでの例はすべて，一方向にしか進まない不可逆のプロセスを表しています。古典力学においては，時間の向きを逆転しても完全に妥当な相互作用が得られる，ということに私たちは慣れています。たとえば，ビリヤードのゲームを逆再生で見ても，物理学的にはまったく問題ありません。ただし，ボールを動かすエネルギーは，プレーしている人の昼食ではなくて，ビリヤードのテーブル上に作用する何かの力から生じています（現実には真ではありません。現実の事象はとても複雑で完全に逆再生できないからです）。

エントロピーは，そのような逆向きには生じません。過去から未来へ一方向にのみ向かう「時間の矢」を物理学の中心とし，宇宙は不規則であるという感覚を表しています。

宇宙は，明らかにエントロピーを利用して一つの方向に進んでいると考えられています。宇宙の終焉は熱的死かもしれません。このとき，すべての物質とエネルギーが均一なもやとなって，全宇宙に均等に広がるでしょう。宇宙規模の壮大なスケールでは，あまり楽観的にかまえていられないようですね。

詳しく知りたい

まず，熱力学の真のキーワードは「閉じた系では，エントロピーはけっして減少しない」です。閉じた系とは，外部からは何も作用を受けない系のことです。たとえば地球は，太陽が地球の外からエネルギーを注いでいるので，閉じた系ではありません。同じように，廃品置き場も，エンジニアチームがワイワイ集まり，そこにあった部品からなにかをつくり始めたりするので，閉じた系とはいいません。明らかに外部の影響があって部品が作業機器に生まれ変わるのですから。

一方，エネルギーが系に加えられると，エントロピーは確かに減少することが多くなります。熱力学第二法則の内容が無条件に有効に働くのは，とても大きな規模で，おそらく宇宙規模で見たときだけでしょう。宇宙規模で着目すべきは，平均的なエントロピーについてであって，特定の場所の小さな規模の現象についてではありません。さらに，その規模ではエントロピーは偶然，あるいはごくまれにしか減少しません。減少が生じる確率はごくわずかなのです。似た例を挙げるなら，鉛筆を床に落とした場合，理論的には，尖った先でバランスをとって立った状態で着地する可能性もゼロではありません。でも，そんなことが実際に起こることはまずありえません。

風船の外は内部よりも，可能な状態の数が多いのです。エントロピー増大の法則に従って，空気は穴から飛び出します。

閉じた系では，エントロピーを正式に定義するとき，系の中に生じる可能性のある状態の数，すなわち状態数をWとして，Wの対数を使います。「状態数」とは，系という分子全体としての大きなまとまり（マクロ）の中で起こりうる，粒子一つひとつの小さな状態のとりうる数（ミクロ）を意味します。これが理解できれば，エントロピーはほぼ理解できたも同然です。対数とボルツマン定数kは，効率よく計算するための単なる数値化装置といったところです［対数，46ページ参照］。では，Wという数は何を表すのでしょうか。

空気がパンパンに入った風船を想像してみましょう。古典物理学的には，一つの系としての風船内部の状態は，空気の分子一つひとつの位置と速度をすべて考慮して決まります。確かにそのとおりです。ただ，風船の中の分子は無数にあり，それぞれ非常に複雑な動きをしています。理論ではこれを表す方程式がつくれるはずですが，現実には至難のわざでしょう。そのかわりに分子のふるまいを，おおまかな「統計学的」イメージでとらえます。

風船内部で分子がかなり均一に分散しているのは，ほぼ確かです。ただ，動く速さはまちまちで，平均速度より速いか遅いかを知るすべはありません。

では，風船に針で穴をあけてみましょう。空気の分子はそれまでと変わらず動き続け，穴ができても無関係というケースも考えられますが，そんなことが起こる可能性はまずないでしょう。可能性が高いのは，空気が穴から飛び出して，周囲に散るケースです。それはなぜでしょうか。熱力学第二法則が働くからです。飛び出した空気の分子は，存在できる状態数の多い，より広い空間に存在することになりますから，系の総エントロピーは増大しています。

**ほかの領域と異なり，
エントロピーは古典物理学に少し関係しています。
過去から未来へ一方向にのみ進む「時間の矢」を
宇宙に取り入れたこの分野では，さまざまな問題に対して
統計学的な取り組みが求められます。**

減衰調和振動子

バネからシンセサイザーまで，
広範囲のテクノロジーに利用される万能モデル

加速度　速度　周波数　位置　減衰

$$\frac{d^2x}{dt^2}+b\frac{dx}{dt}+\omega_0^2x=0$$

一体どんなもの？

テーブルの端にプラスチックの定規を置いて，定規の端をはじいてみてください。定規はかなり気持ちよく上下に振動しますね。振動はだんだん小さくなり，やがてなくなります。これを「減衰調和振動子」といいます。物体がある状態（上がっていく）から別の状態（下がっていく）へ，またその逆方向へ，なめらかに行き来すること（振動）から，「振動子」と呼ばれます。「調和」は，物体の変化する正弦波（サイン波）という調和的な整った動きに由来します［三角法，17ページ参照］。「減衰」は，物体が振動するにつれてエネルギーを失い，振動の速度が遅くなり，やがては停止するエネルギーのようすに由来します。

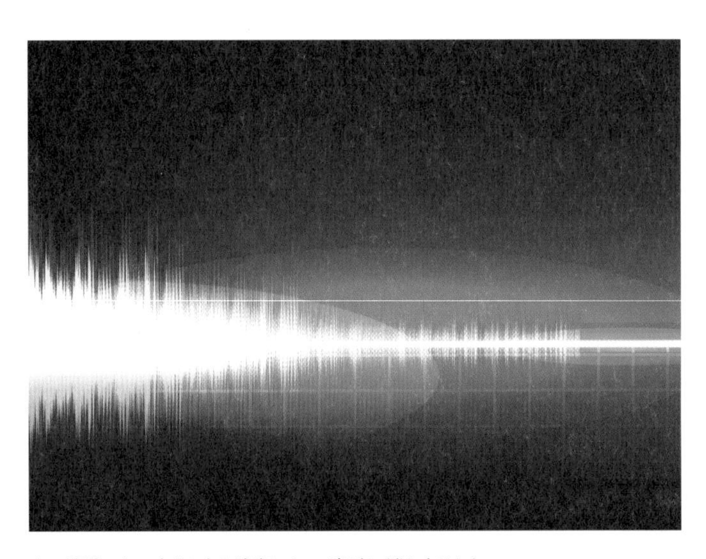

音は波動です。多くの音は減衰によって急速に消え去ります。

減衰調和振動子は，さまざまな場面で見られます。振り子，バネ，ボール，ピアノの弦，公園やあそび場のブランコに乗る子ども，音波……非常にたくさんの例があります。自動車のサスペンションシステムも，大きく減衰するようによく考えてつくられています。でこぼこした道を通るときに，乗っている人がはねすぎないように抑える働きをしています。初期のシンセサイザーという楽器では，音を生み出す電子波動が減衰調和振動子です。たとえば，バイオリンの弓を使ったいつまでも続く音ではなくて，弦を弾いた響きをつくり出すために，減衰を利用します。そのほか，何か装置が動いたときに摩擦が働いてエネルギーが徐々に失われていく例など，私たちはふだんいろいろな場面で減衰効果を目にしています。

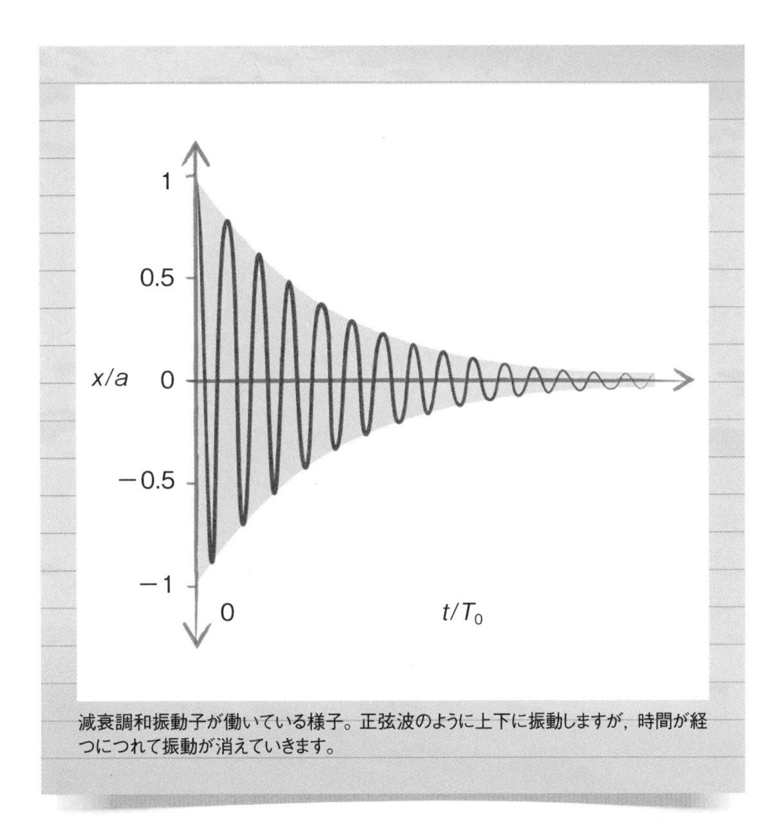

減衰調和振動子が働いている様子。正弦波のように上下に振動しますが，時間が経つにつれて振動が消えていきます。

詳しく知りたい

減衰調和振動子の方程式は，$F = ma$の式のほぼそのままのかたちから導き出されます［ニュートンの第二法則（運動の第二法則），71ページ参照］。方程式には加速度，速度，位置の三つすべての数，減衰を表す数，振動の周波数が使われています。

振動が最大のとき，方向が変わるので，速度は瞬間的にゼロになります。この瞬間の方程式は，

$$x'' + w^2 = 0$$

と表せます。加速度は負の値になり，定規を下方向に押していることを意味します。同じように，振動の一番下の部分では，加速度は先ほどとは逆の上方向になります。この上方向と下方向への方向変換の影響を受けて，振動子が運動の向きを変えます。つまり，振動子の張力は，つねに中央部分に向かって戻ろうとしているわけです。

振動子が中央にあるとき，端に張力は働いていませんが，減衰力は実はまだ作用しています。減衰がない場合（すなわち$b = 0$と置いた場合），振動子が完全にまっすぐになった瞬間の加速度はゼロになります。振動子の運動量は，振動子にこの場所を通過させて次の振動をつくり出しています。減衰がない場合の運動を，「単振動」といいます。といっても，現実にはつねに何らかの減衰効果が働いています。

実際のところ，日常のものは，必ずしも減衰調和振動子のように美しく整った振動をするわけでもありません。たとえば，バイオリンの弦はフルートよりもはるかに複雑に振動しますが，これが二つの楽器の音が違う大きな理由です。この理由を理解するためには，少し高度な手法が必要です［波動方程式，108ページ参照］。

このモデルに，減衰のほかに「駆動力」を加えると，少し話が込み入ってきます。系に何らかの力を与える，ちょっとおまけの部分です。2秒ごとに1回，定規（振動子）をはじくとどうなるか，見てみましょう。定規の動きが少し複雑になりますね。はじくたびに，その後，減衰によって定規の運動速度が落ちますが，また，はじくと，再び速度が上がります。はじくタイミングが合うと，最初の例よりもはるかに激しく定規を振動させられることに注目しましょう。

バスケットボールのドリブルもこの現象と似ていますし，人が通ったときに橋に生じるわずかな揺れも同じです。ご存じかもしれませんが，兵士は行進中に橋を渡るときは足並みをそろえるのをやめて，橋が危険なレベルまで振動しないようにします。そうしないと，橋の構造を損傷させることがわかっているからです。

円運動の理解に役立つ三角法は，
その仲間である振動についても理解できるよう助けてくれます。
もとの条件に減衰と駆動の要素を追加すれば，
現実のさまざまな状況をモデル化できます。

熱伝導方程式

物体を介して熱が伝わる伝導のしくみは，
意外にも統計や金融シミュレーションと密接に関係している

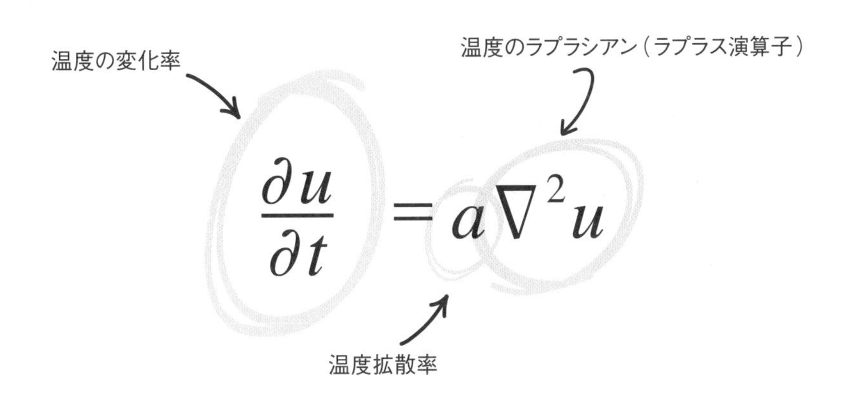

$$\frac{\partial u}{\partial t} = a\nabla^2 u$$

一体どんなもの？

バーナーの火を，大型で複雑なしくみのもの，たとえば車に向けてみたとしましょう。運転席のドアに向かって，しばらくそのまま火を出し続けたとします。さて，どうなるでしょうか。常識で考えて，ドアの火があたっている部分がとても熱くなりますね。そのほかはどうですか。経験に基づけば，直接火に当たっていなくても，火が当たっている箇所に近い部分も熱くなりますね。また，ボンネットに手を置いてみてください。バーナーがこの部分まで全部熱したとわかって，驚くでしょう。

直観的に，熱は火を向けているところに蓄積せず，その部分が接している冷たいところに向かって流れる傾向があると，私たちは知っています［エントロピー，95ページ参照］。また，私たちは，熱が一瞬のうちに宇宙全体に拡散することも，どこかに蓄積されることもないことを知っています。そう考えると，こうした状況で熱が移動する何らかのパターンがあるはずです。これを表したのが熱伝導方程式です。

熱伝導方程式の身近な仲間である反応拡散方程式は，シマウマの模様のように，自然界に現れる複雑なパターンを解明するかもしれません。

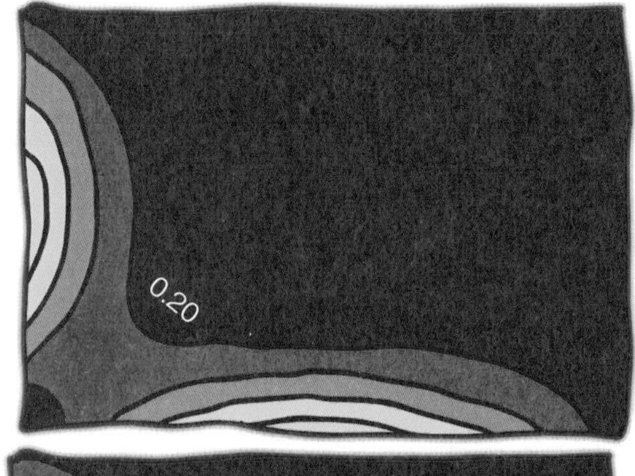

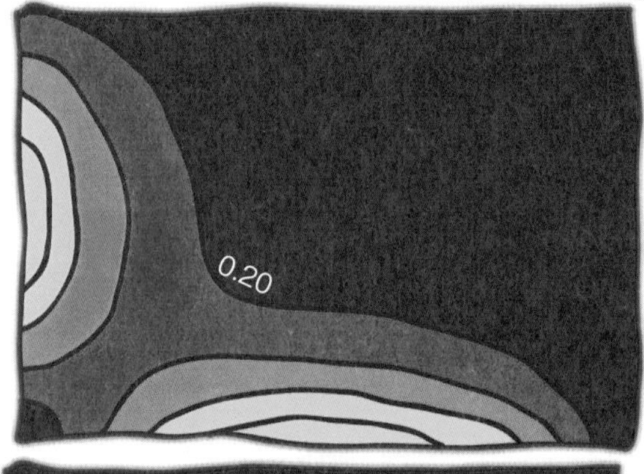

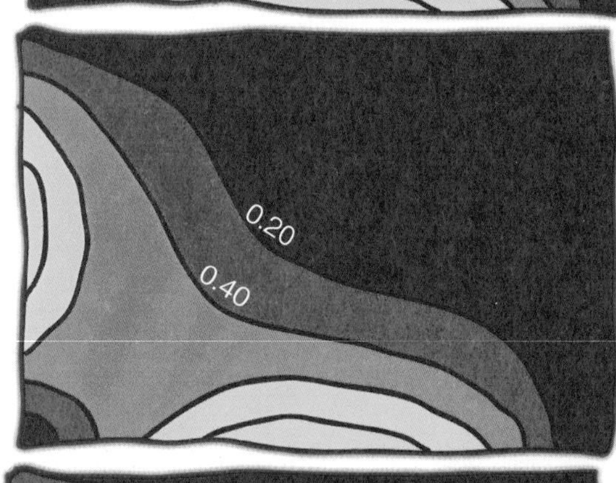

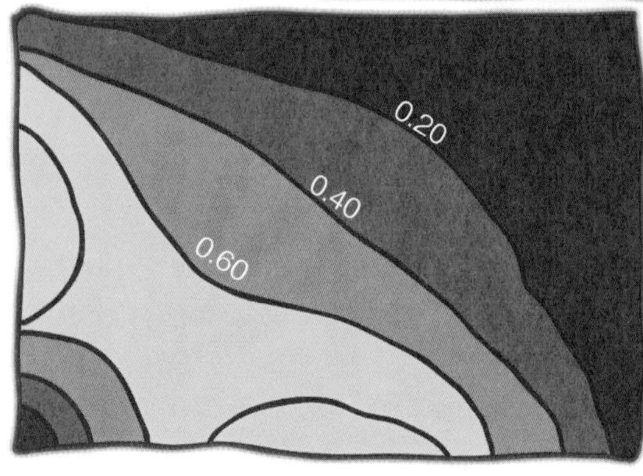

熱伝導方程式が表す，冷たい金属板の両端に火を当てたときの熱の伝わりかた。

どうして重要？

科学や工学では，多くの場面で熱がとても重要な役割を果たしています。たとえば，原子炉の異常な高熱の拡散を測定できるかどうかは，安全な運転ができるか，災害が起きるかに大きく影響します。地質学者が地球上の大陸の形成の歴史を調べたり，火山爆発や気候変動，地震などの影響を予測したりするのにも役立っています。さらに，熱伝導方程式を使って，もっと日常的な現象について説明することもできます。

この方程式は，物理的な熱以外にも利用できます。関数uは，温度以外のものに使えます。さらに，熱伝導方程式の関係が有効であれば，この方程式をモデルとして使ったり，方程式として使って疑問の答えを見つけたりもできます。ここで理解しようとする熱以外の現象は，媒質中における熱の拡散を扱うかのようにして調べることができます。

この方程式は生物学では頻繁に登場し，「拡散方程式」とよく呼ばれています。反応拡散系（化学反応と分子の拡散を組み合わせた反応システム）のなかのもう少し複雑な環境では，さまざまな疑問への答えの解明に役立っています。人口の動態や広がり，病気の治癒過程，がん細胞の増殖，トラやシマウマといった動物が行う複雑そうな縄張りのマーキングなど，利用は広範囲にわたります。また，法医学から天文観測にいたるまで，あらゆる分野で，デジタル画像の精度を上げる処理にも用いられています。

さらに驚くべきことに，この方程式は数理ファイナンスにも用いられています。市場での資産価格は不規則な過程を利用して，モデル化されます［ブラウン運動，90ページ参照］。資産の価格に

熱伝導方程式は，法医学から芸術的な効果まで，あらゆる方面のデジタル画像処理に利用できます。

影響を受けるデリバティブは，価値が複雑に変動します。その変動のしかたが，熱伝導方程式と密接に関係していることがわかっています［ブラック-ショールズ方程式，181ページ参照］。

詳しく知りたい

熱の流れは，統計過程と考えられます。たとえば，一枚の金属シート中で互いに押し合う非常に多数の原子や分子について統計を取るのです。熱した原子は振動が速くなり，隣り合う原子はその原子にさらに振動させられて，さらに熱くなります。一方，もともと振動していた原子は，その過程でエネルギーを少し失います。風船を割ったときに，風船の中の空気の分子が散らばるように，エネルギーがこうして分散されることがわかりますね。熱力学第二法則から，これが一方向への過程であることが思い出せたでしょうか。この項の最初にバーナーで自動車の金属板を熱する例を出しましたが，その後，金属板が冷えていく過程で，金属板に分散した熱は，分散し始めたもとのところをふくめ，どこか一点に再び集まることはありません［エントロピー，95ページ参照］。

熱伝導方程式ではいくつかの記号を使いますが，これを少しひもといておくと方程式がもっとわかりやすくなります。第一に，これは三次元空間で，ある時間間隔におけるすべての場所で見られる温度変化を表しています。この方程式では，関数uは四次元空間のすべての場所に一つの数，温度を与えています。

左辺は導関数です［微分積分学の基本定理，33ページ参照］。「空間のどの場所と時間におけるどの瞬間か」という条件が与えられれば，時間とともに温度がどう変化するかがわかります。たとえば，温度がかなり急速に上昇したときには大きな正の数になり，温度が徐々に下がったときは小さな負の数になります。

計算方法を知っていれば，とても役に立つ情報が得られるわけです。また，この方程式の左辺はこう質問しているとも考えられます。「この場所の温度は，時間とともにどのように変化するでしょうか」。

右辺の記号aは，その材料の温度拡散率を表しています。これは，この特殊な材料で熱がどのように伝わるかを教えてくれる，単なる数字にすぎません。この数にかけるのが，関数uの「ラプラシアン」で，いわば熱伝導方程式の魔法の鍵です。

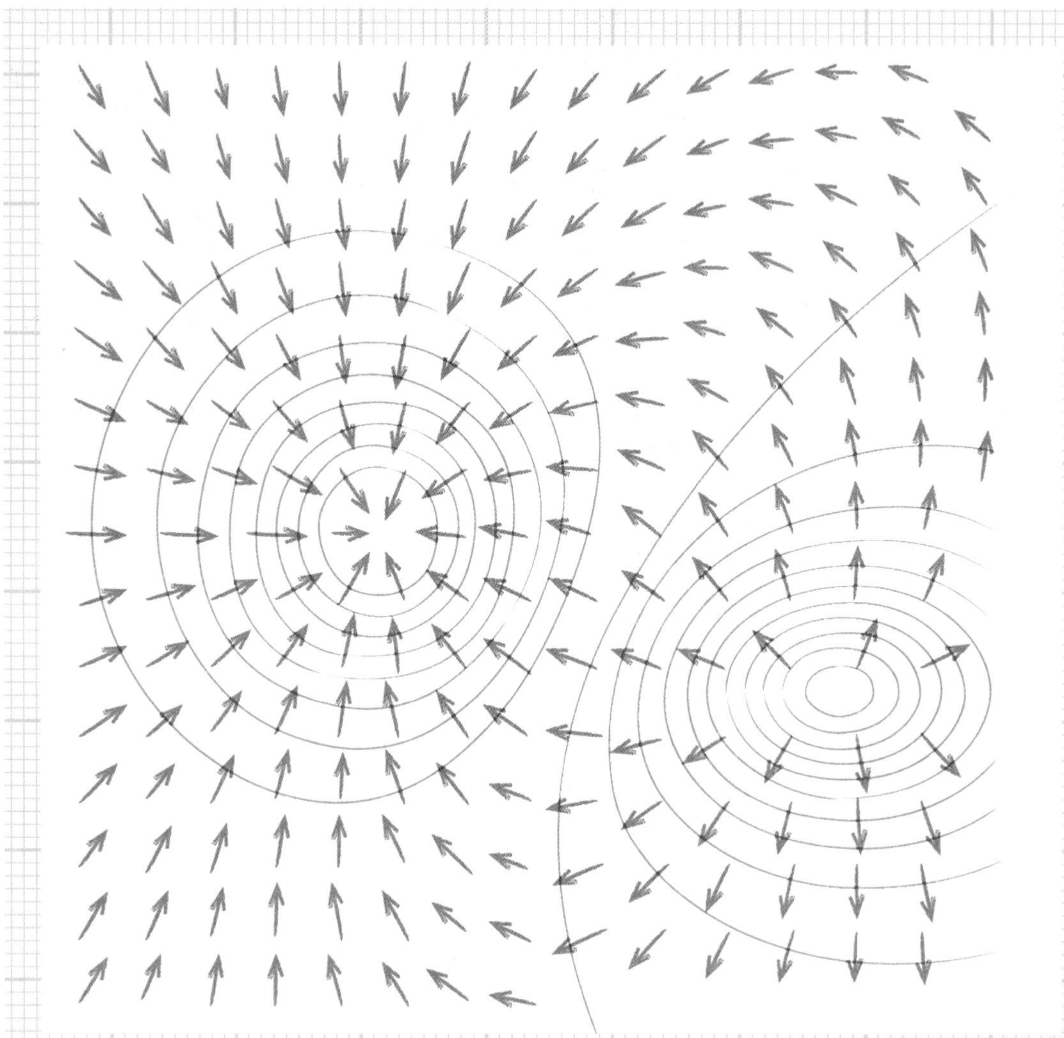

等高線は丘（左端）とくぼ地（左）を示しています。すべての矢印は，上向きに最も急になる坂のほうを向いています。ラプラシアンは，くぼ地の下部付近で正の数になり，丘の頂上付近で負の数になります。では，等高線が高さではなく温度を示すとしたらどうなるでしょうか。

三次元空間では，ラプラシアンは次のように定義されます。

$$\nabla^2 u = \frac{\partial^2 u}{\partial x^2} + \frac{\partial^2 u}{\partial y^2} + \frac{\partial^2 u}{\partial z^2}$$

右辺では三つの要素を合計します。それぞれある時点でのある場所におけるx軸方向，y軸方向，z軸方向の熱の変化の様子を表しています。

もう少し簡単な状況を考えると，わかりやすいかもしれません。何らかの方法で熱した薄い金属板の平面の二次元空間で，考えてみましょう。金属板上の各場所，ある時間内の各時点において，関数$u(x, y, t)$から温度が求められます。一つ気をつけましょう。ここではxとyだけがわかっていて，zはありません。三次元のうち一次元をなくして二次元にしています。たとえば，この薄い金属板を床にして，得られた数（温度）を高さの値だと想像してください。この値から，金属板のとても熱い部分の真上に丘の頂上が顔を出し，冷たい部分は谷底になる，そんな三次元の景色がつくれます。時間が経つと，金属板に熱が分散し，この景色は徐々にすがたを変えていきます。

では，まだその風景が続いているうちに，あるポイント（x，y）に立っていると考えてみましょう。その場所の温度はu（x，y，t），tは現在の時刻です。x軸方向に見える坂の傾きは，

$$\frac{\partial u}{\partial x}$$

です。この坂がx軸方向の温度の変化率を表しています。では，x軸に沿ったその先を見ていきましょう。坂はおそらく平らになったり，急になったりしていますね。その効果は，次のような熱流の変化率で表されます。

$$\frac{\partial^2 u}{\partial x^2}$$

同じことをy軸方向にもやってみます。その二つを合わせると，その瞬間に，あるポイント（x，y）で景色全体がどのように変化したかが一つにまとまります。

すてきな幾何学の画像ではなくなるのはさみしいですが，ここで次元を一つ上げて，もとの方程式にもどしましょう。ラプラシアンが表しているのは，二次元の式と何ら変わりません。一定時間内のそれぞれの時点で，それぞれの場所でx軸方向，y軸方向，z軸方向への熱流の変化を計算しています。材料によって熱の伝わり方が違うので，このラプラシアンにa（材料の温度拡散率）をかけなければなりません。ただそれ以外は，「この場所の温度は，時間とともにどのように変化するでしょうか」という，左辺における疑問に対する答えはすでに得られています。熱伝導方程式のおおまかな内容，おわかりいただけましたか。

熱流のしくみを理解するためには，
新しい数学的発明が必要でした。
こうなると物理学はもうあと戻りすることはありません。

波動方程式

水泳プールからバイオリンの弦まで，
波動のふるまいを表す基礎方程式

加速度　位置のラプラシアン

$$\frac{\partial^2 u}{\partial t^2} = c^2 \nabla^2 u$$

波の伝播速度

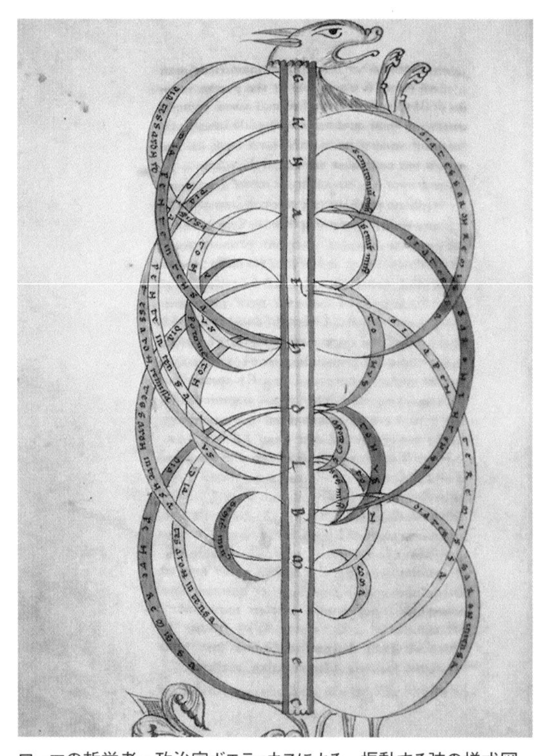

ローマの哲学者・政治家ボエティウスによる，振動する弦の様式図

一体どんなもの？

ギタリストが弦をはじくとき，とても単純な現象が起こっていると思うかもしれません。弦の両端は固定されていて中央の部分が自由に動きますから，弦は間違いなく上下に振動しているはずです［減衰調和振動子，100ページ参照］。しかし，実はもっと複雑なことが起こっているのです。

ヒントは，ギターの音とピアノの音が大きく違っているという事実にありそうです。楽器のかたちや音の出し方にも関係ありそうです（ギターは弦をはじいて，ピアノは小さい槌（つち）で弦を叩いて音を出します）。どちらもある程度正しいのですが，もう少しほかにも考えなければならないことがあります。それは弦の振動のし方です。弦はただ上下に美しく整然と動いているわけではありません。スローモーション撮影で見ると，非常に複雑な動きをしているのがわかります。この動きが楽器の

波動方程式は単純な一次元の弦だけでなく，二次元と三次元の媒質に起こる波も表します。

音に大きく影響しているのです。

波動方程式を使うと，振動する弦を非常に正確にモデル化できます。そのモデルの豊かさは，どんな状況でも「基本解」が無限に存在することから来ています。そしてこの基本解を組み合わせると，弦がつくり出せるすべての種類の振動がいっせいに生じるという一種の「重ね合わせ解」が得られます。基本解は，物理学者が「部分音」と呼ぶものにあたります。音楽家の間ではこの「部分音」を「倍音」，または「ハーモニクス」と呼んでいます。

こんな方法を使えば，内容がもっとよくつかめるでしょう。友だちを一人見つけて，軽い長めのロープの端を片方ずつ自分と友だちで持ちます。互いに離れて，地面に触れないけれどピンと張ったりもしない程度にロープを伸ばします。なわとびのなわのように腕を上下に動かして，しっかりロープで波をつくります。これが一つの基本解になります。次に，手を先ほどの二倍速く動かしてみましょう。新しい波のパターンができるはずです。ロープは，ちょうど中心ではほとんど動いていませんが，中心から両手までは激しく振動しています。ロープが動いていない点を「節」といいます。手をさらに速く動かすと，また違うパターンの振動がつくれることがわかるでしょう。このとき，中心から腕までにそって，動いていない「節」が増えています。節の一つ一つが，波動方程式の基本解です。

どうして重要？

波動方程式は，楽器のためだけの式ではありません。電磁波［マクスウェル方程式，118ページ参照］や流体の波動［ナビエ-ストークス方程式，123ページ参照］にも同じようによく用いられています。ギターの弦のような「定常波」と，池に広がるさざ波のような「進行波」のどちらにも有効に働く方程式です。火山活動や地震によって生じる衝撃波にも，マイクロ波やX線にも有効です。素粒子も波と考えられるので，この方程式は，量子力学でも中心的な役割を果たしています［シュレーディンガー方程式，133ページ参照］。

さらに科学技術では，この方程式はソナー（水中音波探知機）や合成開口レーダーをはじめ，より専門的な撮像や測量の方法を可能にしました。この技術の利用例にはガス・石油企業の炭化水素の地下貯留層のマッピングや，医師が私たちの体内を検査するための超音波機器があります。

波動をどう表すかは歴史上，重要な問題となってきました。偉大な18世紀の数学者，とくにダランベールやオイラー，ラグランジュ，ダニエル・ベルヌーイがこの方程式を研究しました。どの研究も進展を見せ，うまくいきましたが，導き出した答えは互いに矛盾しているようでした。1800年代初め，ようやくフーリエによって，複数あるそれぞれに正しい解を重ね合わせることができる，という観点が正しく認識されるようになりました［フーリエ変換，176ページ参照］。この概念そのものがきわめて重要なものであり，さらに物理科学における純粋数学の役割を明らかにするのにも役立ちました。

詳しく知りたい

この波動方程式については，何次元にも対応できる，このかたちがかなり一般的になっています。詳しく知るために，友だちと自分の間でロープを伸ばすという設定を考えてみましょう。ロープの上下運動にだけ注目します。ロープ上のすべての点は，自分の手からの距離で位置が決まります。これをxとします。ロープをピンと張ると，ロープ上のすべての点は同じ高さの一直線上に並びます。この高さをuとし，最初の高さを$u=0$とします。最後に，波が動くのを観察したいのですが，少し時間がかかります。かかる時刻をいつものようにtとします。距離xと時刻tを使って高さを求める関数uを探しましょう。$u(x, t)$と表すことにします。

関数$u(x, t)$がわかれば，この波動についての情報がすべて得られることに注目してください。ロープ上の位置(x)と時刻(t)がわかれば，その瞬間でのその点の高さが計算できますね。この計

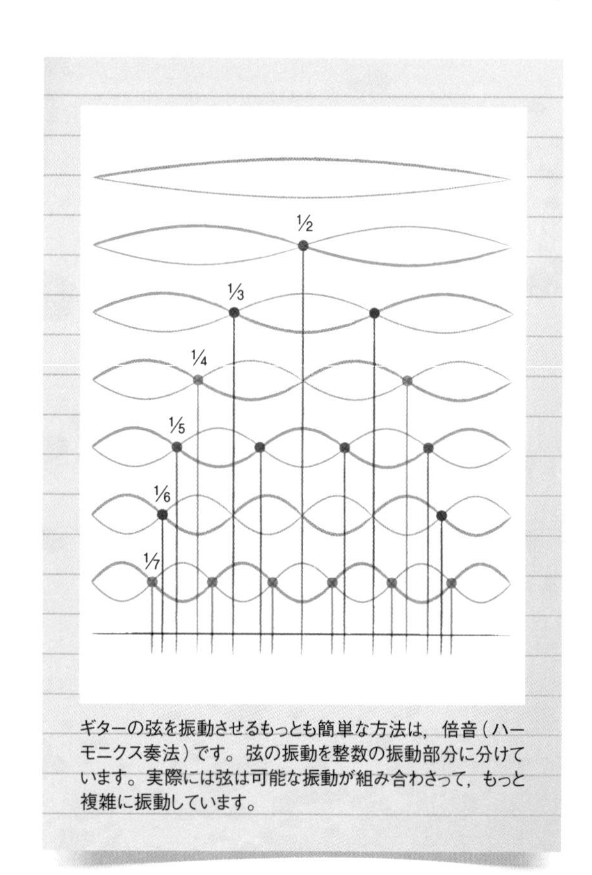

ギターの弦を振動させるもっとも簡単な方法は，倍音（ハーモニクス奏法）です。弦の振動を整数の振動部分に分けています。実際には弦は可能な振動が組み合わさって，もっと複雑に振動しています。

同じ音を演奏しても，波動方程式の解が異なるため，フルートとバイオリンでは音が違って聞こえます。

算を使えばどんな瞬間のロープのようすも再現できますし，いくつかの瞬間についてこの作業を繰り返せば，自分の望むロープの波の動画がつくれます。つまり関数$u(x, t)$と求めるということは，波動方程式の解を求めることなのです。

方程式の左辺は，時刻tにおける関数uの変化率を表しています。どの点でもよいので点を決めると（点xとします），その瞬間の点xがどのように加速しているかがわかります。右辺は関数uのラプラシアンです［熱伝導方程式，103ページ参照］。この数値から，ある瞬間にそれぞれの点付近で高さがどのように変化しているかがわかります。たとえばロープが今，振動の一番上にあるとしましょう。小さなアリがロープの真ん中あたりに立っています。アリから見るとロープはかなり平らで，両端に向かってゆるやかな曲線を描いているように見えます。でも，もしアリがあなたのロープを持つ手もとのほうへ来れば，曲線がはっきり傾斜しているのが見えるでしょう。ごく大まかにいうと，ラプラシアンは，「アリがロープ上を動くに従ってロープの傾きが変化する速さ」を表しています。

ラプラシアンにはc^2をかけます。cは波が物質を伝わる速さです。伸ばしたロープなどに見られる定常波の場合，cの値は弦の張力と密度から計算される数と考えられます。cの値がどちらの場合でも，二乗したものをかけておくと，方程式の両辺の単位が一致します。これは非常に重要なポイントです［質量とエネルギーの等価性の方程式，113ページ参照］。

波動方程式の解を求める，つまり波動方程式を真にする関数$u(x, t)$を求めるのは18世紀の重要な課題でしたが，これがとても重要な一部の数学研究の発展のきっかけになりました。張ったロープを振動させる方法が，すべて解になることは明らかです。こうした解は，すべて正弦波を使ってモデル化できることがわかっています。正弦波は，振動運動をモデル化する，とくに簡単な関数です。[三角法，17ページ参照]。ちなみに，正弦波の音はとても純粋で単純に聞こえ，純音と呼ばれることもあります。フルートの音が純音に近いといわれています。

フーリエは，波動方程式の解がいくつかわかれば，わかっている解を重ね合わせるだけで，新しい解がもっと得られると考えました。この方法だと複雑な解がもっと多く得られます。ただしその解はすべて，わざわざそのような動きになるようにロープを動かしたときにだけつくれる振動のし方を表しています。ほとんどの楽器に，このような波動が見られます。正弦波に基づいた波動方程式の解をいくつか足し合わせることで，その波動をうまくモデル化できます[フーリエ変換，176ページ参照]。これは，波動的な性質をもつほかの自然現象にもあてはまります。これを「重ね合わせの原理」と呼びます。この原理は微分方程式が関連するさまざまな状況で，とくに物理学の多くの分野で非常に役に立っています。

熱伝導方程式に密接に関連している波動方程式。
減衰調和振動子がパワーアップしたようなこの式から，
周期的な過程について詳しく正確なモデルがつくれます。

質量とエネルギーの等価性の方程式

物理学全分野で最も有名な方程式
この方程式のもつ意味とは？
そして，cを二乗する理由とは？

エネルギー　質量

$$E = mc^2$$

真空中での光の速さ

一体どんなもの？

アインシュタインが発表したこの方程式は，驚くべき内容を示しています。「質量とエネルギーは，違う角度から見ると実は同等である（物理学的に価値が等しい）」と説いているのです。質量

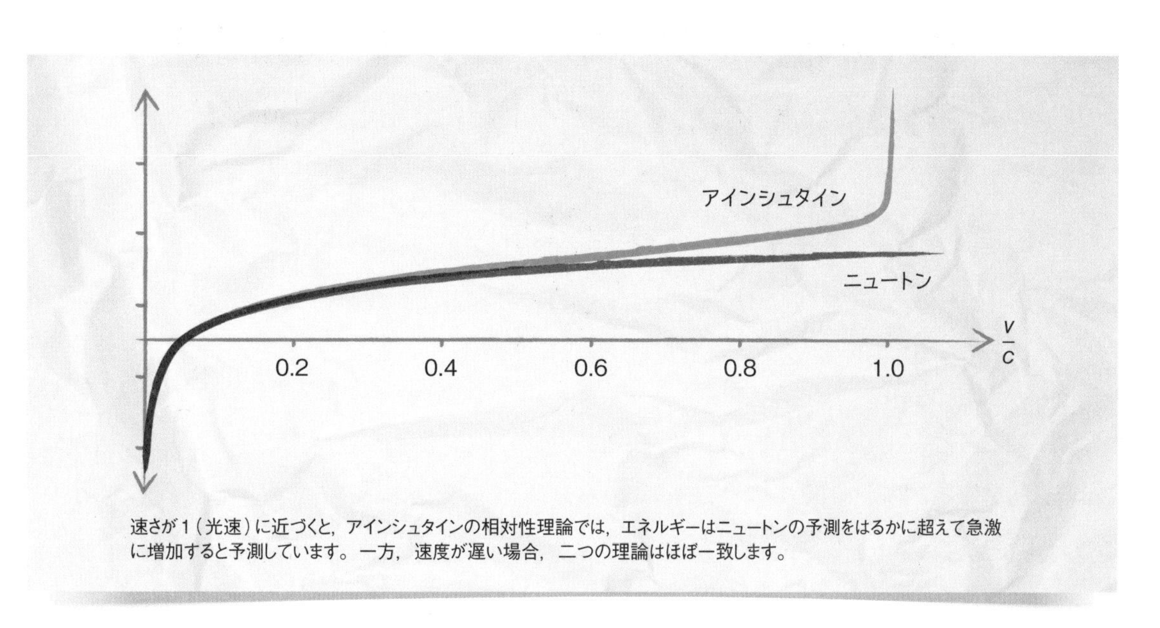

速さが 1（光速）に近づくと，アインシュタインの相対性理論では，エネルギーはニュートンの予測をはるかに超えて急激に増加すると予測しています。一方，速度が遅い場合，二つの理論はほぼ一致します。

は，宇宙をつくっている物質と関係があると考えられています。物質はただそこに存在し，新たに創られたり破壊されたりすることはなく，ただ，かたちが変わるだけです。物質が増えると，質量は増えます。

質量はあってもエネルギーをもたない，物質の不活性なかたまりがただあるという宇宙の存在を考えることは可能に思えます（実際には不可能ですが）。逆に，エネルギーがあって質量のない宇宙は想像できるでしょうか。それは難しそうですね。エネルギーは物体や系が仕事をする力，あるいは仕事ができる能力を表しており，質量がゼロの物体や系が存在して仕事をする，あるいは仕事ができるとは考えにくいからです。崖のふちにある岩は，重力が作用して落下する可能性があり，これを「ポテンシャルエネルギー（潜在的なエネルギー）をもっている」といいます。岩が実際に落下すると，岩はそのポテンシャルエネルギーを落下中の運動エネルギーに変換し，谷底に着くと今度はそのエネルギーは音や衝撃波，熱，岩の粉砕に変換されます。かたちは違っても，すべて同じエネルギーです。崖のふちも地面もない場合，そのようなことは起こりえるのでしょうか。

つまり質量とは存在するものであり，エネルギーは質量を構成する可能性のある要素の一つとして，質量の二番手的な存在であるように見えます。けれども，アインシュタインの方程式はこのイメージをすべて間違いだと指摘しています。「質量」と「エネルギー」は同じものを，それが何であったとしても，違う名前で表しているにすぎません。

どうして重要？

質量とエネルギーの等価性の方程式は，世界で最も有名な方程式でしょう。私はまだやってみた

アインシュタインの理論がニュートン力学を修正し，GPSの精度は大幅に向上しました。

ことがありませんが，道行く人を無作為に選んで，「知っている方程式を書いてください」と頼んだら，この方程式の書かれる回数が間違いなく断然一位でしょう。その理由だけでも，この方程式の重要さがわかります。科学は社会のなかに存在しますが，世のほとんどの人は科学者ではありません。そのようななかで科学が人々の想像力をかきたて，一つの方程式が有名になるのですから，この式はまさに世界共通の方程式といってよいでしょう。たとえ科学が重要でなくても，社会的に意義のあることが起こっているのです。

さて，ご存じのように，アインシュタインの方程式は，宇宙のしくみについて，1600年代後半から存在していた基本的な前提をぬり変えました。とくに，その誕生以来長らく物理学のほぼすべてを支えてきた，ニュートンの空間と時間についての概念をくつがえし，湾曲した空間や時間の伸縮，物質とエネルギーの等価性をはじめとする，さまざまな奇妙な概念に置き換えていきました。

こうした概念は日常の経験にはまったくあてはまらないように見えますが，アインシュタインの

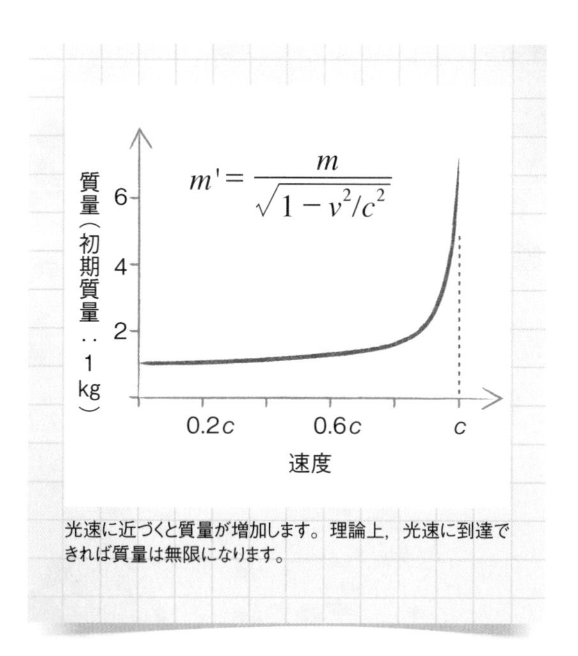

光速に近づくと質量が増加します。理論上，光速に到達できれば質量は無限になります。

方程式は物理学上のある極端な状況をかなりうまく説明していることがわかっています。ニュートン力学はたいていの場合，宇宙のモデルとしてうまく機能していて，確立された当時から内容は変わっていません。ただしそれは，物体が中程度の大きさで，そんなに速くない速さで進んでいる場合に限られます。

問題は，物体が巨大な質量を持っているとき，あるいは極度の速さで進んでいるときです。相対性理論は，ニュートンモデルに重要な修正を加えるものです。たいていの場合は本当にごく小さな修正で，無視できるほどわずかなものです。しかし，たとえば宇宙物理学などの分野ではこうした修正は無視できません。この修正をするかしないかが，よい予測モデルになるか，あるいはひどい予測モデルになるかの大きな違いを生むことがよくあります。

科学技術では相対性理論が重要な役割を果たす分野がいくつかあります。最もよく知られている例が全地球測位システム（Global Positioning System：GPS）です。これは地球の周回軌道をまわる24個の衛星のネットワークで，驚くほどの精度で地上にいる人の位置を特定します。位置・速度・時間を含む，それほど複雑でない計算が必要ですが，ニュートン力学に基づいて行うと精度が落ちてシステムが混乱し，全然役に立たなくなります。そこでシステムを改善するため，相対性理論に基づいて補正しています。

本項の方程式が利用された最も有名な例は，GPSなどに比べてはるかに不幸なものです。このことに関しては，アインシュタインを非難する声が多く聞かれます。この方程式は，質量とエネルギーが，同じものを別の名前で表しているだけであることを示しています。したがって，原子爆弾が質量をエネルギーに変えているというのは不適切な言明であり，まったく意味のないことなので

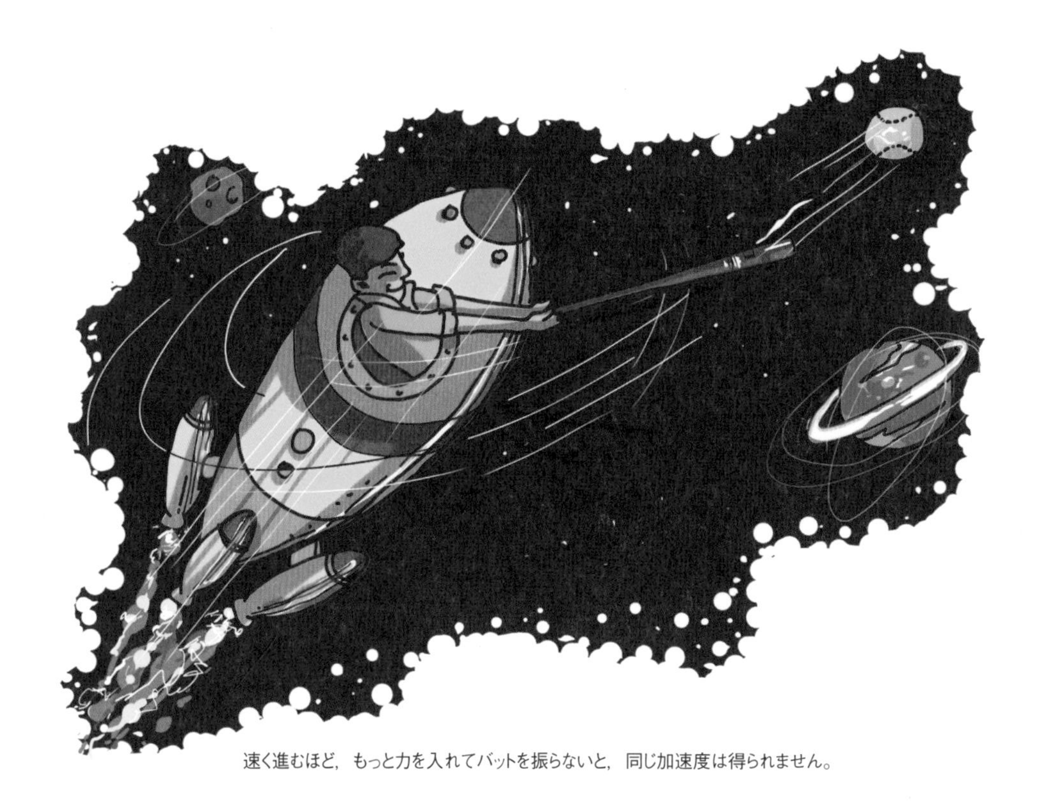

速く進むほど，もっと力を入れてバットを振らないと，同じ加速度は得られません。

す。この爆弾は特定の原料にたくわえられたエネルギーを，きわめて破壊的な別の力に変換しています。アインシュタインの方程式は，科学者たちがその変換のプロセスの働きを理解し，放出されるエネルギー量を計算するのに役立ちましたが，この方程式だけで原子爆弾がつくられたと考えるのはおそらく間違っています。

詳しく知りたい

まずは古典力学から考えてみましょう。運動エネルギーは，運動している物体をその場で止めるときの「止めにくさ」を表す物理量です［角運動量保存の法則，79ページ参照］。プロ野球のピッチャーが投げるボールは運動エネルギーが非常に大きいですが，私が投げると，プロほど速く投げられないので運動エネルギーは小さくなります。では，ボールを同じ速さで進む自動車に置きかえて考えてみます。自動車のほうがボールよりも質量が大きいので，運動エネルギーは大きくなります。ボールより車にぶつかるほうが，けがも大きくなるのはこのためです。

運動エネルギーは，次のような公式で定義されます。

$$K = \frac{1}{2}mv^2$$

mは質量，vは速度を表します。質量とエネルギーの等価性の方程式と，どことなく似ていませんか。この運動エネルギーの公式から質量とエネルギーの等価性の方程式に移るには，ニュートンの方程式から相対性理論の方程式に話を進めることになります。その中心となるのは「真空中の光の速さは，宇宙のなかで最速である」という，特殊相対性理論の基本的な前提です。

野球のボールが光速に近い速さで宇宙を進んでいるとします。かなりの速さで進んでいるのですが，もしあなたがボールを打とうとして一緒に飛んでいるとしたら，そのようには感じません。あなたに今，非常にたくさんのエネルギーが残っているとしましょう。ボールをさらに速く進ませるために，強く打つことにしました。でも，ボールは光速以上の速さにはなりません。なぜでしょうか。アインシュタインの理論によれば，問題は，ボールの速度が上限（光速）に近づくにつれて増加がゆるやかになり，速度を増すためにはボールをますます強く打たなければならないことです。つまり，全体量は増加するけれど，増加の幅がどんどん小さくなっていくというわけです。巨大な量のエネルギーを使って速さをわずかに増加させることができたとしても，次にまた増加させるためには，もっとエネルギーが必要になります。ボールの速度を光速より速くするためには無限のエネルギーが必要ですが，それは誰にも不可能です［ゼノンの二分法のパラドックス，23ページ参照］。

質量とエネルギーが本質的に同じものなら，系にエネルギーを入れると（たとえばもっと速く進ませるために），質量が増加します。これは実験で観察できますが，エネルギー増加分を光速の二乗という巨大な数で割ったものと等しいので，ごくわずかな増加になります。質量の増加は，ちょうど車内に人が座っていると自動車を押すエネルギーがもっと必要になるように，増加を少し加速させるためには前回よりもエネルギーがさらに必要になることを意味します。つまり自動車を押すには車内に人をもっと乗せるしか選択肢がないようなもので，そうなると車をますます強く押さなければなりません。

このふるまい（動き）を表す因子が，次の式で表される速度の関数になることがわかっています。

$$\gamma(v) = \frac{1}{\sqrt{1 - v^2/c^2}}$$

$v = 0$となるとき，この係数は1に等しくなります。vがcに近づくにつれて係数は非常に大きくなり，実際には急速に無限に近づくことに注目しましょう。運動エネルギーの公式を特殊相対性理論に基づいて表すと，次のようになります。

$$e = \gamma mc^2$$

観察する人に対して物体が静止した状態にあるとき，この式は有名な式$e = mc^2$に簡略化されます。

一見まったく別の概念のようなエネルギーと質量ですが，
この二つが実はそれほど違わないことを，
この方程式は根本的に示しています。

マクスウェル方程式

**電磁気の理論が切り開いた物理学の「場の理論」と，
無数の現代技術への道**

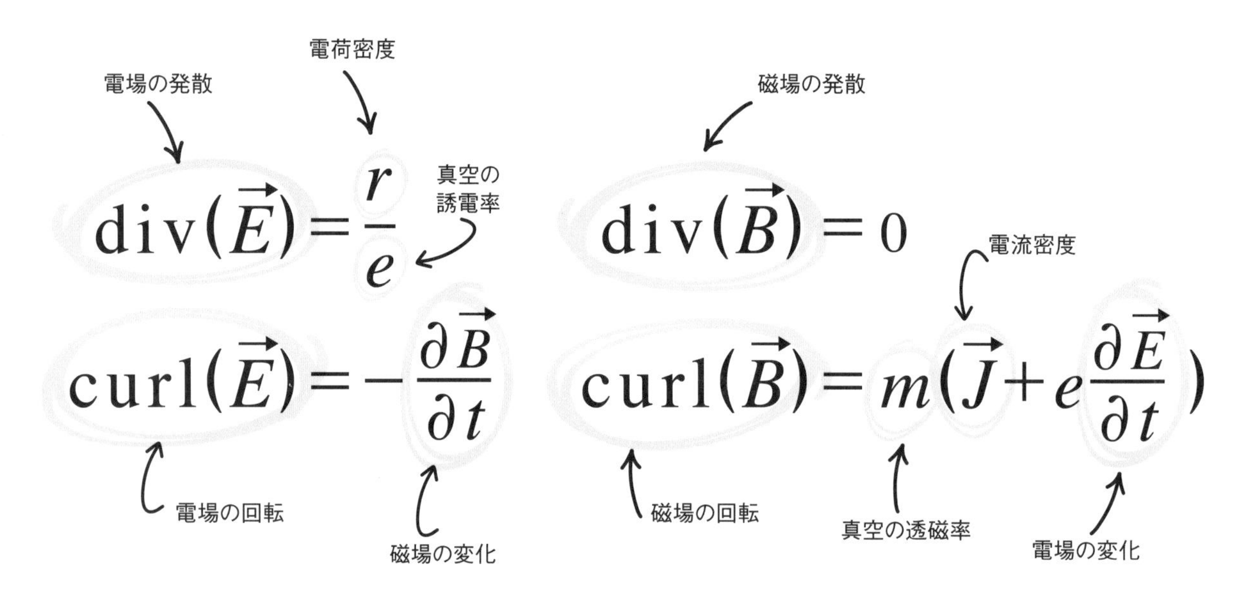

このベクトル場には，正の発散（右側）と負の発散（左側）をもつ点があります。

一体どんなもの？

磁石と電気は，その存在に気づいて以来，長い間人々を惹きつけてきました。まぶしく光りパチパチと音を立てる火花は，毛皮や石英，ゴム，琥珀を用いると，何もないところから現れ出てきます。磁石は直接触れることなく，物体を動かします。稲妻は，空に見られる最も衝撃的な現象の一つです。こうしたものにはすべて，魔法のような不思議な魅力があります。世界各地のさまざまな文化の資料を読むと，昔の人々の磁石や電気との出会いについて知ることができます。今でいう超自然現象として扱われていたことが多かったようです。

その一方で冷静な探求も続いてはいましたが，18世紀後半に初めてこうした力が科学的に理解されるようになりました。とはいえ，研究の結果はまだ混乱しており，理論も完成していませんでした。磁石が磁場をつくり，その影響を周囲の空間に広げることは古くから観察されていましたが，19世紀前半にイギリスのマイケル・ファラデーが行った実験をきっかけに，この観察が再び注目を集めて次第に確立され，理解されるようになっていきました。

この概念の発展の最も輝かしい業績は，1868年にジェームズ・クラーク・マクスウェルが発表した電気，磁気，光を一つの理論の枠組みにまとめた「電磁場の動力学的理論」です。その理論のなかで，電磁場はベクトル場によってモデル化され［毛玉の定理，59ページ参照］，互いに関係する四つの方程式は電磁場の基本的な特性を表しています。

どうして重要？

20世紀の科学技術は，マクスウェルと彼の同時代の研究者たちに負うところが大きいといっても過言ではありません。ラジオ，テレビ，コンピューター，電子レンジ，X線，携帯電話，光ファイバー，無線インターネット――そのほか何百という現代文明の利器は，彼らがいなければどうやって発明されたか，なかなか想像がつきません。また，彼らの原理がどこかでつまずいていたら，正確な設計を行うために必要な理解レベルまで達していなかったでしょう。電磁気の理論は「純粋な」科学，とくに宇宙論にも貢献しています。最終的に，光などの電磁放射は，はるか彼方の天体を観

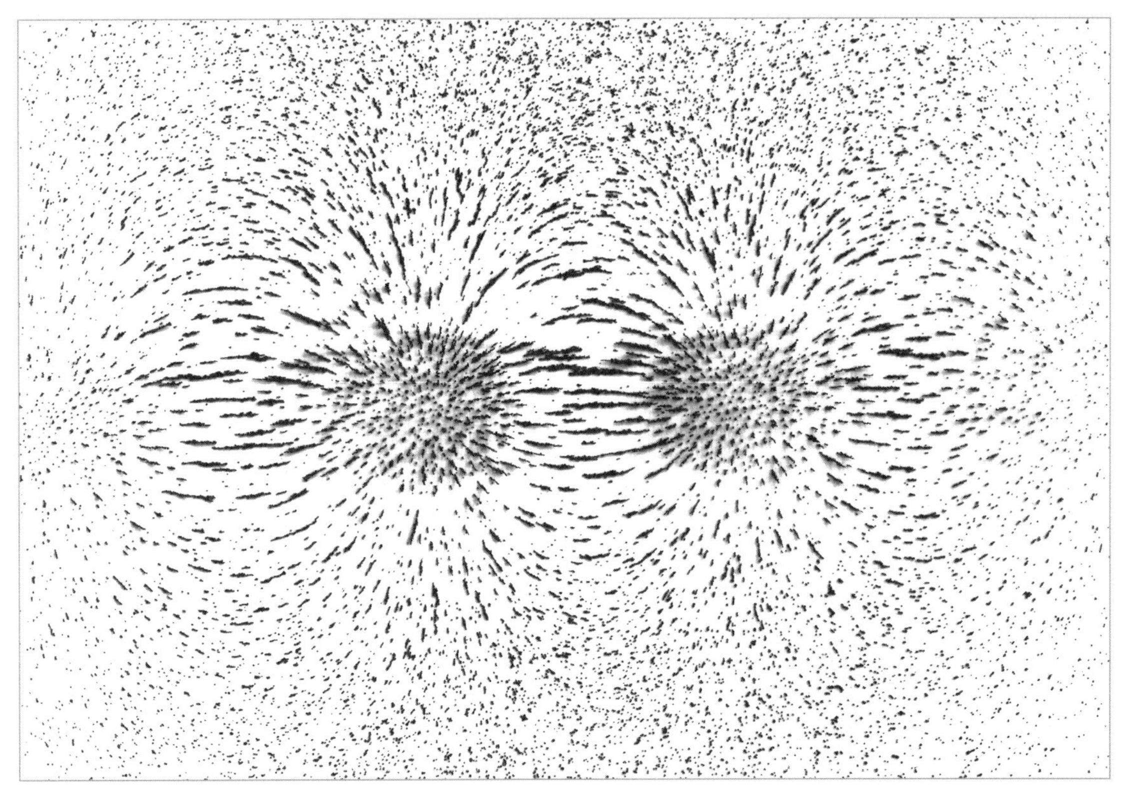

磁場中の鉄粉は，マクスウェル方程式が記述するベクトルの方向に並びます。

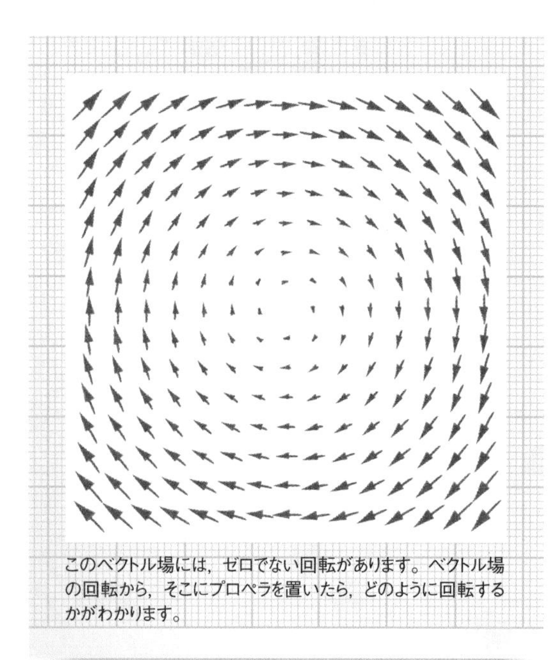

このベクトル場には，ゼロでない回転があります。ベクトル場の回転から，そこにプロペラを置いたら，どのように回転するかがわかります。

測する主な方法になっています。

さらにマクスウェルの理論は，物理学者たちが今なお取り組む未完の理論「大統一理論」を一歩進めました。この研究がうまく進めば，自然界の四つの基本的な力，重力，電磁気力，弱い力，強い力をすべてふくめた，一つの理論が完成します。おそらく，これが場についてまとめられた最終的な理論となるでしょう。もし仮に完成すれば，電気と磁気の明らかに違う力をまとめたマクスウェルの方程式と同じくらい美しい理論となるでしょう。1970年代，とくに電磁気と弱い力を電弱理論にまとめるなど，この理論の完成に向けてさまざまな努力が重ねられました。ただ，一般相対性理論と量子力学（とさらにそのほかの三つの力）の調和については，まだ完成にはほど遠い状況です。

詳しく知りたい

マクスウェル方程式の四つの方程式には，ベクトル解析の発散（div）と回転（curl）の二つの概念が用いられています。ラプラシアン［熱伝導方程式，103ページ参照］のように，この二つの概念はそれぞれの点に近い場の幾何学的なふるまい（動き）を表します。ただ，ラプラシアンは温度や変位といったものを表す数値の場を対象としましたが［波動方程式，108ページ参照］，この発散と回転はベクトル場に応用されています。ちなみに，今見ているのはマクスウェル方程式の微分形式と呼ばれる式で，積分に関しても同等の公式化されたものがあります［微分積分学の基本定理，33ページ参照］。一見，難解そうな式ですが，覚えておきたいのは，二つの形式はともに，かつて不思議で神聖に見えた現象を物理学的に表すことをねらいとしているということです。エンジニアや物理学者はどちらの形式も便利だと思っていますが，私たちはこのまま微分形式のほうを使いましょう。

上段の二つの方程式はそれぞれ電場と磁場の発散を表しています。ベクトル場のある一点での発散は，その点のすぐそばにある小さな矢印が，平均してその点からどの程度外側を指しているかを表します。

電磁場は目に見えないので，どういうものか，イメージするのは容易ではありません。ただ，流体と一部同じ特性を持っているので，より身近な例から類推しておおむねのところはつかめます。水泳プールを想像してみてください。人がはしゃぎまわっているので，水は複雑に渦を巻いています。それぞれの水分子に小さな矢印を一つ付け，進行方向（矢印の向き）と速さ（矢印の長さ）を示します。プールの中のどこか一点を選びます。そのまわりのごく少量の水をよく見てみましょう。たくさんの矢印があちこちを指しているかもしれません。水分子がどこからともなく現れて空中に消えることはないので，何かよほど妙なことでも起こらないかぎり，全体として入った水と同量の水が流れ出ていくことが予想されます。つまり，その点での発散，すなわちすべての点での発散はゼロです。

さて今，だれかがプールにホースを入れて，水を足し始めたとします。ホースの端から水があらゆる方向に流れ出ており，逆にこの点に向かって流れる水は，あったとしてもわずかです。このとき，このホースの端の点は正の発散になる，といいます。微積分をちょっぴり使って計算した数で値を求めます。ホースからの流れが速いほど，数値は大きくなります。同じように，水を足すかわりにプールから水を吸い込む場合，その場所では負の発散になり，たくさんの矢印がホースのほうを向き，ホースから外方向を指す矢印は，あったとしてもごくわずかです。

マクスウェル方程式の一番目の式は，電場におけるある一点での発散は，その点での電荷密度を真空中の電荷のふるまいを表す定数で割った値に等しいことを表しています。電荷がないとき電荷密度はゼロになり，そのため発散もゼロになり，電場は流れ出ません。電荷が正なら発散も正になり，電場はその点から流れ出ます。電荷が負のとき，その結果生じる発散は負になるので，電場はその点に向かって流れ込みます。

二番目の方程式はもっと単純です。磁場には発散がありません。電気では正と負の電荷が別々に発生し，先ほど見たように電場の発散を生じます。磁石は，単体でS極だけのものやN極だけのものはありません。一つの磁石には必ずS極とN極の両方があります。つまり，どの点でも二つの極が互いを消し合うように作用し，発散が消えるわけ

磁気と電気はどちらも，少し離れた場所から魔法のように，作用しているように見えます。この性質を利用して，この二つはさまざまな用途に役立っています。

です。

三番目と四番目の方程式は発散から回転へ移り，ベクトル場がその点を中心にどれだけ「回転」するかを示す尺度です。直観的なイメージをもつために，水泳プールの例にもどりましょう。軽い棒に小さなプロペラをつけた装置を，水中に入れたとします。水の流れでプロペラが回転するでしょう。プロペラをその場所に固定し，軽い棒の端を動かして，どの角度に傾けると回転が一番速くなるかを調べます。その場所での回転を一目見ればわかることが二つあります。棒の指す方向とプロペラが回る速さです。

三番目の方程式は，ファラデーの法則として知られています。ある一点で回転する電場は，時間の経過とともに変化する磁場によってつくられることを表しています。これは，動いている磁石を利用して発電する発電所の原理となっています。現代の世界をもたらした方程式を一つ探すなら，この式がそうです。

最後にアンペール - マクスウェルの式ですが，三番目の式と事実上反対の内容，すなわち磁場の回転は変化する電場によってつくられることを表しています。この法則をもとに，電気モーターが生まれました。現在電気モーターは周囲にたくさんあるでしょうから，この法則の重要性がよくわかるでしょう。

宇宙のしくみへの理解を深める
ブレークスルー（突破口）として，
マクスウェルは最先端の数学を使って，
磁石と電場の異なる現象を
一つのシンプルな図式にまとめました。

ナビエ-ストークス方程式

いまだ完全に理解されていない，流体の流れを表す方程式
解けた人には懸賞金100万ドルが用意されている

加速度　圧力勾配　外力

$$\rho\left(\frac{\partial v}{\partial t}+v.\nabla v\right)=-\nabla P+\mathrm{div}(T)+f(x,t)$$

粘性　応力テンソルの発散

一体どんなもの？

ニュートン力学によって，ジェットコースターの車両やバネ，大砲の弾など，一般的な固体でできたものの運動について，非常にすぐれたモデルが得られました［ニュートンの第二法則（運動の第二法則），71ページ参照］。しかし，世界は固体だけでできているわけではありません。かなり不思議な存在である流体もふくまれています。液体と気体は，どちらも流体です。いうまでもなく，大気と海洋の動きは，私たちを取り巻く環境をつくりだすもののなかでも非常に重要な部分を占めています。

流体の物理学的な挙動（動き）はとても複雑なので，優れたモデルをつくるのは容易ではありません。ボールを床に落とすことを想像してみましょう。少し面倒ですが，ニュートン力学を使えば，ボールがどこでどのように跳ねるかが予測できます。もし摩擦や空気抵抗，床のでこぼこなどの必要な条件を計算に入れれば，かなりよい予測がで

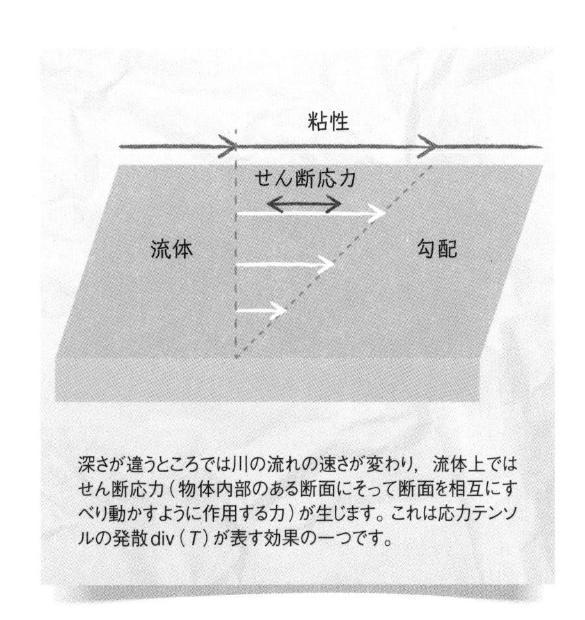

深さが違うところでは川の流れの速さが変わり，流体上ではせん断応力（物体内部のある断面にそって断面を相互にすべり動かすように作用する力）が生じます。これは応力テンソルの発散div（T）が表す効果の一つです。

きるでしょう。では，同じことをもう一度。今度はボールを落とすのではなく，バケツの水を床にこぼして空にしてみましょう。床に落ちるとき，水はどのように空中を動くでしょうか。床にあたったときの水の跳ね方や部屋のどの部分がぬれるかについて，予測できますか。

ボールは多少複雑に動きまわりますが，基本的にボールの形状のままで，そのかたちによってボールがどう動くか，大部分が決まってきます。一方，水はバケツの底から，床に対して垂直な流れになり，そのあと床の上の水たまりへと移動しながら，根本的にかたちを変化させていきます。かたちが変わると，物理的な挙動も変わります。ここがやっかいなところです。実際，非常に多くのものが同時にこのように複雑に変化しています。流体の流れについても，その変化に関して多くのことがいえるのは驚きです。これこそナビエ-ストークス方程式の功績です。

どうして重要？

ナビエ-ストークス方程式は，ニュートンの時代に始まった古典物理学に属しています。とても小さな物質を扱う量子の世界ではなく，非常に大規模な動きや超高速の動きを扱う相対性理論の世界でもなく，私たちがふだん日常生活で出会う現象を説明する物理学の分野です。しかし，実際にはこの方程式は，古典物理学のなかでも今なお数学的に謎となっている数少ない領域にふくまれます。

流体の流れの優れたモデルは，実にさまざまな状況で役に立っています。流体に関係する製造工程，海洋や大気などの流体現象の科学的な研究な

液体の動きは，粘性がどのくらいあるかによってある程度決まります。

ナビエ-ストークス方程式を使って，液体だけでなく気体の運動をモデル化できます。

どは，わかりやすいよい例でしょう。とくに，宇宙工学はこの方程式を多用しています。近年では映画の視覚効果チームも利用していて，ナビエ-ストークスモデルを使ってリアリティのあるコンピューター生成画像（CGI）を作成しています。

ただ，この方程式から常に「適切な」解が得られるとは限りません。状況によっては，流体の流れの正確なモデルにならない場合もあります。たとえば，無限の速度のように，物理学的に不可能だとわかっていても，解が突然，無限の値になってしまうこともあるでしょう［質量とエネルギーの等価性の方程式，113ページ参照］。とはいえ，この方程式がもっとよく理解できれば，古典物理学の完成に大きく一歩近づけます。アメリカのクレイ数学研究所（ロードアイランド州プロビデンス市）はミレニアム懸賞金問題の一つとして，この方程式の謎の解明に100万ドルの懸賞金をかけていますが，今のところ賞金をもらった人は誰もいません。

ナビエ-ストークス方程式の解となるのは，ベクトル場です。ベクトル場では，流体のすべての点に流体の流れの向き（矢印の向き）と速さ（矢印の長さ）を示す小さな矢印がついています［毛玉の定理，59ページ参照］。解が見つかれば，時間内のそれぞれの瞬間に生じる流体の運動を完全に理解できます。また，時間を先に進めて，流体の流れとともに速度ベクトルが変化するようすがわかり，流体の運動全体がアニメーションのように見えてくるでしょう。これがこの方程式の特徴です。この方程式がどうやって構成されたのかは方程式からはよくわかりません。

詳しく知りたい

こんな面倒な，怪物のような式に取り組む方法として一番よいのは，扱いやすいレベルにまで分解することです。確かに，細部には理解しなければならないたくさんの高等な微分積分の計算と相当な物理学の知識がふくまれていますし，この式を使って流体の現実的なモデルをつくるには高度な技も少し必要です。それでも，この式を一つの方程式として知っておくのは悪いことではありません。これからご紹介する前に，一つお伝えしておきたいのは，ナビエ-ストークス方程式はさまざまな形で引用されていて，さまざまな形に表すことができ，ときには二つ以上の方程式で表されることもある，ということです。

左辺のカッコの中は数学的にいうと速度の「物質微分」ですが，流体の速度が各点でどのように変化しているかとほぼ等しいと考えておけばよいでしょう。加速度とほぼ同じです。この数に流体の粘性を表す定数ρをかけます。ρは，水のようにさらさら流れるものから，シチューのようにとろとろのものまで，流体の粘度の高さを表します。加速度は，私たちが求めようとしている速度ベクトルの変化率です。物理学では，速度や位置よりも先に加速度がわかる場合がよくあります。なぜなら，関係するすべての力を把握できることが多く，力と加速度が密接に関係しているためです［ニュートンの第二法則（運動の第二法則），71ページ参照］。したがって，この方程式を使えば各瞬間の各場所での加速度を計算でき，それを解くことにより速度が得られます。

ρの影響で加速度が小さくなることに注意しましょう。もし加速度が小さくなっていることが完全に明らかでない場合は，この方程式を次のかたちで考えてください。

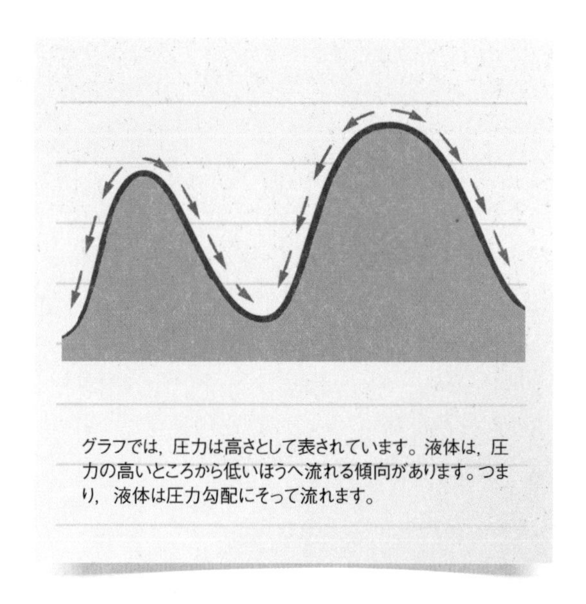
グラフでは，圧力は高さとして表されています。液体は，圧力の高いところから低いほうへ流れる傾向があります。つまり，液体は圧力勾配にそって流れます。

ρ ×［加速度］
　＝［計算方法がわかっているもの］

右辺を計算すると加速度ベクトルとなる可能性のあるものが得られますが，実際の加速度を求めるには，まずその数をρで割らなくてはなりません。ρそのものが大きな数であれば，この計算によって加速度が小さくなります。これが予想される展開です。ほかの条件がすべて等しいとすると，右辺は等しい数になるので粘性が高いと加速度は小さくなり，したがって粘性の高いシチューが粘性の低い水ほど簡単に加速しないことがわかりますね。

方程式の右辺には三つの項があり，それぞれ，点xにおける流体の加速度の一因となるものを少々モデル化しています。左から順に，圧力勾配，応力テンソル，それから関係しているすべての外力です。

圧力勾配は，ある選んだ一点に立ったとき，圧力が最も速く減少している方向を求めることによって求められます。これが$-\nabla P$というベクトルです。圧力は流体の状態，とくに温度と体積に密接に関係していることがわかっています［理想気体の状態方程式，84ページ参照］。ほかに何も条件がなければ，圧力に差があるとき，圧力が一番高いところから一番低いところへ流体が移動することは経験からわかりますね。宇宙船でエアロック（真空の宇宙空間と地表と同じ1気圧の船内を隔てる扉で，圧力の差が生じる激しい空気の流れを防ぐため，二重扉になっています）を開けると，船内から宇宙に引っぱられるのはこのためです。

実はこれは，圧力勾配に加速度の効果があるといっているのと同じで，これがこの方程式を本章にふくめた理由です。

二つ目の項div（T）でも，同様のことが起こっています。ここでは，Tは応力テンソルの近しい仲間です［コーシーの応力テンソルの方程式，155ページ参照］。特定の場所を中心とする非常に小さな立方体に作用する力についての情報をまとめて表す項です。このTは，流体の一部を付近の流体に比べてゆがませようとするような，流体内の動きを考慮するために，ここにあります。これとは別の応力テンソルのもう一つの要素は圧縮の効果で，式では∇Pで表されています。Tの発散を用いると，圧力勾配に似たものが得られます。それぞれの点付近でのせん断応力の変化のようすを示す量です。

最後の項はいわば，なんでもボックスです。fは単純に，正確なモデルにするために流体に応用したい外部の力をすべて集めています。このfには，多くの場合，重力を含めたいと考えるでしょう。そうでないと，カップをひっくり返したとき，こぼれたコーヒーはテーブルクロスの上にやっかいな水たまりをつくるのではなく，しずくのようなかたまりになって空中にぷかぷか浮いているでしょう。

波動方程式は，現実の世界で見られる
流体の動きのごく一部を表しているのにすぎません。
ナビエ-ストークス方程式は，はるかに広い範囲の
流体の動きに応用できます。

ロトカ・ヴォルテラ方程式

生物体の集団がどのように増加し減少するかを表す，シンプルだが信頼性の高いモデル

$$\frac{dx}{dt} = rx - axy$$

$$\frac{dy}{dt} = -my + bxy$$

ヌーの個体群の変化
ヌーの出生率
ライオンに食べられる量
ヌーの数
ライオンの数
ライオンの個体群の変化
ライオンの死亡率
ライオンの出生率

一体どんなもの？

大きな島にヌーの群れ（個体群：ある地域に生活する同じ種類の生物体の集団）がすんでいて，島にはヌーの食べたいものがすべて手近に豊富にあるとします。放っておけば，ヌーは生活するスペースや食糧が不足するまで自由に繁殖するでしょう。でも，ヌーは好き勝手には暮らせません。島にはライオンの集団も暮らしています。周囲にヌーの数が増えると，ライオンが繁殖し，その数が増えます。

数が増えれば増えるほどライオンはもっとたくさんヌーを食べ，ヌーの個体群が減少します。すると島では，そんなに増えたライオンの生活を支

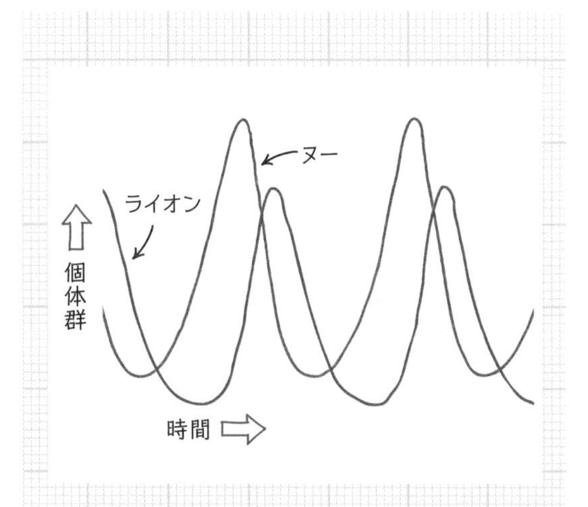

二つの曲線はロトカ・ヴォルテラモデルに基づき，ライオンとヌーの個体群が時間とともにどのように変化するかを示しています。

えきれなくなり，ライオンの数も減少し始めます。そうなると今度はヌーが生き残り，繁殖する可能性が高くなり，ヌーの数が増えます。そして食糧になるヌーの数が増えたので，ライオンは再び暮らしやすくなり……と，このサイクルが続いていきます。ロトカ・ヴォルテラ方程式は，この一見シンプルな，個体群どうしの相互作用を表すために考案されました。

どうして重要？

この方程式はもともと，捕食者と被食者の生物システムをモデル化するために考案されたものです。今も変わらずその目的に使用されていますが，方程式の仮定がつねに現実的とは限らないので，修正が必要になることがよくあります。たとえば，島にライオンが一頭もいない場合，ヌーの数は永遠に爆発的に増え続けます。これは$y=0$のとき，状況が次のように単純化されるためです。

$$\frac{dx}{dt}=rx$$

少し微積分を使うと，式は次のようになります。

$$x=ce^{rt}$$

これは個体群が劇的に増えていることを表しています。つまり，ヌーのつがいが一組だけいてライオンはまったくいない状態から始まり，一世代ごとに子どもが二頭生まれるとすると，100世代目まで進んだヌーの数の合計は，観測可能な宇宙の原子の数よりも多くなるというわけです。多くの生物学者には少々信じがたい結果です。

短期間であれば現実にこのような増加のしかたが見られることがあります。1860年代，オーストラリアで，ヨーロッパからの入植者たちの食料にするためにウサギを野に放しました。ウサギは非常に速く繁殖したので，そこにすむ肉食動物はウサギの数を減らせませんでした。ロトカ・ヴォルテラ方程式のほぼ予言どおりにウサギは増加し，作物の生産に大打撃を与えました。オーストラリアへウサギを持ち込む政策は，開始から10年もたたないうちに，緊急駆除という政策に切り替わりました。このウサギの激増騒ぎを伝える，衝撃的な記念物が残っています。有名な「ウサギよけのフェンス」という，3000km以上におよぶ三方向に組み合わせたフェンスで，オーストラリア東部から西部への「疫病神」の拡大を阻止するために考案されました。ウサギは生存期間の短い動物ですが，野放しに繁殖した初期にあまりに爆発的に増加したので，150年たった今もなお，オース

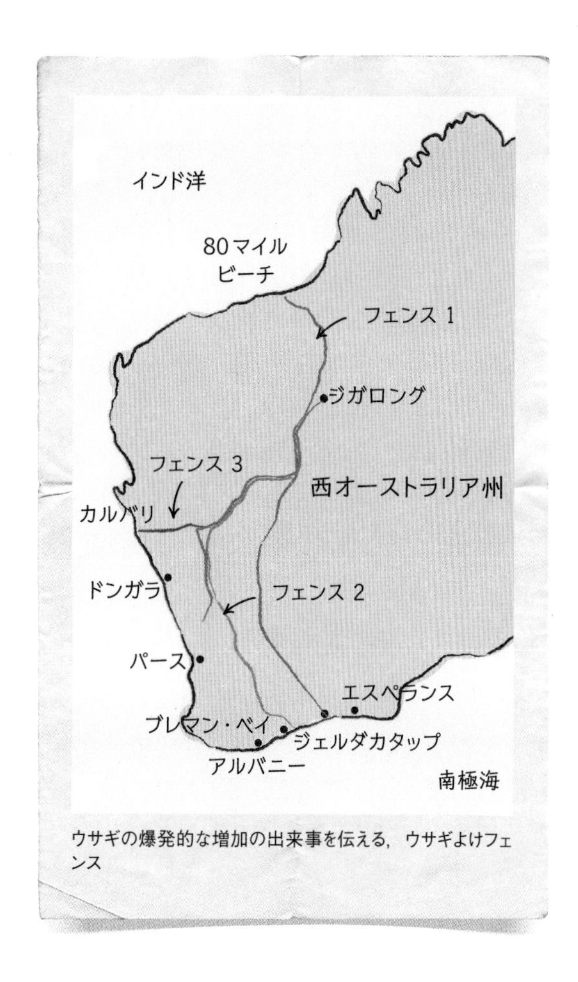

ウサギの爆発的な増加の出来事を伝える，ウサギよけフェンス

トラリアではウサギの数をコントロールするのに苦労しています。

この方程式は，競い合う生物種の個体群についてだけでなく，希少な資源を求めて競争する業者の見通しを説明するのにも適用できるので，経済や社会学，さらには金融の分野にも利用されてきました。また，資源管理や抑圧的な政府，ニューラルネットワーク（神経回路網），ゲーム理論のさまざまな面を説明するのにも使われています。ただ，複雑な現象の数理モデルと同じように，こうした応用はつねに近似的なものなので，もともとの仮定の妥当性と同じぐらいの妥当性しかありません。

詳しく知りたい

ロトカ・ヴォルテラ方程式は，登場すべくして登場した方程式の一つです。古来，人類は捕食者-被食者の相互関係を目にしてきましたが，この方程式は，1920年代初めに数学を専門外とする二人の研究者によって，まったく別々に発明されました。

アルフレッド・J・ロトカはほぼすべてのキャリアを学術研究の世界の外側で，事実上アマチュアの研究者として研究を続けました。彼はこの世界を，エネルギー交換という一つの原則のもとで物理学や化学，生物学がすべて相互作用し合う，つながり合った巨大な体系と考えていました。この構想をもとに，ロトカは化学反応の単純なモデルからこの方程式を導き出すにいたりました。化学，物理学，そして生物学は，彼にとってはすべて根本的に同じものだったのです。

ヴィト・ヴォルテラはイタリアのアンコーナの貧しいユダヤ人街に生まれました。恵まれない環境にありながらも勉学に，やがては研究に励み，名だたる研究者になりました。アドリア海の漁師の網にかかるサメとエイの数の変化を調査し，ロトカとまったく同じモデルを提案したのは，65歳のときでした。5年後，ムッソリーニへの忠誠を拒んだため大学教授の座を追われ，学術的な地位をはく奪されました。晩年の10年間は，ヨーロッパを転々としながら，数学に関する著書を執筆し続けました。

ロトカとヴォルテラ，この二人が発見したモデルの重要な特徴は，周期性です。つまり，同じパターンが何度も繰り返されます。彼らの提案は128ページのグラフに示されていますが，もっとわかりやすく，「位相空間」という方法で周期を視覚化する方法もあります。

二つの変化するxとyという数があります。xはヌーの数，yはライオンの数を表します。二種類の動物の数を表すために，下図のようにx軸とy軸を設定して，平面上の各点で，ヌーとライオンの個体群数がともに存在する状態を表していきま

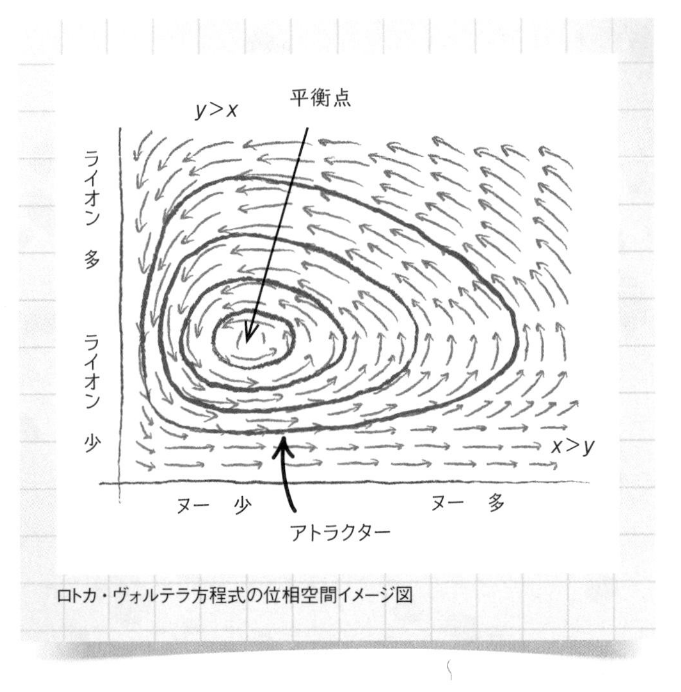

ロトカ・ヴォルテラ方程式の位相空間イメージ図

す。次に各点に，その状態にある個体群の変化を示す矢印をつけます。これは，ある状態から別の状態への一種の「流れ」を示します。

たとえばライオンの数が多く，ヌーは多くないとき，図の左上部分あたりの点になります。その状況では多くのライオンが空腹になるので，矢印は急激に下向きになります。ライオンもヌーもどちらも多いとき（図の右上），矢印は「ライオンの数はまだもう少し増えるが，ヌーの数は激減するだろう」ということを示しています。一番下に近づくとライオンがほとんどいないので，右向きの矢印が示すようにヌーの数が非常に自由に増える可能性があります。ヌーの数が「十分」になると，矢印は上を向きはじめ，ライオンの数が増加しはじめます。

矢印がひととおりうまく書き込めれば（少し面倒な作業ですが，コンピューターを使えば一瞬でできます），生物システムの変動をとても簡単に視覚化できます。この位相空間を湖として，上から眺めていると想像してみてください。矢印は水の流れを表しています。湖に小枝を一本落として，湖面に届いたところがライオンとヌーの最初の個体群を表すとします。矢印は，小枝が時間とともに流れにどう押されていくかを示します。「アトラクター（何かを引き寄せたり集めたりするもの）」と呼ばれる青い線が示すように，このモデルは，小枝が閉じた（一つにつながった）サイクルのなかを永遠にぐるぐる回り続けると予測しています。

また，この図は，もし適切な場所に落とすことができれば小枝は一点にとどまり，まったく動かないことも示しています。これをシステムの「平衡点」といいます。言い換えれば，このモデルは

ロトカ・ヴォルテラ方程式は，カオス理論のはじまりの一つでした。種が二つだけなら何も問題ありませんが，三つになると動きが非常に不安定になります。

ライオンとヌーの数が安定している，完璧にバランスの取れた状態が得られると予測しています。ヌーが一頭食べられるのに対し，また新たなヌーが一頭生まれてくるという考えです。自然界では完璧な均衡はそうそう見られませんが，それに近づくことはできるように思われます。平衡点の近くに落とされた小枝は，その周囲にごく小さく円を描いてまわるだけで，どちらの動物の個体群にも一時的な急な増減はほとんどないでしょう。

ただ，留意したいのは，この方程式では二種類の個体群だけが競い合い，それ以外はまったく何も起こらないという，現実にはほぼありえない状況を扱っている点です。ロトカ・ヴォルテラ方程式は，もう少し現実的な問題にも応用できますが，そのかわりにカオスと呼ばれる不規則な現象が現れます。種がたった三つの場合でも，最初の状況における非常に小さな変化が，長期的に見ると大きく異なる結果をもたらします。位相空間でのアトラクターは，カオス系の主な特徴の一つであるフラクタル構造（どんなに小さな部分をとっても，全体に相似した形を表す構造。雪の結晶など）をもつ「奇妙なアトラクター」になる可能性があります。ロトカ・ヴォルテラ系の最初の「奇妙なアトラクター」は1970年代の終わりに発見されました。これがカオス理論の誕生の一部です。単純な法則に支配されていますが，とても複雑に変動する系を研究する理論です。適度な数の種についてさえも，このモデルが時間とともにどのように進化するかは，まだ詳しく理解されていません。

ロトカ・ヴォルテラ方程式は
捕食者と被食者の関係を表すかなり単純なモデルですが，
時間の経過にともなう進化は驚くほど複雑で，
カオス現象すら生じます。

シュレーディンガー方程式

有名な「シュレーディンガーの猫」の思考実験
そのおおもとの波動方程式が
舞台裏の見えない世界を解き明かす

$$i\hbar\frac{\partial}{\partial t}\psi(r,t)=-\frac{\hbar^2}{2m}\nabla^2\psi(r,t)+V(r,t)\psi(r,t)$$

波動関数の変化率
波動関数のラプラシアン
ポテンシャルエネルギー
ディラック数
質量
波動関数

一体どんなもの？

古典力学では，力と加速度の関係を利用して，物体の運動方程式を求めます。観測情報を少し追加すれば，この式から，物体の位置や移動速度，移動方向がわかります［ニュートンの第二法則（運動の第二法則），71ページ参照］。その際には，力と位置の二次導関数である加速度を含む項を使った式を立てます。解く際は，加速度を計算し，次に微積分を使って速度と位置を求めます。［微分積分学の基本定理，33ページ参照］。

量子の世界では，古典力学と多少は似たようにものごとが作用しますが，「位置」と「速度」が私たちの予想するとおりには働かないところが異なります。これは，ミクロのレベルでは，粒子は波とも考えられるためです。つまり，どこか一点に集中するのではなく，空間のなかで広がるという考え方です。この場合，運動方程式ではなく，波動方程式，正確にはシュレーディンガー方程式と呼ばれる方程式を解きます。

どうして重要？

シュレーディンガー方程式は量子力学において，数少ない根本的に重要な方程式の一つです。粒子と波動の二重性は，哲学的にも興味深いなぞめいた内容をふくんでいますが，その性質を使う

神はサイコロをふるのでしょうか。これについて，シュレーディンガー方程式は中立的ですが，解釈のしかたには今も賛否両論があります。

と結果として非常に正確な予測が得られ，ミクロレベルの宇宙のしくみについて，奇妙だけれど説得力のある説明が得られます。残念なことに，この方程式の扱う対象があまりに奇妙なために，かなり熱狂的な著述家のなかには科学では裏づけできない，非現実的な結論を導き出す者も出てきました。

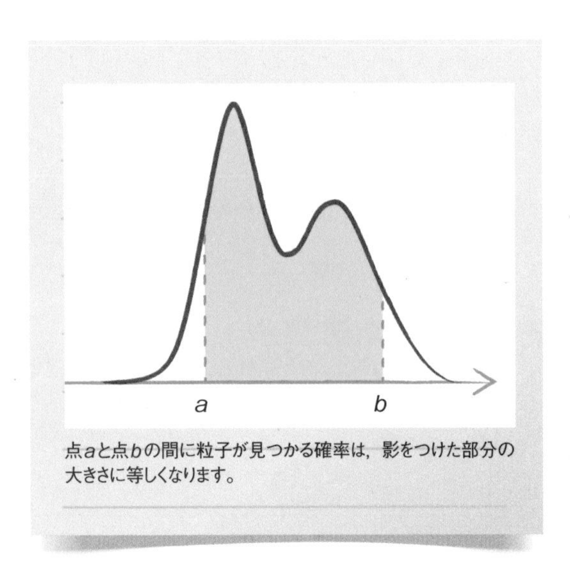

点aと点bの間に粒子が見つかる確率は，影をつけた部分の大きさに等しくなります。

その一方で，物理学者たちは今も，このミクロレベルの説明を，重力を扱うマクロレベルのアインシュタインの理論と統合しようと取り組んでいます［質量とエネルギーの等価性の方程式，113ページ参照］。もし成功すれば，「万物の理論」をうち立てたことになります。それはきわめて知的な偉業であり，その偉業達成とともに科学や技術に大躍進をもたらすでしょう。

もっと実用的な生活の領域では，量子力学は半導体やレーザーを背後で支える科学であり，この科学がなければ，私たちを取り巻く数多くの小型の電子機器は存在していなかったでしょう。このほか量子コンピューター，超伝導体，ナノテクノロジーや特殊な新素材など，新たな分野にも利用され始めています。こうした分野はすでに私たちの生活に入りこんでいますが，今世紀末までにさらに生活を大きく変えることでしょう。

詳しく知りたい

この方程式は一見難解そうな方程式の一つで，

流動的な部分がたくさんありますので，まずは主だった部分に分解してみましょう。式の主役は波動関数そのものを表す記号であるψ（プサイ）(r, t)です。これが方程式により求めようとする関数です。たとえば，$3x+2=8$という方程式で求めようとするxのようなものです。これよりはもっと解くのが難しい方程式ですが，基本的な考え方は同じです。関数$\psi(r, t)$がわかれば，時刻tにおける位置rで粒子の波がどのようにふるまっているか（動き）もわかります。

方程式の左辺は，時間に関して微分しています。つまり，時間の経過にともなう関数の変化率です。これは概念としては速度のようなものですが，ビリヤードの丸い球のようなかたちをした小さな粒子の速度ではありません。結局のところ，今や古典物理学を調べているのではなく，粒子は波でもあるのです。つまり，私たちは今，一定の速度で進む小さな球ではなく，時間とともに進化する波動関数を扱っているのです。

さて左辺の変化率――「速度」と呼んでもかまいませんが――に，定数iをかけます。文字iは$\sqrt{-1}$を表し，複素数を使って二次元空間を扱っていることを示します［オイラーの等式，51ページ参照］。数学的に便宜上このようにしているだけなので，私たちはこれにしばられずに話を進めましょう。もう一つ，「エイチバー」と呼ばれる記号$\hbar$はさらに重要です。これはプランク－アインシュタインの関係式（アインシュタインの関係式ともいう）$e=h\nu$に由来しています。これはプランク定数（h）という数を介して，粒子のエネルギー（e）を波としての周波数（ν）に関係づけています。記号$\hbar$は$h/2\pi$を表し，ディラック数と

1927年にコペンハーゲンで開かれたソルベー会議では，当時のそうそうたる物理学者たちが同席するなか，ニールス・ボーアとアルバート・アインシュタインが量子論の確率解釈（コペンハーゲン解釈）をめぐって激しい議論をかわしました。

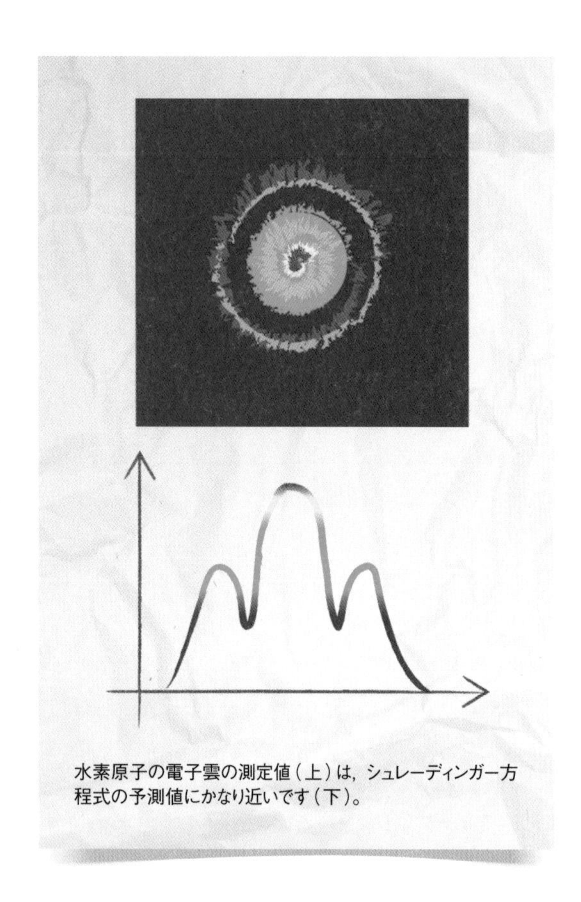
水素原子の電子雲の測定値（上）は，シュレーディンガー方程式の予測値にかなり近いです（下）。

よくいわれます。

方程式の右辺は二つのものを足し合わせています。一つめの項は波動関数のラプラシアンです。一次導関数を速度と表したい場合，このラプラシアンを速度の変化を表す一種の加速度とみなします。この数にもう一度，定数係数をかけますが，今回はhだけでなく粒子の質量もふくめます。質量のような項に加速度のような項をかける計算は，$F = ma$［ニュートンの第二法則（運動の第二法則），71ページ参照］を漠然と思い出させるかもしれませんね。シュレーディンガーの方程式の遠い祖先です。

右辺の二つめの項は，粒子のあり得る場所に電磁場などがある場合，それによる外的影響を表します［マクスウェル方程式，118ページ参照］。これはごく当然のことです。見たい粒子をどれか一つ選んだ場合，ふつう，ほかの粒子と完全に切り離された状態では存在しませんし，仮に切り離されていたとしても，それほど興味深い現象にはならないでしょう。関数$V(r, t)$は，時刻tの点rにおける場の強さを表します。波動関数と同じように，場も通常，時間の経過とともに変化するので時間成分が必要です。

したがって，シュレーディンガー方程式は，「ψの変化率（×定数）＝ψの加速度（×別の定数）に粒子が存在し得る場所での電磁場の影響を加えたもの」となります。この方程式が，考案された当初の成果の一つとして，水素原子のもつエネルギー準位が計算されました。エネルギー準位は連続的に変化しませんが，はしごの横木のように「量子」に分割されます。この方程式（ある種の線形代数と組み合わせる）によって，非常に正確に量子の値を導き出すことができます。

これはとてもすばらしい成果ですが，物理学では波動関数は一体何を表しているのでしょうか。

かなり答えるのが難しい質問ですね。振り返ると，人類はまず電子などのような粒子に興味を持ち始め，最終的に，粒子が存在する可能性のあるすべての空間（関数はどの点でも値をもちます）に広がる現象を表す波動関数の発明にたどり着きました。では，波動関数を用いたシュレーディンガー方程式とは，どのような意味をもつのでしょうか。

大胆な案として，ここでは統計学的に扱ってみましょう。

$$|\psi(r,t)|^2$$

とくに上の数字については，時刻tにおいて場所rに非常に近い領域で粒子を探す場合に，粒子が見つかる確率と解釈します。粒子を観測すると，「波動関数を崩壊」させ，粒子が一つの場所にあるという単純な状態に変え（収縮させ）ます。しかし，波動関数そのものは，その瞬間にその観測を行う可能性がどのくらいあったかを教えてくれます。粒子が点xにまったく実在しないかのように思われるので，これは大胆な手法です。それよりも注目したいのは，粒子自体は広がった確率の場（粒子が存在する確率がさまざまに広がっている場）であり，私たちが観測することによって，その確率の一つを実現させているということです。このように見ると，波動関数とはルーレット台上の確率分布のようなもので，観測とは（量子力学では）ルーレットを実際に回転させる作業と球が最後にどの番号に落ちるかの確認まで，すなわち実際の作業と確認とから成り立っているといえます。つまり，球が落ちる場所が，つねにたとえば35だったということではなく，観測することによって，観測がその結果になったことを発見したということを示しています。

確かに，これはやっかいな概念です。アインシュタインが，粒子は観測されたところに存在し，観測はただそれを確認するだけであるという解釈を好んだことはよく知られています。この観点から考えると，シュレーディンガー方程式の確率の要素は，宇宙に実際に不確かさ（不確定性）があるのではなく，量子力学の理論に欠陥があることになります。アインシュタインは確率論と不確定性を基礎とする量子力学を批判し，「神はサイコロを振らない」という言葉をのこしました。けれども，1920年代に展開された，量子力学に関するいわゆるコペンハーゲン解釈は，新たな対案を提唱しました。その考え方は，私たちは現実に向き合い，宇宙は根本的に確率論的な解釈が妥当であることを認めなければならないと説いています。ある意味では私たちは観測することによって，観測する対象を現実の存在にしています。相対性理論では超光速の移動は不可能とされます［質量とエネルギーの等価性の方程式，113ページ参照］が，量子力学ではこれに反する内容を必要とします。上記の考え方の魅力のひとつは，このことを無理なく理解するのに役立つことにあります。1964年のベルの不等式は，量子力学にはどんな巧妙な古典的解釈もできないことを示しました。実際に量子の世界は，草分けとなった物理学者たちが示唆したのと同じほどに奇妙な世界のようです。

シュレーディンガー方程式からは，
量子力学は，古典物理学が説く決定論的な宇宙を
偶然と確率に支配される宇宙に
変えるもののように見えます。

$|b(T,z,a,b)| \leq 2$ $\sum_{k=1}^{r} \int_{b_k v}^{x+b_k v} \left(\int_0^t \psi_k^*(\tau) d\tau \right) dt -$

$\varphi(\sigma_1 t)\varphi(\sigma_2 t) = \varphi(\sqrt{\sigma_1^2 + \sigma_2^2}\, t)$

$(\alpha) = \frac{\sum_{k=1}^{r} p_k^\alpha \log_2 \frac{1}{p_k}}{\sum_{k=1}^{r} p_k^\alpha}$ $c_{ik}\sigma_k^2 = \lambda_i c_{ik}$ $\eta_1 = \sum_{k=1}^{n} a_k \xi_k$

$y = \phi(x) = \frac{1}{\sqrt{2\pi}} \int_{-\infty}^{+\infty} e^{-\frac{t^2}{2}} dt$ $S(\alpha, T$

$W_k = \binom{n}{k} p^k (1-p)^{n-k}$ $P(\eta < y | \xi = x) = \sup_{y' < y, y}$

$_n = A_n \cup \pi A_n$

$A_n| = \frac{n!}{2}$ $\left| \int_{|x|>A} f(x) \log_2 \frac{1}{f(x)} dx \right| < \varepsilon$ $g^{-1} \cdot g = e$

α_k $\sum_{k=-\infty}^{+\infty} e^{-\frac{k^2\pi^2}{\lambda^2}} = H(k)$ $\prod_{k \leq b}$; $\bigcup_{i=1}^{n-1} M_i$; $\bigcap_{n=0}^{\infty} X_n$

$dG_{\alpha_k}(x) \geq \frac{1}{2}$

$f_{n-1}(t) = \int_0^1 f_n(u) f_1(t-u) du = \frac{\lambda^{n+1} t^n e^{-\lambda t}}{n!}$ $\lim_{t \to 0} (\varepsilon(t)) = 0$

$c_{iv} = \sum_j$

$\log \varphi(t) = i\gamma t - c|t|^\alpha \left[1 + i\beta \frac{t}{|t|} \omega(t,\alpha)\right]$ $B(v) = \sum_{k=1}^{r} \psi^*(b_k v)$

$e^{-\frac{u^2}{2}} du = F(x) \left(\frac{1}{\sqrt{2\pi}}\right)^{-1}$ $|\psi_\xi(t)| = \left| \int_{-\infty}^{\infty} e^{itx} dF(x) \right| \leq \int_{-\infty}^{\infty} e^{-vx} dF(x) =$

$\Pi_m = \Pi_r \Pi_{m-r}$

$|X \cup \Psi| = |X| + |\Psi| - |X \cap \Psi|$ $\lim_{n \to \infty} \frac{1}{\sqrt{n}} k_n\left(\frac{x}{\sqrt{n}}\right) = \frac{1}{\sqrt{2\pi}} e^{-\frac{x^2}{2}}$

$f: X \to X \cap W$

$(A) = \int_A \chi(\omega) dP$ $l'(\alpha) = -\log 2 \left(\frac{\sum_{k=1}^{r} p_k^\alpha \log_2^2 \frac{1}{p_k}}{\sum_{k=1}^{r} p_k^\alpha} - \left(\frac{\sum_{k=1}^{r} p_k^\alpha \log_2 \frac{1}{p_k}}{\sum_{k=1}^{r} p_k^\alpha} \right.\right.$

$\left(e^{-x\sqrt{\frac{1-q}{nq}}} - 1\right) = -x\sqrt{\frac{q(1-q)}{n}} + o\left(\frac{1}{n}\right)$ $\prod_{k=1}^{r} \left[g_k\left(\frac{t}{\sqrt{N_0}}\right) \right]^{N_0 \alpha_k} = e^{-\frac{t}{2}}$

$\liminf \int^{+\infty} f_N(x)^\alpha dx \geq \int^{+\infty} f(x)^\alpha dx$

第3章
世界の進歩を支えてきた「科学技術」の方程式

メルカトル図法

丸い地球を平らな地図に表すにはどんな方法がある？
どんな地図がつくれるか，そして「ベスト」な選択とは？

縦方向の位置

$$v(a,b) = a$$

地球上の地点の座標

$$h(a,b) = \log(\tan(\frac{b}{2} + 45°))$$

横方向の位置

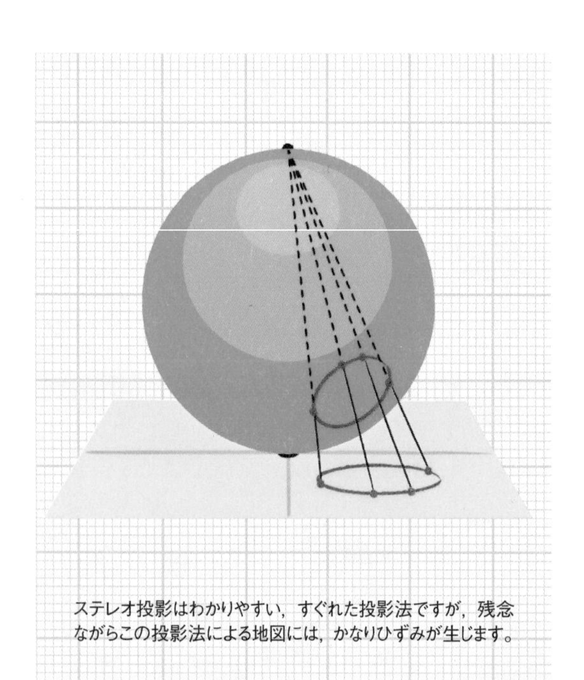

ステレオ投影はわかりやすい，すぐれた投影法ですが，残念ながらこの投影法による地図には，かなりひずみが生じます。

一体どんなもの？

地図にする場所がごく狭い地域なら，地球の曲率は大きな問題にならないので，平らな地図をつくることは難しくありません。地球全体のなかの小さな部分なので，かたちがかなり平らに近くなるからです。また，単にある町から隣町へ行く道を探しているだけなら，少々の不正確さはなおさらたいした問題ではありません。

ですが，16世紀に大西洋横断による大航海時代が到来すると，地図事情は変わりました。世界全体を描く地図がつくられ始めましたが，どうしてもゆがみが生じてしまいます。最終的に，平面の地図がつくられましたが，実際の地球の平均曲率はゼロではないので［曲率，38ページ参照］，ある地点と別の地点の距離やその部分のゆがみ，角

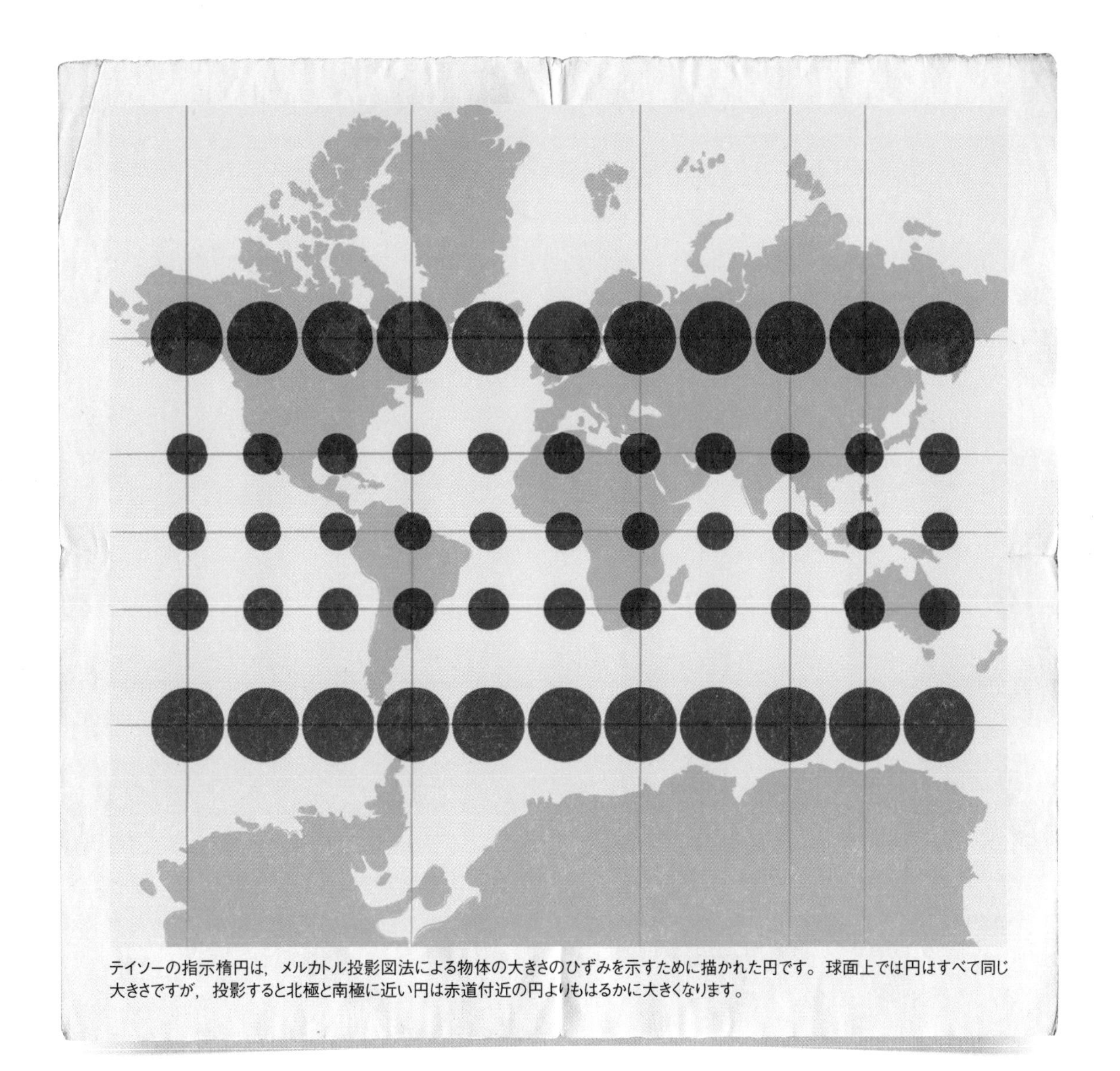

テイソーの指示楕円は，メルカトル投影図法による物体の大きさのひずみを示すために描かれた円です。球面上では円はすべて同じ大きさですが，投影すると北極と南極に近い円は赤道付近の円よりもはるかに大きくなります。

度や位置など，何かしら犠牲にしなくてはなりません。言いかえれば，ものの相対的な大きさが実際と違っているか，あるいは実際とは違う場所にかかれているか，どちらかを選ぶということです。

どうして重要？

地図の製作者たちは，地球を平らに表す地図をつくるとき，何を犠牲にするのか，よく考えなければなりませんでした。この問題を解決する方法はたくさんありますが，1569年に考案されたメルカトル図法は今なお最も人気のある手法です。これは，球上の点を平面上に表す方法の一つです。メルカトル図法のなかまにステレオ投影（140ページ左図参照）がありますが，これは数学のさまざまな分野で重要な役割を担っています。

16世紀の水夫は，航海に世界地図を使いました。ほんの少し不正確な部分があっても，船は目指す陸地にたどり着く前に何kmも航路をはずれてしまうおそれがあります。船上に食糧などの貯えが少ない場合，これは大問題です。ですから，地球の球面上の地形を平面上に高い精度で「投影」する方法を見つけることが重要な課題となりました。また，投影の方法が変わると地図の性質も変わることが次第にわかってきたので，それぞれの投影法の長所を生かし，適した用途に使われるようになりました。とはいえ，投影法に完璧はありません。そのため，地図製作者たちは製作にさまざまな方法を必要とし，各方法の長所と短所を理解していなくてはなりません。

メルカトル図法では，中心からの光を使って，地表を円筒上に写しとります。

詳しく知りたい

考え方としては，メルカトル図法はとてもシンプルな投影法です。頭のなかでおしゃれなランプを組み立ててみると，どんな方法かがイメージしやすいでしょう。図法が考案されてから少しあと，17世紀にこの図法を定義する方程式がイギリスの数学者ヘンリー・ボンドによって発見されました。この方程式を使うことにより，しかけに頼らなくても球面上の点を数学的に平面の地図上の点に関係づけられるようになりました。それ以前はティークリッパー船（19世紀に中国からイギリスへ紅茶を運んだ帆船）などでは，少し手間がかかるランプのしかけが使用されていました。

ガラスでできた球体に，正確に世界地図が描かれていたとしましょう。球の中心に小さな明るい白熱電球を置きます。次に，薄い紙でできた縦長の円筒のランプシェードの中に，ガラス球をすっぽり入れてみましょう。赤道ぞいに，円柱が球に触れるようにします。では，ランプをつけると，どうなるでしょうか。

紙の筒が地図になると考えてください。筒はカーブしていますが，筒をどこかで垂直に切って開くと，ゆがみのない平面に展開できます。電球から出る光線は，すべて直線で進み，球面上のどこかの点に当たります。それが海の真ん中だったとすると，光は透明なガラスを通り抜けて，そのまままっすぐランプシェードに届きます。その光があたっているランプシェードの紙筒上の点は，それを広げた地図では，もともと球面上で光が通過した点を表しています。

一方，光が球面上でどこかの国境にあたる部分を通った場合は，国境の線に吸収されてランプシ

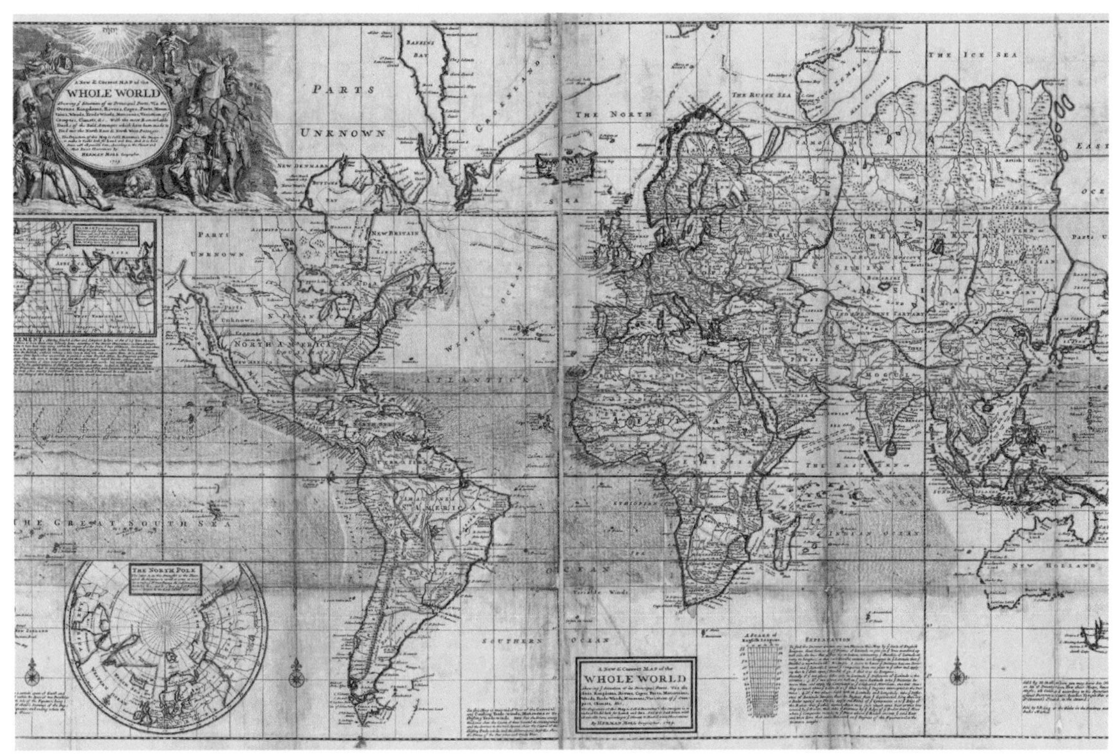

メルカトル図法の考案者である地理学者のメルカトルによって，1569年につくられた地図です。ひずみはありますが，彼の選んだ妥協点は，航海士にとって最も役立つ情報を地図上に保持するということでした。長距離貿易が盛んだった当時の重要なツールとなりました。

ェードまで届きません。その結果，ランプシェード上では各国の国境に黒く線が引かれて映ります。これがメルカトル図法です。

平面の地図をつくるには，縦長の円筒をどこかで縦に切って展開すればよいですね。通常は太平洋あたりで切り込みを入れて地図をつくります。ただし実際には，140ページ冒頭の二つの方程式を使って緯度と経度の角度［球面三角法，145ページ参照］を平面図のx-y座標に変換します。

もしかしたら，光線が北極を通り抜けてランプシェードの上を通りすぎてしまうのではないかと気になるかもしれません。そのとおりです。最初に縦長の円筒が必要と言いましたが，冗談で言っていたのではありません。実際，もし地球全体の地図がほしい場合，この円筒を無限に高くする必要があります。ただ，それでも正確な北極と南極の二つの地点は地図上には表せません。けれども実際には，これはたいした問題ではありません。赤道から離れると，投影のひずみはますます大きくなり，南極地方と北極地方ではあまり役に立たなくなるので，どちらにしてもこの地域を航行するなら別の地図が必要になります。これを覚えておくと，適度な大きさの円筒でまともな地図がつくれますが，北極地方と南極を円で囲んだ地域はふくまれません。

メルカトル投影図法は現在，ランベルト正角円錐図法と呼ばれる投影法のグループの一手法と認識されています。実際には，ある意味でこのグループの極端な例です。ランベルト正角円錐図法の手法については，先ほど例に挙げたランプシェードのイメージを少し修正すれば，残りの条件はそのままで，どのような手法なのかが理解できます。

円筒のランプシェードのかわりに，円錐を使ってみましょう。円錐は，先のとがった魔女の帽子のように長いものでも，アジアで使われる笠のように浅いものでも，どちらでもかまいません。どちらの場合も，円錐の頂点からすそまでまっすぐに切り，それを広げればメルカトル図法とは別の種類の投影法の地図がつくれます。この円錐図法を使用すると，円錐のとがった先端では，円筒の上部のように光が逃げるようなことはまったくありません。北極は，円錐の先端の点に投影されます。この投影法の問題は，下部の穴を広げなくてはならないことです。つまり南極を中心に南半球の大部分が失われます。

では，球体の上に置いた円錐が，どんどん平らになっていくところを想像してください。しまいに球のてっぺんに平らな紙を乗せた状態になります。これが「ステレオ投影」の図です。中央の電球から北半球上の点を通り抜けた光が紙面に地図をつくります。赤道を通過した光は紙面と平行になり，決して交わりません。赤道の南にある点を通る光もすべて，紙面と交わりません。電球から出た光はすぐ紙面から遠ざかります。

少し想像力を働かせて，円筒から始めて考えてみましょう。紙でできた円筒が，縦にとても長く先端の頂点がとてつもなく大きくとがった円錐に変わっていくところを思い浮かべてください。いま，円錐の先端がゆっくり下におりてきて，円錐はどんどん平らになっていきます。とうとう先端が北極に触れ，紙面が平らになりました。このように設定を連続して変化させると，「ランベルト正角円錐図法」による地図がつくれます。

投影法は地図をつくる以外にも，さまざまな分野で利用されています。特にステレオ投影法は，透視図から複素数の理論まで，あらゆるところに使用されています［オイラーの等式，51ページ参照］。「電球」を南極において，無限大の紙を北極に接するようにおきます。すると，南極点を除いて，地球全体の「マッピング」ができます。南極点が地図上に現れないという問題は避けられません（南極点は電球が置かれているため，投影されず，したがって地図に現れません）。こうした投影法を使ったマッピングの問題点は，眼球がそれ自体を見ようとして見られないのに似ています。

地球のような扁平楕円体(へんぺいだえんたい)を
平面地図に変換するのは難しいものです。
メルカトル図法は，地図を作成するために
必要な妥協点を見出す試みの中で，
最も古く最も成功した手法のひとつでした。

球面三角法

地球表面の三角形は，
黒板のような平面上の三角形と同じようには作用しない
この原理が理解できれば，大陸間の飛行やGPSが可能になる

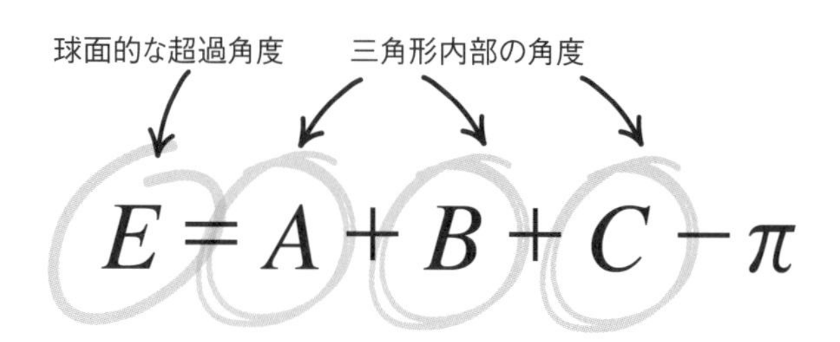

$$E = A + B + C - \pi$$

一体どんなもの？

一頭のクマが南へ1km，東へ1km，北へ1km歩いて，もとの場所へ戻ってきました。さて，このクマは何色でしょうか。この古いなぞなぞを，聞いたことがありますか。もし初耳なら，この続きを読む前に一度解いてみてください。さて，答えは何色になりましたか。

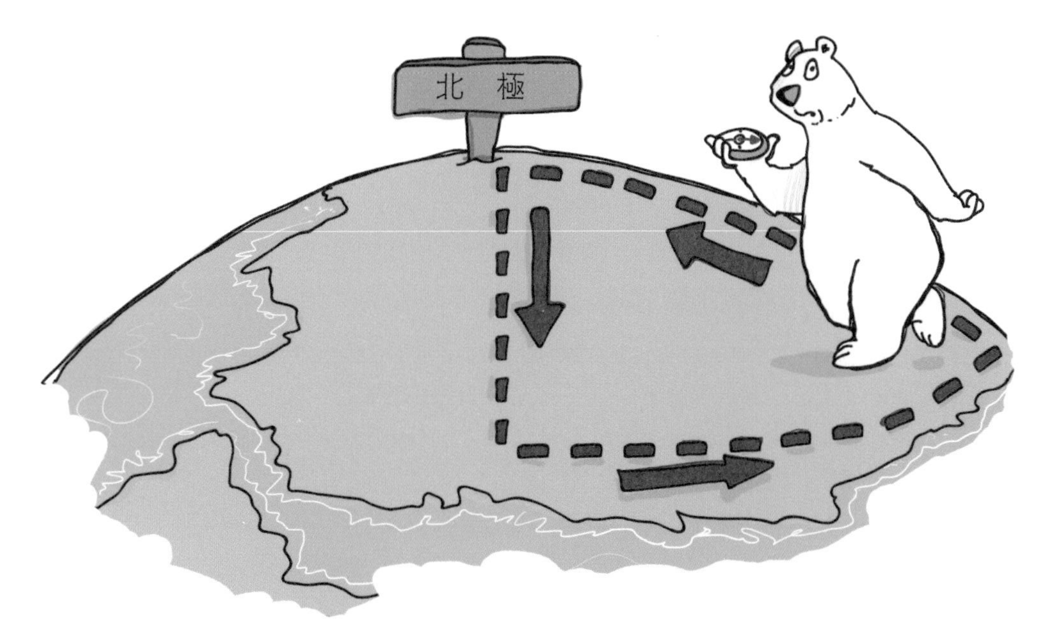

地球は平らだと思い込んでしまい，困っているホッキョクグマ。がんばって，クマさん！

天文学の計算に使われるこの天球儀は，天球が八つの三角形の領域に分けられ，それぞれの領域は超過角度が90°となっています。

このなぞなぞが唯一成立するのは，北極点から歩き始めた場合だけです。南へ1km下がって，東へぐるっと回りこんで1km，そのあと北へ1km上ってもとの場所に戻れます。そのあたりのクマに何色が多いかは，誰でも知っていますね。このような答えになるのは，地球の表面が教室の黒板のように平らでなく，曲面になっているからです。地球は丸いので曲面が大きく影響することがあります。

黒板のように平らな面では三角形の内角の和はぴったり180°，すなわち一回転の半分になります。しかし，球面では決してそうはなりません。何かの球面に三角形を書いて調べてみましょう。完全に球のかたちをしていなくてもかまいません。風船でも大丈夫です。正しい場所を選べば，クマが歩いたような，直角が二つある三角形がつくれます。ただし，三つの角の和は180°よりももっと大きくなります。

これは，学校で習った幾何学が，地球のような曲面上の三角形にはあてはまらないことを示しています。確かに，三角形の建物や野原を設計するといった規模の小さいケースでは，地面をならして平らにすればすみますが，規模のはるかに大きい三角形の場合，その方法では解決策にはなりませんね。

どうして重要？

二次元空間についての方法を正確に知っておくと，とても便利です。地表面はひとつの二次元空間ですが，コンピューターやテレビの画面もまた別の二次元空間です。空間や幾何学に関係する多くの問題は，最終的に三角形の問題に落ち着きますから［ピタゴラスの定理，12ページ参照］，三角形の性質を上手に扱うのは正しいほうへ向かう一歩といえるでしょう。ですが，いま紹介した二つの二次元空間の状況は大きくちがいます。画面上では三角形は平らな二次元空間にありますが，一方で地球の表面は湾曲して曲面になっていることは周知の事実です。

この事実が測定値に大きく影響します。黒板やノートの紙面のような平面空間にある三角形についての知識を使って，地球表面上の距離や角度を計算すると，間違った結果になります。規模が小さい場合，計算結果は近似値として問題なく使えますが，たとえば大陸間飛行のような，もっと大きな三角形だと，真の値との差がかなり大きくなります。

こうした大きな三角形は，長距離の航海が始まったころに初めて登場しました。平面地図や平面の三角形を利用して航海すると，大惨事になりかねません［メルカトル図法，140ページ参照］。こうした背景から球面三角法，まさに文字どおり球面上の三角形の研究が生まれました。

それ以降，この分野は天文学や地理学に貢献しています。近年では人工衛星にも利用され，ルート検索や，私たち自身が決して訪れることのないような世界各地の美しい画像の撮影に役立っています。

詳しく知りたい

本書のはじめの部分で紹介している三角法［17ページ参照］は，三つの直線の辺で取り囲まれた閉じた図形である三角形を扱っています。それでは，球面上では何が直線となるのでしょうか。ボール上の点を二つ選び，定規を置いて二点の間に直線を引こうとすると，定規がボールの表面に沿わないので，線が引けないことに気づくでしょう。

そのかわりに，自分は今，ボールの表面を歩いているアリで，地点Aから地点Bまでできるだけまっすぐ行きたいと思っていると想像してください。結果的にあなたは「大円」と呼ばれる円にそって歩くことになることがわかっています。大円の中心は球の中心でもあり，球全体を真半分に区切っています。地球が完全な球体だと仮定すると（実際にはちがいます），赤道とグリニッジ子午線は大円を描き，南回帰線と北極圏はそうはなりません。余談ですが，球面上には平行な二本の線は存在しません。どんな一組の直線二本も地球の片側で一点，ちょうど地球の裏側となるもう一点と，かならず二点で交わります。

ちなみに，これは海里が通常のマイルと違う理由でもあります。通常のマイルは平面を基本とする測定単位で，比較的短い距離ならこの単位でまったく問題ありません。けれども，海上で大円に

ロンドン，モスクワ，ケープタウンの一周旅行は，三都市を直線ルートでまわる場合，球面三角形になります。

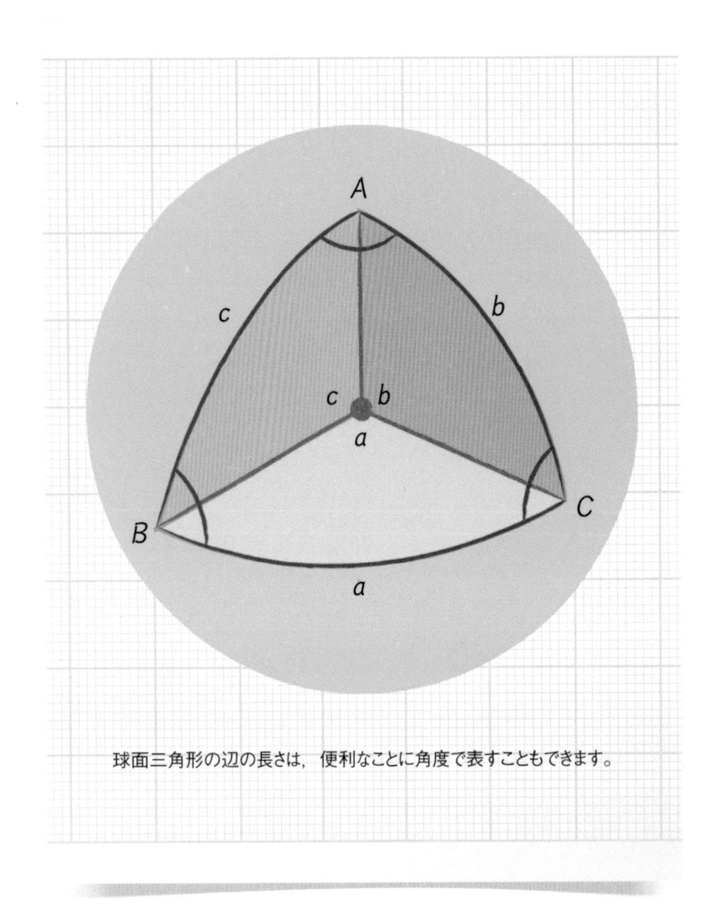

球面三角形の辺の長さは，便利なことに角度で表すこともできます。

沿って航行するときは，どのくらい大円沿いに進んだかは角度で測るのが自然です。「1海里」とは，大円に沿った角度で測って60分の1度だけ進んだ距離のことです。60分の1度のことを1分といいます。1時間に1海里進むとき，「1ノットの速度で進んでいる」といいます。球面三角法は，これと同じ方法で三角形の辺の長さも測ります。これは，すべて角度に関するものであり，平面の幾何学でなじみのある「長さ」(辺)という別の概念は，ここではほぼ完全になくなっています。

いずれにしても，球面三角形を，すべての辺が大円の一部にふくまれる三つの辺でつくられた形と定義するのは正しく，間違っていません。たとえばロンドンからモスクワへ正確に直線距離で飛び，同じようにモスクワからケープタウンへ，ケープタウンからまっすぐロンドンへ飛んだとすると，飛行ルートは球面三角形になります。球面三角法は，地球上のこれら三地点の位置を，三つの飛行距離の長さと各地点で旋回しなければならない角度とに関連づけています。明らかにこれは，航海術・航空術で非常に重要な手法です。

また，天文学でもさまざまな場面で利用されています。子どものころ，夜空を見上げて，頭上高くに無数の星をちりばめた頑丈な半球型のドームのようだと思った人がいるかもしれません。このモデルは，地球をすべてすっぽりと包み込む球として考えるところまで発展しました。宇宙学者はまったく認めていませんが，このモデルは今も実際の観測や計算を行うときに役立っています。この設定でも，球面の内側からになりますが，球面三角法は非常に役立つのです。現在さまざまな分野で活用されているだけでなく，昔の天文学でも重要とされていましたから，球面三角法は，いわゆる学校で学ぶ一般的な三角法と同じくらい歴史ある尊ぶべき技法と考えなければなりません。

テーマの冒頭で紹介している方程式は，与えられた三角形の超過角度を計算しています。これは単純に，三つの角の合計が180°よりどのくらい大きいかを表しています。ただ，すっきりとしたかたちにするために，ラジアンを使用します［オイラーの等式，51ページ参照］。球面が正の曲率なので，この方程式の合計はつねに正の数になります［曲率，38ページ参照］。そうです，これは球の内側でも同じです。私たちの地球がガラスでできているとイメージすると，その上に描かれた三角形は外側からも内側からも見られます。図形の幾何学的なかたちは，見方によって変化しないのです。一方，負の曲率をもつ表面には不足角度のある三角形ができます。すなわち，内角の和が180°未満になる三角形です。とはいえ，そのような状況は，日常ではほとんど見られません。

平面上と球面上とでは幾何学の内容が変わるという事実は，さまざまな装飾に関わる場面で活用されてきました。よくある例がサッカーボールです。五角形と六角形の模様で全体がおおわれていますね。よく見ると，すべて正五角形と正六角形になっていることがわかります。辺の長さと角の大きさがすべて同じ五角形と六角形です。もちろん，上手に縫い合わされて，サッカーボールの表面をすきまなくおおっています。同じように平面の紙を正五角形と正六角形で埋めようとしても，できないことにすぐ気づくでしょう。平面の紙だと一点に集まる角は全部で360°ぴったりにならなければなりませんが，サッカーボールは面上の超過角度があるので，もっと余裕があり，ボールをすきまなくおおうように図形の角を組み合わせられるのです。

また，この技法は建築物のドーム，とくに抽象的な幾何学模様が具象的な表現よりも好まれるイスラム世界のドームに見られる装飾にも大規模に利用されています。多角形を利用してドームのタイルを貼る問題は，ペルシャの数学者で天文学者のアブル・ワファー・ブーズジャーニーが論文に著した10世紀までに，すでに高度なレベルに達していました。それ以降，非常に精巧な模様が，平面では建設できないドームやドームに似た建築物に施されています。すべては球の超過角度のなせるわざです。

平面ではなく球面で作業するとき，
幾何学はかなり劇的に変化し，
学校で習った内容の一部が完全には真でなくなる，
つまり完全にはあてはまらなくなります。

遠近法は距離と方向，さらに比率さえゆがめる——
だが，複比はつねに不変である

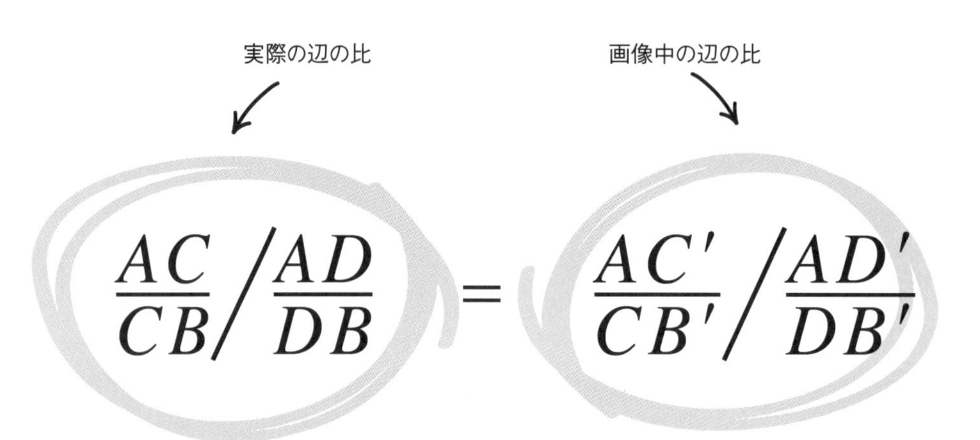

$$\frac{AC}{CB}\Big/\frac{AD}{DB}=\frac{AC'}{CB'}\Big/\frac{AD'}{DB'}$$

一体どんなもの？

私たちが，学校で習う一般的な幾何学の法則が働く三次元の世界に住んでいることは事実です。一方，私たちが球の表面上に暮らしていることも事実であり，そのために別の類の幾何学を使わなければならないときがあります［球面三角法，145ページ参照］。しかも，私たちは投影の世界でも暮らしています。現実か想像かを問わず，三次元の世界を，平面の二次元に表しています。た

見る角度によって，辺の長さや角の大きさが変わり，それらの関係にもゆがみが生じます。

カラヴァッジョ作「リュートを弾く若者」。遠近法で比率がゆがんでいますが，リュートが正しく描かれているように見えます。その秘密は，複比をゆがめていないところにあります。

とえば，写真や動画を撮るたびに，私たちは自分たちが暮らす空間を平面にしています。私たちの世界は，娯楽や宣伝広告用につくられた画像や映像であふれています。二次元の画像と，三次元空間やその中にある物体との関係は，射影幾何学ならではの内容であり，複比はその概念の中心となっています。

私たちは，写真は必ずしも現実をそのまま写さないことを経験から知っています。たとえば，今読んでいただいているこの本の写真を撮ると，本が実際よりも縦に長く，または短く写っていたり，現実には直角の本の四隅が鋭角や鈍角に見えたりするでしょう。ですから，私たちは写真で見る長さや角度が，現実の世界でも同じであるとは思っていません。現実の世界の三角形の場合，少なくとも理論的には，ほかの好きな形の三角形に見える視点を見つけることができます。

さらに困ったことに，目の前に現れるものの比率も不変ではありません。たとえば，誰かがカメラに向かって手を伸ばしている写真を見ると，写っている人の手と腕が体に比べて異常に大きく見えます。それでは，投影のなかでは，現実と同じものは存在しないのでしょうか。その答えは，「存在する」です。それが複比です。

短縮遠近法を使って，絵を見ている人の目の前に，絵のモデルの腕が伸びてくるような絵を創作するのは難しいものです。

どうして重要？

昔は「カメラはうそをつかない」といわれていましたが，今ではおそらく誰もそう思っていません。ですが，それでもまだ，特に科学的な状況や法的な場面では，証明する手段の一つとして写真が使われています。警察は自動監視カメラを使ってバイクのスピード違反者をつかまえ，防犯カメラの画像を使って容疑者の人相書や，人や物の位置を特定する犯罪状況の写真を作成します。一方，二次元画像の法医学分析では，多くの場合，射影幾何学の助けが必要です。複比には，写真のほかの多くの特徴には見られない，現実とのつながりがあるので，こうした分析に特に役立つのです。こうした技術はコンピューター画像や自動画像解釈の最前線など，光学系関連のさまざまな技術分野にも応用されています。複比は，顔認証や二次元画像から三次元情報を得るなどの難しい問題に取り組む研究者を支えてきました。射影幾何学は，天文学をふくむさまざまな科学分野に幅広く応用されています。

また，仮想三次元空間を射影して二次元画像を作成する，もっと楽しい応用もいくつか見られます。基本的に同じ一連の手法が大画面上のCG（コンピューター生成）画像や家庭用テレビゲームに使用されています。どちらも明らかに射影幾何学を使って，コンピューター内部でつくりあげた三次元物体のモデルから，目の前のスクリーン上に特定の視点から見た画像を生成しています。開発者たちはこの見方そのものを「カメラ」ととらえ，立体物の周囲や空間を動きまわっているかのようにイメージします。といっても，実際にカメラがあるわけではなく，かわりに幾何学が抽象的につくりあげているのです。

詳しく知りたい

いわゆるイラストの描き方の解説書では，成人男性は約8頭身で，おへそは地面から約4.5頭身のあたりとするのが一般的なようです。一度，この男性モデルの複比を計算してみましょう。まず，モデルが立っている地面から点を設定していきます。足のかかとは点A，地面から0頭身のところにあります。おへそは点Bで，地面から4.5頭身です。あごは点C，地面から7頭身の高さで，頭頂は点D，8頭身の位置にあります。

複比を求めるには，AC，CB，AD，DBの四つの辺の長さが必要です。まず初めに地面からあごまでの距離，つまりAC＝7。次に，あごからおへそまで2.5となりますが，正の方向に対して逆向きの測定なので，CB＝−2.5。全体の高さはAD＝8です。最後にDBは頭頂からおへそまで，下向きの値なので，DB＝−3.5です。これらの値から次の値となります。

$$\frac{AC}{CB}\Big/\frac{AD}{DB}=\frac{7}{-2.5}\Big/\frac{8}{-3.5}$$

$$\fallingdotseq -2.8 / -2.29 \fallingdotseq 1.22$$

さて，カメラがどこにあっても，このモデルがどの角度を向いていても，どんな測定単位を使っても，この値はつねに同じになります。この方程式の右辺は，ゆがんだ長さ（たとえば，ABではなくAB'とします）の複比はもとの長さと同じになることを示しています。たとえば頭上から，男性モデルの比率を少しゆがませた写真をとってみましょう。それでも，複比はゆがめられません。実際にもし複比をゆがませると，遊園地のゆがんだ鏡に映っているときのように，とても奇妙に見えます。

この比率は全体から見た比率なので，測定の尺度や単位とはまったく関係ありません。もし私が3頭身だったら，cmでも，インチでも，古代エジプトで使われたロイヤル・キュービッドでも，どんな単位で測っても，私の人形（笑わないでくださいね）と本物の私は，まったく同じ比率になっていなければなりません。複比は比の比，すなわち全体的に見た「比率の比率」ですから，比や比率と同じ性質をもっています。投影を非常に簡単に確認できるものの一つは，影です。あなたが街灯の下に立つと影が伸びますが，影における比率の比率はあなたの体におけるそれと同じです。

投影を直観的にイメージするために，「原点」と呼ばれる特定の点をもつ三次元空間を想像してみましょう。あなたの目の位置である視点を，その原点だと思ってください。三次元空間にある一つの点から光が出て，あなたの目に届くとします。光線はまっすぐ進むので，私たちには点として見えている投影された点は，原点を通る無限に長い直線だと考えられます。

さて，投影は三次元空間にある，一枚の紙のような平面だと考えられます。イメージとしてはそんな感じです。画像化したい三次元の物体があれば，その物体のすべての点から直線を引くだけです。直線が先ほどの紙面を通過すると，点ができますね。遠近法とはまさしく，このような描き方です。その手法は16世紀のアルブレヒト·デューラーの作品に，非常にうまく描かれていることがわかります。

たとえば，鉛筆を考えてみましょう。空中にぶら下げて，視点と鉛筆の間に平面を置くとします。視点と鉛筆の間を何本かの光線がつなぎ，面上に像が現れると考えてください。この設定での投影変換（三次元空間内のかたちを二次元面上に投影する変換）は，文字どおり像を移動させるのか回転させるのかという，平面の動かしかたの問題になります。空間中で平面が回転すると，鉛筆の絵にはどんな変化が起きるでしょうか。鉛筆自体の長さは変わっていないのに，鉛筆を表す線が長くなったり，短くなったりします。つまり，投影変換は，映す物体のもとの長さを維持しないというわけです。

鉛筆を８頭身の理想体型の人間に置き換えても問題は変わりませんが，今や，人間の姿かたちは実物だけでなく，どんな投影画像でも，複比が測れるようになりました。どう複比を測ろうとも，変わることのない数値が得られるのです。ですから，監視カメラに映っている画像があなただと言われたときは，その画像の複比があなたの体の複比と同じか，あなたが映っているほかの画像と同じでなければなりません。もしそうでないなら，その画像はあなたであるはずがないのです。

私たちはいつも三次元の物体を
二次に投影して見ています。
どんなに画像上，ゆがんで見えても，
複比は変わることがありません。

コーシーの応力テンソルの方程式

構造工学者は，この風変わりな方程式を使って，力が作用したときに物体がどうふるまうかをつかむ

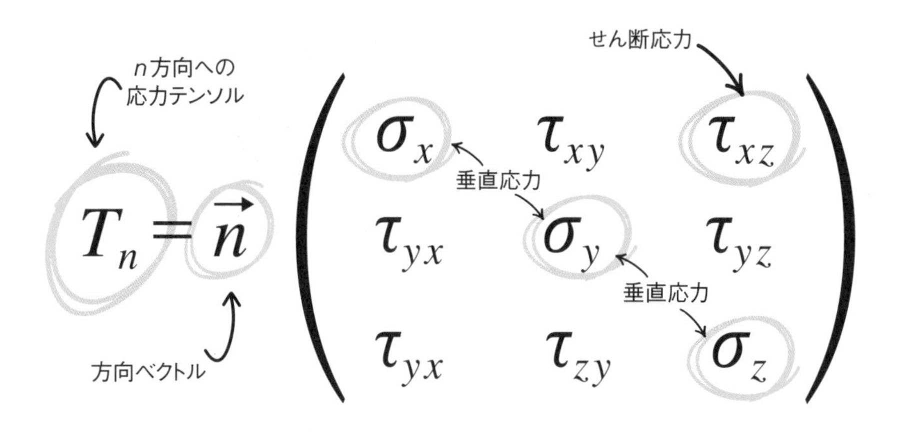

$$T_n = \vec{n}\begin{pmatrix} \sigma_x & \tau_{xy} & \tau_{xz} \\ \tau_{yx} & \sigma_y & \tau_{yz} \\ \tau_{yx} & \tau_{zy} & \sigma_z \end{pmatrix}$$

一体どんなもの？

複数の固体の物体がくっついているのは，その原子または分子の間で複雑に入り組んだ力が働いているからです。マグカップをテーブルの上に置いたとき，この入り組んだ力があるので，テーブルはマグカップを粉砕することなく，その重さに抵抗できます。マグカップのかわりにトラックをテーブルに置くと，入り組んだ力は作用する外力を支えきれなくなり，テーブルはバラバラに壊れます。

両極端の例を紹介しましたが，今度はその中間の状況を想像してみてください。たとえば，軽量のテーブルがあり，たまたま電球を交換するために，その上に立つことにしたとします。エンジニアなら，私の重みを受けてきしむテーブルを見て，応力が作用しているとわかるかもしれません。内部で働く力，すなわち内力が今にもテーブルをバ

応力テンソルを用いた計算を行うと，フランスのマルセイユにあるこの建物のような大胆な構造が，実際にはとても安全であることが確信できます。

地球の地殻の応力は，東アフリカの大地溝帯を含む多くの大規模な地理的特徴を生み出してきました。

ラバラにしてしまおうとしています。

建物に負荷を与える梁(はり)のように，建築物の上部を支える構造物にも応力（物体が外部から作用する力を受けたときに，それに応じて物体内部に現れる物体抵抗力）がかかっています。エンジニアは，梁の強度が十分かどうかを確認するために応力を正確に理解していなければなりません。「それは持ちこたえられるようだ」といった定性的な評価だけでは不十分で，より正確な定義をもつことが望ましいのです。

詳しく知りたい

その正確な定義は，コーシー応力テンソルから得ることができます。「テンソル」は数学的な対象となるものであり，非常に便利な特色ある方法で情報を収集するのに役立ちます。詳細は，ここでは重要ではないので省きます。重要なのは，コーシーの応力テンソルが，ある物体の特定の点で見られる可能性のあるすべての種類の応力をまとめたものであり，これを用いればその点での応力の正味の影響を計算できることです。したがって，ベクトル場のように［毛玉の定理，59ページ参照］，応力テンソルは物体中の各点で異なり，時間とともに変化する可能性があります。

物体中のある点における応力テンソルの成分であるσ_x，σ_{xy}などを計算するために，その点が小さな立方体の中心にあると想像してみましょう。各成分は，立方体の異なる面の組み合わせに作用する応力です。たとえばσ_xは，立方体全体を上（底面を通って）または下（上面を通って）の方向に押す傾向のある応力となり得ます。テーブルの上に立っているときは，自分の足の下のテーブル表面の点にこの成分が間違いなく存在しています。次に，σ_yは物体を片側からもう片側へ，横方向に押す傾向がある応力となり，一方，σ_zはそのほかの残りの応力すなわち前方から後方へ作用する応力となり得ます。

これは，小さな立方体の面を通して直接作用し得る応力を説明していますが，応力はこのほかにもまだあります。一つの物体のなかで二つの向かい合う面にそって異なる方向に作用し，一方を押しながらもう一方を引っ張る応力を想像してみてください。これはたとえば，梁が壁の一方の端にしっかりと固定されており，もう一方の端で重量を支えている場合に起こり得ます。重みが梁を下に向かって動かすことはありません。もう一方の端はじっと動かず，一方の端で梁が下向きにひっぱられています。これらは，τ_{xy}のような，応力テンソルのもう一つの成分です。

素材中に生じる応力のこの描像は，非常に詳細でありながら非常に扱いやすいものです。エンジニアはテンソル場の扱いに慣れており，テンソル場が数学的にどのようなふるまいをするか（どのような動きをするか）についても多くのことがわかっています。このテンソルの概念が非常に多くの分子の間に働く力に関する，非常に複雑になる可能性のある問題を，美しく扱いやすいものに変えてくれます。このような応力の詳しいモデルは，現代の工学と建築におけるすばらしい成果の数々を可能にしています。

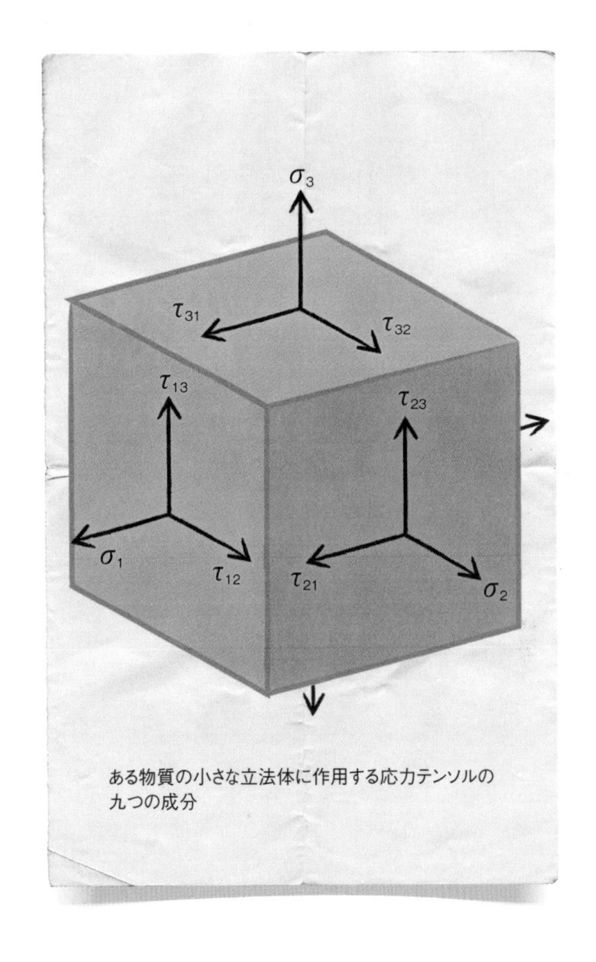

ある物質の小さな立法体に作用する応力テンソルの九つの成分

物体中の応力はさまざまな成分で構成されており，物体が圧迫されているか，引っ張られているか，ずらされているかによって，その成分は異なります。テンソルは，こうした応力をすべて便利な一つのまとまりにするのに最適な方法です。

ツィオルコフスキー ロケット方程式

戦争でのロケットへの応用は言うに及ばず，宇宙時代の始まりとなった方程式

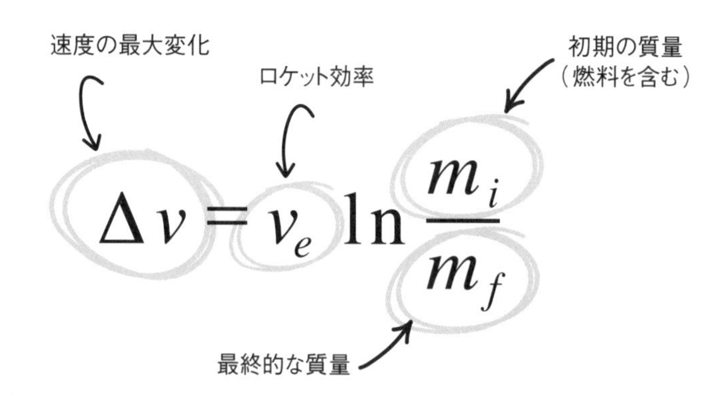

$$\Delta v = v_e \ln \frac{m_i}{m_f}$$

一体どんなもの？

「ロケット科学」は，「脳外科手術」のように，並はずれた賢さを必要とするものを表す代名詞になっています。確かに脳手術には今でも驚かされるところがありますが，ロケットはむしろありふれて見えるかもしれません。点火して，打ち上げ，再び降りてくる。そんなに騒ぐほどのことでしょうか。といっても，自分にとって無事に戻ってきてほしい人を乗せたロケットを発射する場合や，遠くの標的に命中させようとしているとしたら，話は少し違ってきます。

特に大変なのは，宇宙にロケットを打ち上げる場合です。問題は地球の引力を克服できる，十分

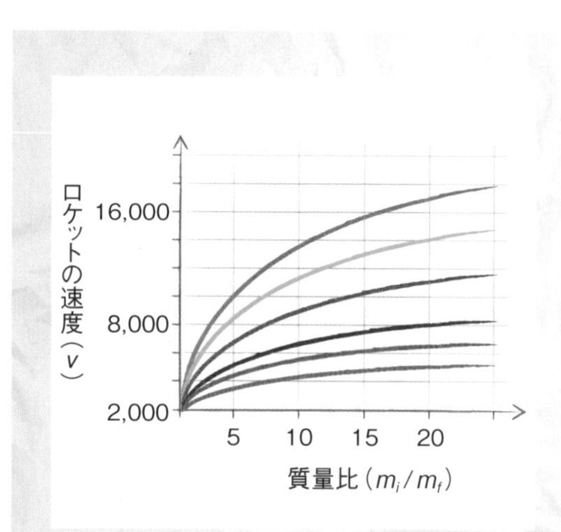

さまざまな効率（v_e）のロケットに関する，ロケット方程式による予測。最も効率の高いロケット（オレンジ色の線）が，燃料の燃焼により最大の速度になります。

な加速度が必要なことです。そのためには，ロケットの質量に比例した力をつくり出さなければなりません。しかし，たくさん加速させるには，大量の燃料をすばやく燃焼させる必要があり，燃料を追加するとロケットの質量が増加します。これは逆説的に聞こえますね。より多くの力を得るためには，より多くの質量を追加する必要がありますが，質量を追加すれば追加するほど，余計に力をつくり出す必要があります。

第二次大戦中にドイツが開発したV2ロケットは，劣悪な条件で働く労働者たちの手により生産されました。あまりの環境のひどさに，ロケットそのものの攻撃による死者よりもはるかに多くの死者を出しました。

詳しく知りたい

1865年の小説『地球から月へ』で，フランスの作家ジュール・ヴェルヌは，巨大な大砲から宇宙船を発射することによって月への旅が達成されると想像しています。ジョルジュ・メリエスの有名な映画『月世界旅行』(1902年)も，ヴェルヌのこの考えがベースとなっています。気の毒ですが，そのような大砲がロケット打ち上げに必要な加速をつくり出すためには，非現実的なほど巨大でなくてはなりません。また，仮にそれほど巨大な大砲をつくれたとしても，乗っている人たちは自分たちに作用する力にきっと押しつぶされてしまうでしょう。ヴェルヌとメリエスの時代に大砲はよく知られており，十分に検証ずみの方法で空中に物体を発射できましたが，宇宙旅行には使えるようなものではありませんでした。

ロケットは，少なくとも1810年代以降，軍事的な状況下で研究され，実験が行われてきましたが，それほどの成果は見られませんでした。しかし，メリエスの映画からわずか一年後，コンスタンティン・ツィオルコフスキーが自分で導き出した方程式をロシアの科学雑誌に発表しました。当時はほとんど反響が見られませんでしたが，1917年のロシア革命後，彼の研究は注目を集めるようになり，ソビエトの宇宙計画の多大な影響を与えました。ロケットだけでなく，ツィオルコフスキーはエアロック，生命維持装置，人工重力を生み出す回転式の宇宙ステーションを設計しました。宇宙開発競争に加えて，ロケット科学は武器の開発競争にも寄与しました。最も有名なのはヴェルナー・フォン・ブラウンらが開発したドイツのV2ロケットとよばれる弾道ミサイルで，そのうち約3000発は第二次世界大戦末期，連合国の都市に向かって発射されました。

このロケット方程式は，ロケットの重量，燃料の重量，エンジンの効率が与えられた場合に生じる加速度を示します。特に，燃料を追加しても対数的にしか加速は増加しない［対数，46ページ参照］ことを示しています。つまり，より多くの燃料を搭載できるロケットをつくると，加速の程度が減少してしまうことを意味します。この本で紹介するほかのいくつかの方程式と同じように，この方程式も，一連の情報を一つの整然としたかたちにまとめています。ほかのモデルと同様に，これも比較的単純なモデルです。空気抵抗などの非常に重要な要素を無視してつくられています。それでも，ハッブル宇宙望遠鏡や国際宇宙ステーションからGPSシステム，数千の専門的な人工衛星にいたるまで，今日使用されているあらゆる地球軌道周回技術は，ツィオルコフスキーの方程式がなければ，実現していなかったでしょう。

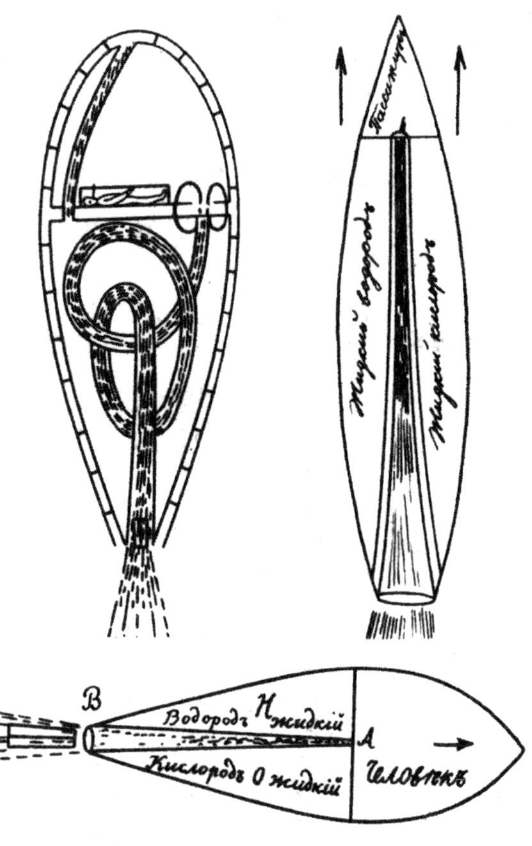

ツィオルコフスキー本人による設計は大ざっぱに見えるかもしれませんが，実用面での進歩を表しているだけでなく，空気力学とロケット推進を利用した輝く未来について新たな見方をもたらしました。

実際に飛ぶロケットをつくるための
きわめて重要な一歩。
それは燃料・質量・加速の関係を理解することです。

ド・モルガンの法則

あらゆるコンピューターを支えている
基本的な論理法則

「PかつQ」ではない

Pではない，またはQではない

$$\neg(P \land Q) = (\neg P) \lor (\neg Q)$$

$$\neg(P \lor Q) = (\neg P) \land (\neg Q)$$

PでもQでもない

Pではない，かつQでもない

一体どんなもの？

すべてのコンピューターの中心には中央処理装置（CPU）があり，その装置の中心には，論理演算を実行できる小さなスイッチが集まっています。CPUが演算ではなく論理に依存している点は，現代のプログラム可能なコンピューターと，18世紀につくられた計算機との大きな違いの一つです。

「それは鳥であり，飛ぶことができます」。これは，下のどの動物のことだと思いますか。ド・モルガンの法則を使うと，ペンギンやカバについても簡単な言葉で説明できます。

$P \land Q$

$\neg(P \land Q)$

$\neg(P \lor Q)$

初期のコンピューターでは，論理ゲートを作成するために真空管が使われていました。

昔は，どの計算機も非常に限られた範囲の個別の作業しかできないことが多かったのです。現代のコンピューターは，小説の執筆や映画の編集，会計処理，複雑な物理システムのシミュレーションにまで使用できます。このような応用の多様性は，論理の多様性から生まれました。

ド・モルガンの法則は，論理について最も単純で最も役に立つ事実の一つであり，言語に言いかえて使用する場合も，直観的にとても簡単です。最初の法則は，「それは鳥であり，飛ぶことができる」が偽である場合，それは鳥ではないか，または飛ぶことができない（またはどちらでもない）かのいずれかであるということです。二番目の法則は，「それは鳥か，あるいは飛べるか，のどちらか」が偽の場合，「それ」は鳥であってはならず，飛べないものでなければならない，ということです。結局のところ，コンピューターサイエンスは思っているよりも簡単なのかもしれません。ド・モルガンの法則によると，「かつ（and）」を使う表現方法は「または（or）」を使う表現方法とまったく同じであり，その二つは相互に変換可能であることがわかります。

どうして重要？

一見すると，この種の論理はたいしたものではないように見えるかもしれません。二つの法則は，完全に明らかなことを表しているように見えます。確かにそうなのですが，際立つのは，その「明らかなこと」を小さなシリコンチップ上に何百万，ときとして数十億回も刻むようにコード化でき，医療機器やスマートフォンのような電気製品，産業用機械，兵器システムなど，現在私たちを取り巻く，すばらしい技術から不快な技術までさまざまな技術を生み出していることです。これを可能にしたコード化は，形式論理学にふくまれます。これによって，常識的な人間の論理的思考を石（シリコンチップの原料は実は石です）にも教えられるというわけです。

ドイツの数学者・哲学者ゴットフリート・ライプニッツは18世紀に，思考する機械をつくることを思いつきましたが，実用的な汎用コンピューターの製造を実現するには，論理の形式化が必要でした。このプロジェクトには目標達成までかなりの時間を要しました。

アリストテレスに始まり，中世の時代にアラビアとヨーロッパで再び取り上げられ，両方の歴史のなかで発展したプロジェクトといえるでしょう。今日，この分野は今も多くの未解決の問題や哲学的な論争を抱えていますが，19世紀にド・モルガンが法則を導き出したころに実現した大きな進歩は確かに決定的なものでした。この発展抜きに，現在のようなコンピューターが発明されたとは思えません。

19世紀半ばころまでに，イギリスの数学者チャールズ・バベッジとエイダ・ラブレスは，プログラム可能な「解析エンジン」の構築に向けて，実用面に進歩をもたらしました。第二次世界大戦中，バベッジの研究に再び関心が集まり，計算機が急速に進歩しました。イギリスの暗号解読者が「Colossus（コロッサス）」という暗号解読用の計算機を発明して重要な革新をもたらし，アメリカのハーバード大学院生エンジニアがIBMと協力して計算機「HarvardMark I（ハーバード・マークワン）」をつくりました。ジョン・フォン・ノイマンは，Mark Iを使ってマンハッタン計画の一環として核爆発のシミュレーションを行いました。戦後，イギリスのアラン・チューリングは，形式論理学を基盤として，現代のコンピューターサイエンスの概念的な土台の大部分を築きました。

詳しく知りたい

ド・モルガンの法則は，命題論理として知られ

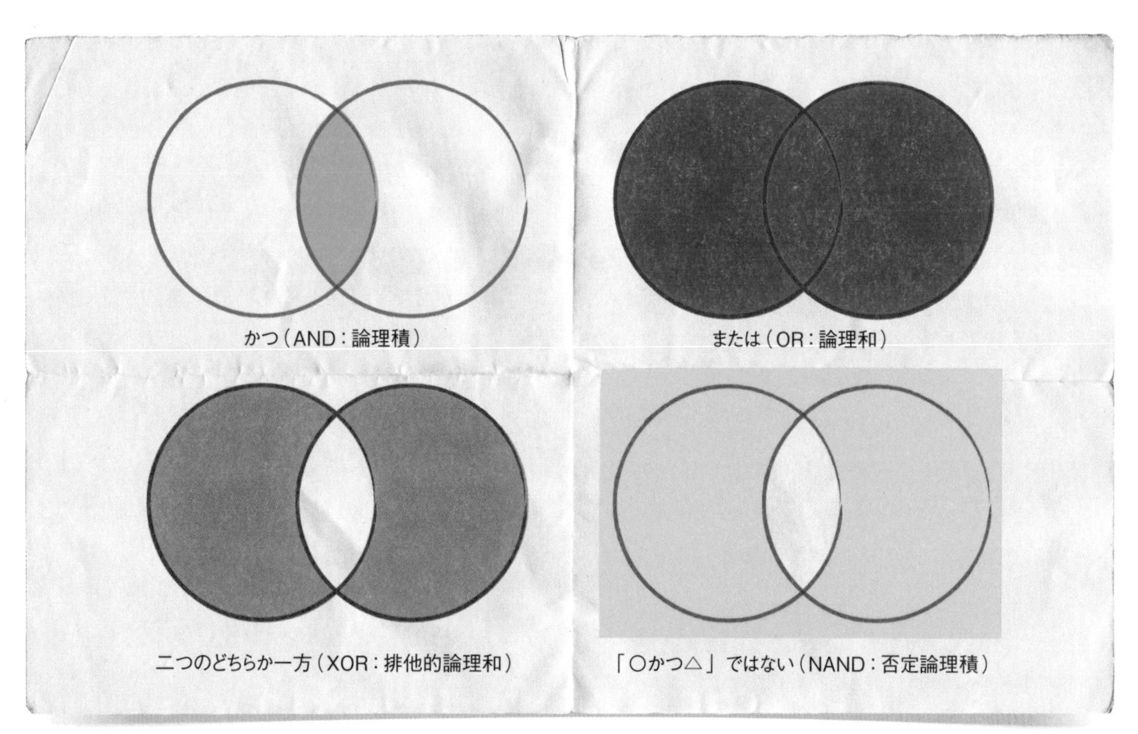

論理と集合論の関係が，データベースを機能させています。この図では，「かつ」「または」「どちらか」「『○かつ△』ではない」は，二つの重なり合う集合の関係として表されています。

るものの一つです。冒頭の式にある大文字のPとQはそれぞれ，真または偽である言明（事実を述べた文），すなわち「命題」を表しています。実際，重要な仮定では，特定の言明について真偽どちらであるかわからない場合でも，すべての言明は真または偽のいずれかであり，「真でも偽でもある」，あるいは「真でも偽でもない」ということは決してありません。コンピューターでは，ある場所での電流の有無を利用して，その場所で判定すべき命題が真であれば電流を流し，偽であれば電流を流さないというしくみになっています。

論理の否定の記号「でない（not）」は「￣（冒頭の英語表記の式では¬）」で表し，単純に状態を真から偽に，または偽から真に反転させます。目隠しをして部屋に入ると想像してみてください。その状態では，部屋の電気がついているか消えているかはわかりません。スイッチをカチッと入れると，￣の機能が実行されます。電気のスイッチがもともとオフだった場合はオンになり，オンだった場合はオフになります。

次に，いわゆる論理結合子（「かつ」「または」「ならば」などを表します）の「∨」と「∧」を使った基本的な命題を組み合わせることによって，より複雑な命題がつくれます。こうした複雑な命題の論理回路は，時に「論理ゲート」と呼ばれ，接続箱（内部で電線を結合させたり，中継させたりするための保護箱）にたとえられます。ここでは，箱に電線が二本入ってきて，一本だけ出ていくしくみです。最初の結合子「∨」は，入ってくる二本の電線のどちらかから電荷（電気信号）を受け取りながら，出ていく電線に電荷を送り続けます。日常言語では「または」というとどちらか一方だけが成り立つというように思うかもしれませんが，論理学では両方とも成り立つ場合も「または」に含まれます。つまり，ここでは「両方」の電線から電荷が送られる場合もあることを忘れてはいけません。

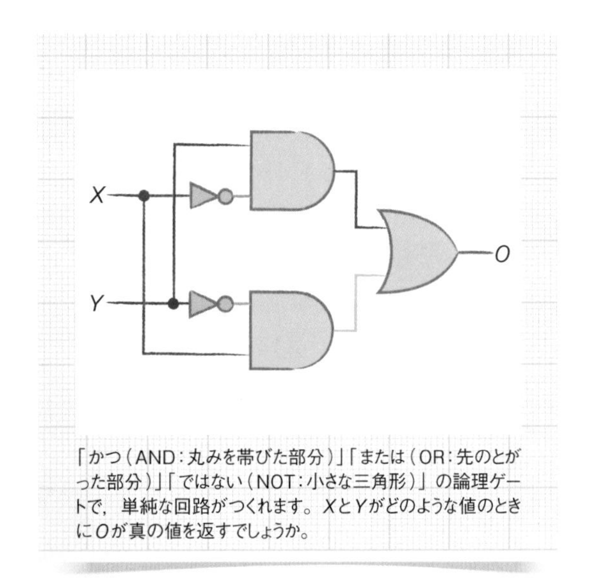

「かつ（AND：丸みを帯びた部分）」「または（OR：先のとがった部分）」「ではない（NOT：小さな三角形）」の論理ゲートで，単純な回路がつくれます。XとYがどのような値のときにOが真の値を返すでしょうか。

二番目の結合子「∧」は，入ってくる両方の電線から電荷がやって来る場合にだけ出ていく電線に電荷を送るため，論理学者も一般の人々も通常，これを「かつ（and）」と呼びます。ド・モルガンの法則において「等しい」というのは，PとQが真であるか偽であるかに関係なく，方程式の両辺の命題がつねに一致していなければならないことを意味します。つまり，両辺がどちらも「真」または「偽」である，ということですね。

この論理ゲートをひとつの単位にしてたくさん組み合わせれば，さまざまな種類の複雑な回路構造がつくれます。この構造は基本的に，ほとんどのシリコンチップに使用されています。一つひとつが多数の論理ゲートから構成される，とても便利な再構成可能なツールの集まりで，いわば一種の組立キットのようなものです。ちなみに，コンピューターは数値を二進数で表して演算を行うため，37という数は100101で表されます。各桁は「真」または「偽」と考えられる1または0のどちらかで表され，これが論理ゲートの配列に送られます。小さな数を足していくような単純な操作でも，多くのゲートを正確な方法で設定しなければなりません。ただ一方で，論理ゲートが対象とする数や演算について何も知らなくても実行できるという事実は，この手法がいかに柔軟なものであるかを示しています。理論的な解析を行うため，またはそれぞれのゲート設定がチップ上で占有するスペースを減らすという実践的な理由のために，ド・モルガンの法則がこうした複雑な論理設定を簡略化するのに役立っています。

さまざまな論理ゲートは人間にとって非常に便利ですが，コンピューターは実際にはその概念をすべて必要としているわけではありません。「ではない（not）」「かつ（and）」「または（or）」のゲートは，「『○かつ△』ではない（nand：ナンド）」と呼ばれる一種類のゲートを使ってつくれます。nandは，「not and」の略です。したがって，「P nand Q」は，論理的に表すと，次のようになります。

$$\neg(P \wedge Q)$$

「『PかつP』でない（P nand P）」から$\overline{P}$（$\neg P$）が得られることを自分で確認してみましょう。これは，Pが偽の場合は真，Pが真の場合は偽になりますね。同様に，「PかつQ（P and Q）」は「『PかつQではない』かつ『PかつQではない』ではない集合（[P nand Q] nand [P nand Q]）」として，また「PまたはQ（P or Q）」は「『PかつP』でない』かつ『QかつQ』でない集合（[P nand P] nand [Q nand Q]）」として表せます。ただ，これはあまりわかりやすい表し方ではありませんね。

ド・モルガンの法則を表すもう一つの方法は，集合論に関係しています。この方法では，命題と論理結合子を，物の集まりとその和集合，共通部分，および補集合の集まりに置き換えられます（163ページの図参照）。これらは純粋数学の用語として重要ですが，実用面でもコンピューターを使ってさまざまな分野で利用されています。非常にわかりやすい一例は，リレーショナルデータベースで，集合論の用語を使って表された内容をプログラム化しています。これと無関係ではないものとして，集合論は検索アルゴリズムの中枢部分ともなっています。実際，一部のインターネット検索エンジンでは論理式を使用することができ，それは裏で集合論の形式に変換されていることを，ご存じのかたもいるかもしれません。ド・モルガンの法則は，純粋な論理のレベルに関係があるのと同じくらい，こうした領域にも関係しています。

「かつ（AND）」「または（OR）」「ではない（NOT）」。
とても基本的な考えを表す，
すべての子どもが学ぶ大切な短い言葉。
ド・モルガンの法則は，整然とした対称的な表記のなかで
この三語を結びつけて使用しています。

誤り訂正符号

**電報に始まり，アメリカNASAの惑星探査計画，
メールやデジタル通信まで，
この符号がなければ，
私たちはノイズの海に迷い込んでしまう**

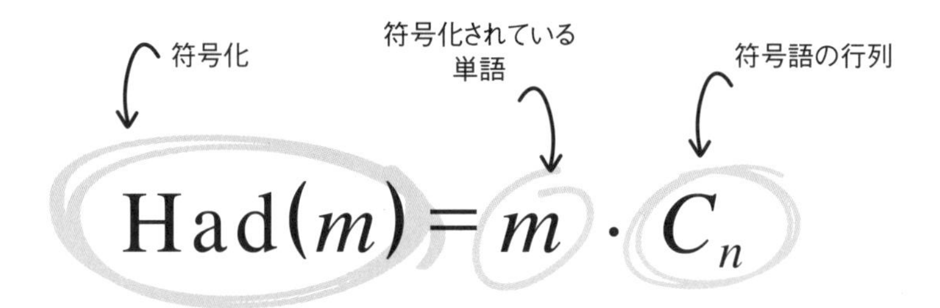

$$\mathrm{Had}(m) = m \cdot C_n$$

一体どんなもの？

複雑な社会の歴史は，伝言や手紙などを遠路はるばる送り届けなければならなかった歴史でもあります。その歴史の大部分において，そうした手紙などが無事に送り届けられるかどうかはかなり不確かでした。伝言や手紙は多くの場合，複数の人の手を介して運ばれなければなりませんでしたし，船が沈没したり，途中で強盗に襲われたり，使者が賄賂を受け取ったりなど，さまざまな場面で道中そのものが危うくなる可能性がありました。しかし，そうしたメッセージが目的地に無事到着したとき，少なくとも手紙は，最初に書かれたものと同じ内容であると合理的に予測できました。

しかし，機械を用いた通信様式が利用されるようになると，船どうしが光を点滅させて信号をやりとりするような単純な通信であったとしても，そうした事情は一変しました。船の場合であれば，

メッセージが途中で破損してしまうこともあります。そんなときは，できれば書かれていた内容を解読したいですよね。

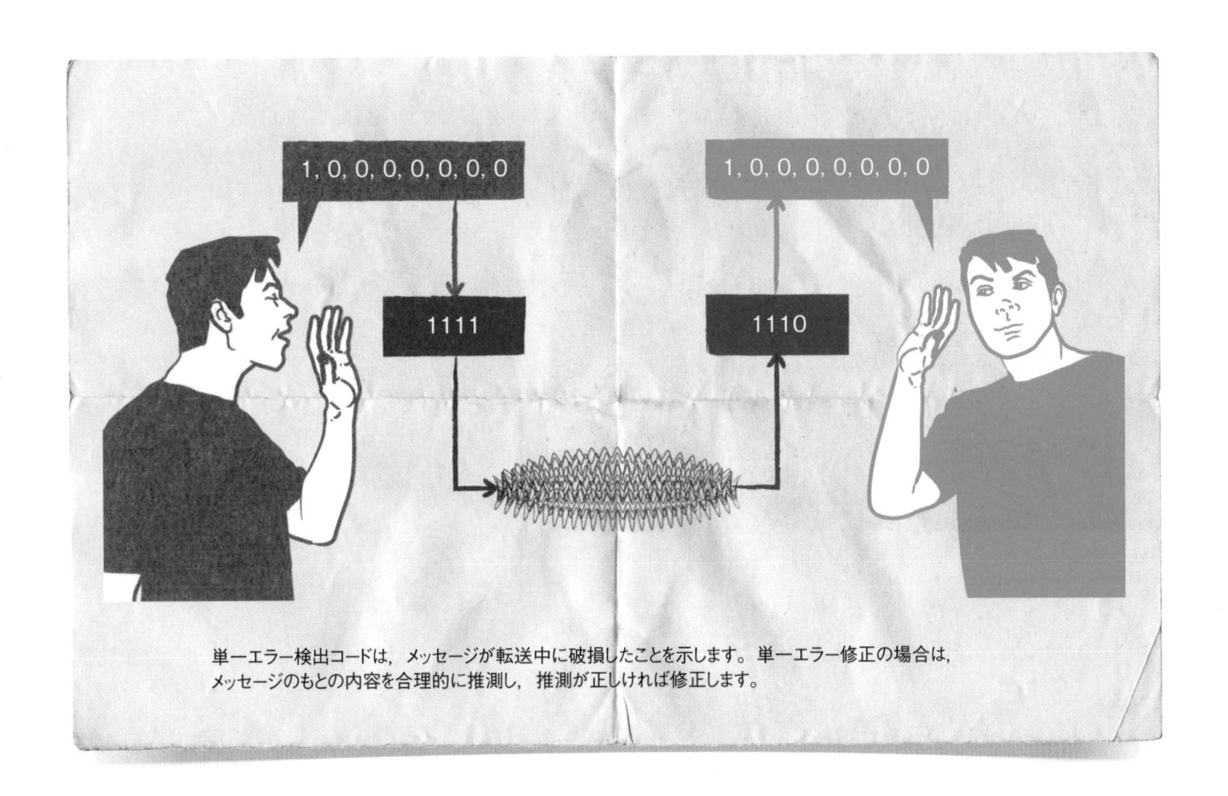

単一エラー検出コードは，メッセージが転送中に破損したことを示します。単一エラー修正の場合は，メッセージのもとの内容を合理的に推測し，推測が正しければ修正します。

視界不良や，メッセージを送る側あるいは受ける側による間違いが，メッセージに「ノイズ」を引き起こし，多かれ少なかれ誤って相手に伝わることがありました。通常の言語による文の場合は，相手が伝えようとしたメッセージがどういうものか，かなり推測できるものです。では，数字が並ぶ数字列のメッセージだったら，どうなるでしょうか。そして，メッセージのやりとりが，人と人ではなく，機械と機械，最終的にはメッセージを受信してすぐに対応するコンピューターどうしになるとしたら，どうなるでしょう。

どうして重要？

最も単純な通信モデルには，メッセージ，送信者，受信者，メッセージが送信される経路（郵便制度や光ファイバーケーブルなど）がふくまれます。実際には，ほとんどすべての経路に「ノイズ」があります。ノイズとは，メッセージに干渉し（通信を妨害します），途中で内容を変えてしまう傾向がある物理的な特徴です。

内容のエラーを訂正する方法に，完璧なものはありません。最悪の場合，送信者と受信者の間の不具合がメッセージ全体を消してしまうことがあります。そうなってしまった場合，どんなに賢明な方法でもメッセージを回復させることはできません。しかし，ノイズの多い経路を通じて信号を送った場合であっても，何らかの方法を考え出して，受信側が正しいと合理的に信じられる信号を復元できるとよいですね。

文字化けしたメッセージを受信したら，送信者にもう一度送信してもらうように依頼するというのはよく見られる方法です。この場合，受信したメッセージが文字化けしていることに気づかない場合もある，という問題があります。また，別の方法としてメッセージを二回送信するというやりかたもあります。おそらく，一回目は内容が崩れ

マリナー9号は，火星の表面の詳細な画像を地上に送信するためにアダマール符号を使用しました。

ていたけれど二回目には問題なく送れたり，あるいはその逆に一回目は問題なくて二回目に内容が崩れているといったこともあるでしょう。この場合，送った二つのメッセージの間に違っている箇所があり，どちらのバージョンが正しいか区別できない可能性があることが問題になります。また，受信したメッセージが文字化けする可能性も十分にあります。

おまけに，この方法ではメッセージの長さがすでに二倍になっています。もし通信チャネル（経路）の帯域幅（通信などに用いる周波数の範囲。周波数帯域幅が広いほど，たくさんの信号を一度に送れます）が制限されていると対応できません。となると，メッセージを送る回数を増やすのは，もとのメッセージを完全に再現できる可能性が増すものの，現実的な選択肢ではありません。最後に，効率についても考えなくてはなりません。ときには非常に雑音（ノイズ）の多い情報源からでも情報は復元できますが，膨大な労力が必要になります。エラーを迅速かつ簡単に，そしてできるだけ楽に修正できるようにしたいですね。

19世紀と20世紀に通信技術が発達するなかで，この問題は深刻化，日常化する一方でした。電子通信は迅速かつ安価に行う必要があるため，同じメッセージを複数回送信するのはまったく理想的ではありません。過去10年間，人間の想像をはるかに超える膨大な量のデータが行き来してきたなかで，私たちは当然のように，データがいつでも支障なく一瞬のうちにごくわずかな費用で相手に届くと思っています。失望するような現象はほぼ起きないということは，非常にすばらしい成果です。ほとんどの場合，電子通信はとてもうまく機能しているので，そのことに気づくことすらあまりありません。

詳しく知りたい

1971年11月14日，アメリカNASAの無人探査機マリナー9号が火星の軌道を周回し，火星の写真撮影を開始しました。探査機は視覚情報をバイナリデータ（2進法で表されるデータ）のストリーム（連続したデータの流れ）として符号化し，地球に転送しました。送られたメッセージは，途中で膨大なノイズの混入を受けながらも何百万kmも宇宙を旅し，地上で得られたクオリティの高い画像に人々は想像力をかき立てられました。このクオリティを実現するために，マリナー9号は誤り訂正符号（アダマール符号）を使用していました。

さて，これはどのように機能するのでしょうか。まず，送信したいメッセージが10×10ピクセル（画素）のデジタル画像で，各ピクセルは8色（黒，青，赤，マゼンタ，緑，シアン，黄色，白）のいずれかにできるとしましょう。送りたい画像を100個の数字からなる一つのストリームとして送信でき，また，これを受信者が10ピクセル×10列に解読して画像を見られるとします。私たちは，マリナー9号で使用されたのと同じアダマール符号を使用して，ノイズの多いチャネルを通じて送信したいと考えています。まず，特定の場所に1を一つ置いたゼロの配列として各色を表します。たとえば(0，1，0，0，0，0，0，0)は青，(0，0，0，0，1，0，0，0)は緑，などとします。これは，テーマ冒頭の方程式で「m」で表されるものです。

まず最初に，適切なアダマール行列を選択します。0と1の二つの数の特殊な正方形の配置です。八文字あるので，4×4のアダマール行列を選択します(理由はすぐにわかります)。

$$H_4 = \begin{pmatrix} 1 & 1 & 1 & 1 \\ 1 & 0 & 1 & 0 \\ 1 & 1 & 0 & 0 \\ 1 & 0 & 0 & 1 \end{pmatrix}$$

この行列のコピーを2セット，段にして積み重ねていますが，下段におかれた行列のすべての0を1に，そしてすべての1を0に反転させます。

$$C_4 = \begin{pmatrix} 1 & 1 & 1 & 1 \\ 1 & 0 & 1 & 0 \\ 1 & 1 & 0 & 0 \\ 1 & 0 & 0 & 1 \\ 0 & 0 & 0 & 0 \\ 0 & 1 & 0 & 1 \\ 0 & 0 & 1 & 1 \\ 0 & 1 & 1 & 0 \end{pmatrix}$$

■	(1, 0, 0, 0, 0, 0, 0, 0)	1111
■	(0, 1, 0, 0, 0, 0, 0, 0)	1010
■	(0, 0, 1, 0, 0, 0, 0, 0)	1100
■	(0, 0, 0, 1, 0, 0, 0, 0)	1001
■	(0, 0, 0, 0, 1, 0, 0, 0)	0000
■	(0, 0, 0, 0, 0, 1, 0, 0)	0101
■	(0, 0, 0, 0, 0, 0, 1, 0)	0011
□	(0, 0, 0, 0, 0, 0, 0, 1)	0110

八つの色，ベクトルとしての初期の符号化，そしてベクトルにC_4をかけてアダマール符号を与えた結果でアダマール符号が得られます。

各色を符号化するには，その表現に行列C_4をかけます。これは，各色の行列からその色独自の一行を与える方法です。二列目の青の場合は(1，0，1，0)，三列目は赤の場合といった具合です。特に注意が必要なのは，どの二つの列をとっても，二つ以上の数字が異なる組み合わせになっていることです。たとえばシアンと白を取り違えている場合は，エラーが二つ生じているはずで，三番目と四番目の数字が違っていることを意味します。

さて，ピクセル(1，0，0，0)を受信したとします。これはC_4中の列としては存在しませんから，すぐに解読できません。このピクセルはどの色にもなれたはずですから，最大四つの数字が間違っている可能性があります。たとえエラーが一つしかなかったとしても，もとのメッセージが(1，1，0，0)で二番目の場所にエラーありだったのか，

（1，0，1，0）で三番目の場所にエラーありだったのか，（1，0，0，1）で四番目の場所にエラーありだったのか，どれであったかは符号ではわかりません。

したがって，このコードは送信された暗号のエラーを一つ検出できても，自動的に修正できません。それでも，エラーを検出してくれる機能自体は便利です。誤り訂正手法は決して完璧ではありません。私たちができることは，受信側で正しい解釈を行える可能性を高めることです。たまたま続いたエラーが偶然，有効な暗号（符号語）となって受信された場合，問題を発見できそうな唯一の方法は前後の内容にたよるもので，メッセージの種類によっては非常に簡単ですが，それ以外ではほぼ通用しません。

ここで詳細をすべて紹介するのは現実的ではありませんが，この手法は，より大きなアダマール行列を使って拡張できます。それを使えば，限られた数のエラーが送信されたピクセルに含まれてしまったとき，確実にエラーを検出して修正できます。たとえば，前の具体例では少なくとも2つの場所で暗号の数字が異なりましたが，ここでは少なくとも4つの場所で数字が異なっているような大きなアダマール行列を使った場合を考えてみましょう。エラーが一つの場合，ほかの暗号よりも，受信したものに近い暗号が必ず一つあるはずです。エラーが一つしかなかったと推測した場合，最も近い暗号を使って修正できます。

こうした拡張の結果，私たちのメッセージはますます長くなります。さらに，すべてのエラーを検出したか，またそれを正しく修正したかは，決して確信がもてません。私たちの通信がふだん影響を受けるノイズの量についてわかっていることを考えると，私たちにできるのは，できるだけエラーを検出できる可能性を高めることだけです。

メッセージを正しい方法で符号化すると，
受信側は改ざんされたかどうかを判断でき，
ときには送信中に発生した間違いを
修正することもできます。

情報理論

現代のコンピューターサイエンスの基礎となる基本的な方程式

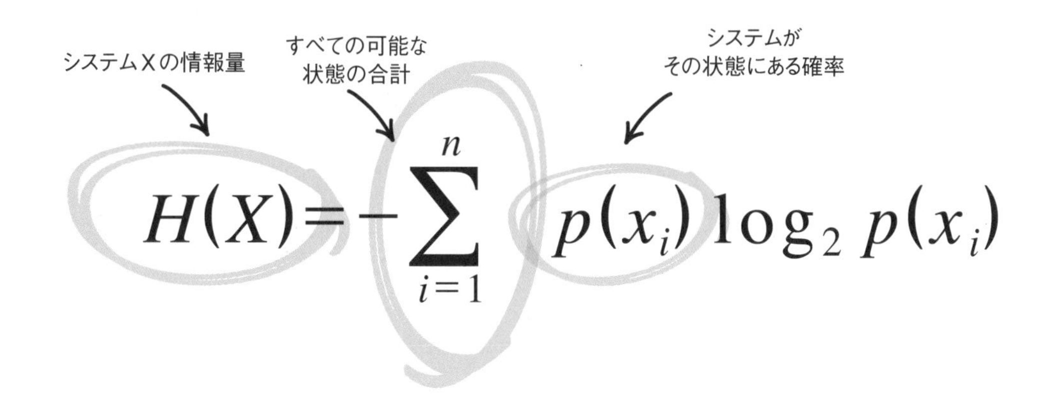

$$H(X) = -\sum_{i=1}^{n} p(x_i)\log_2 p(x_i)$$

一体どんなもの？

デジタル画像を保存する最もわかりやすい方法は，単純に各ピクセルの色の一覧をつくり，行ごと，列ごとに表示することです［誤り訂正符号，166ページ参照］。この形式では，32×32ピクセルの画像には，ピクセルごとに一つずつ，計1024個の個別の情報が含まれているように見えます。しかし，おそらく驚かれると思いますが，現代のグラフィックのフォーマットを使えば，品質を損なうことなく，この画像を小さなサイズに圧縮できます。

多くのウェブブラウザでおなじみの「ホーム」を表すアイコンについて考えてみましょう。

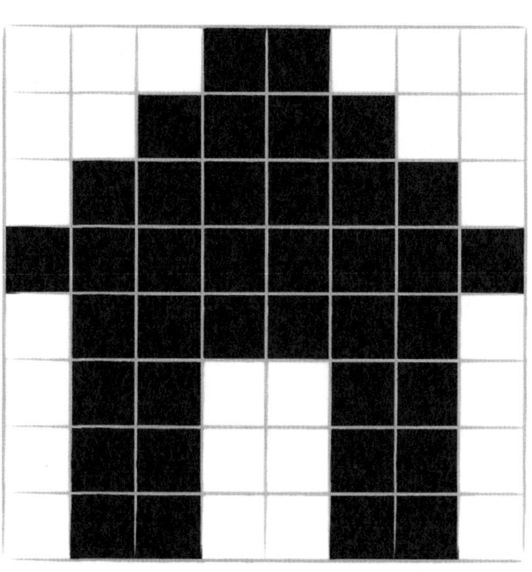

ビットマップ（色のついたドットと呼ばれる点の列，または集合でデータ再現に使用）として保存する場合，この単純な画像には，1ピクセルに対して1個の情報で計64ビットの情報が必要です。メモリが限られているなど，情報量が貴重な場合，もっとうまくやる方法があります。

すべての圧縮形式が可逆的なわけではありません。JPEG形式は情報を切り捨ててファイルを小さくするので，詳しい情報は失われることになります。

00011000
00111100
01111110
11111111
01111110
01100110
01100110
01100110

ここでは0で白を，1で黒を表しています。四列目は8個の黒いピクセルで構成されていますが，ここで本当に「黒」と八回言う必要があるでしょうか。おそらく「8個」ではなく二つのデータを使って，「黒8個」と言うことはできないでしょうか。下の三行を見ると，もっといいアイデアが出てくるかもしれません。24個の情報を繰り返すのではなく，「01100110」を三回，といってもよいのではないでしょうか。つまり，「01100110」に「三回」にあたるコードを加えるのです。

これは，GIFやPNGなどの標準的なコンピューター画像フォーマットで使用されているLempel-Ziv-Welch（レンペル・ジヴ・ウェルチ，略称LZW）圧縮アルゴリズムの基本的な考え方です。ZIPやPDFなどの非画像フォーマットでも使用されています。もとのデータよりも少ないデータ量で同じ画像が伝えられるなんて，まるで奇跡の技のようですね。この魔法のような技術の鍵となっているのが情報理論です。

どうして重要？

アメリカの大手IT企業シスコの推測によれば，2000年から2010年までの10年間にインターネットを通じて送受信された情報量，すなわちインターネットの通信量は300倍以上増加しています。2000年はインターネット以前の時代ではなかったことに注意してください。実際，当時はインターネット関連のベンチャー企業の起業ブームがピークを迎えていました。私たちの多くはす

人間のDNAは，非常に複雑そうなもの，すなわち人ひとりをつくるための指示情報を，驚くほど小さな空間に埋めこんでいます。

でに自宅と職場の両方でオンライン状態にあり，音楽をダウンロードしたり，ネットショッピングをしたり，電子メールを送ったり，ネット上のフォーラムで無駄な議論をしたりしていました。今日，私たちは自宅のブロードバンドで映画をストリーミング再生できるのは当たり前だと思っていますし，企業は大陸間で膨大な量のデータをたった数秒で送信しています。

生の音や動画，高解像度画像で作業した人なら誰でも，こうしたデータはかなりの保存容量が必要だとわかっているので，ネット上の多くの一般的なファイル形式は圧縮されて使用されています。MP3のように圧縮によって情報が捨てられて，もとの状態に戻らない「不可逆」タイプの形式もあります。捨てられた情報は受信側では再現できないので，データの品質は永久に低下したままになります。このほかにLZWのような「可逆」タイプの形式もあり，よりコンパクトな方法でデータを表すことによってデータサイズを縮小できます。

情報理論のおかげで，こうしたアルゴリズム（コンピューターで計算するときの計算方法）によって何が保存されるのか，また，ほかのアルゴリズムで何が失われるのかを理解して定量化できます。この理論は1940年代にアメリカの数学者・電気工学者クロード・E・シャノンによって考案されましたが，それ以前の数十年間にすでに，理論完成に向けた進展が少し見られました。アメリカのベル研究所では，通信技術の初期の仕事の大部分だけでなく，情報理論の研究も行われていました。このころ同社は電話事業を事実上，独占し続けており，研究に多額の投資を行っていました。

今やこの理論はインターネットだけでなく，神経科学や遺伝学，そのほか多くの分野で積極的に利用され，実りの多い成果を上げています。早くも1956年，ほかの研究者たちがこの理論をさまざまな分野に利用するのを見かねたクロード・シャノンは，「バンドワゴン」という論文を発表し，目の前に現れるすべての問題にこの理論をあてはめることについては慎重な態度をとるように求めました。それにもかかわらず，彼の概念は非常に幅広く利用されています。

詳しく知りたい

シャノンの重要な洞察は，伝達するメッセージの情報量を測るのは，メッセージに含まれる文字や数字，記号を数えることほど単純ではないという観察から始まります。よくわかる例として，公共交通機関で聞くアナウンスのような，繰り返されるメッセージがあります。同じことを二度聞けば情報を二倍得られるわけではありません。しかし，この種の重複はとても役に立ちます。新しい情報を追加するのではなく，受信した情報に矛盾がないかを受信者に確認させてくれるからです［誤り訂正符号，166ページ参照］。

おまけに，AABAAAABABBABBAのような「複雑な」文字列には，ABABABABABABBABのような繰り返しパターンをもつ文字列よりも多くの情報が含まれているようです。二つめの文字列の重複は単純化できますが，最初の数列の重複は単純化できません。二つめは，LZWアルゴリズムが最適に働く文字列です（前述の例は「AB × 8」に圧縮できるでしょう）。最初のメッセージは二つめよりも予測が難しく，繰り返しパターンとしては説明しにくいので，ある意味ではほかのメッセージよりも多くの情報が含まれています。これは，予測不可能という性質が，情報のいい尺度であることを示しています。極端な場合，私があなたから何を言われるかをすでに知っていれば，あなたのメッセージはまったく情報を伝えていないことになります。逆にもしメッセージがきわめて予測不可能なら，新しく聞く部分はすべて予想外の新情報なので，注意して聞く必要があります。これは，メッセージ中の無秩序のレベルを表すエントロピーが情報量を測るいい尺度になりうることを示しています［エントロピー，95ページ参照］。情報量が低い，低エントロピーのメッセージは高エントロピーのメッセージよりも圧縮できます。

私たちのメッセージがある特定の「文字群」から選んだ記号の流れでできていると考えてみましょう。文字群の文字は普通の文字や数字，果物の種類など，数が有限でほかと区別できるものなら何でもかまいません。たとえば，博物学者が次の文字群を使ってさまざまな種類の動物の目撃情報を報告しているとします。

x_1	x_2	x_3	x_4	x_5
(P)	(B)	(O)	(S)	(A)
ペンギン	ホッキョクグマ	シャチ	アザラシ	アホウドリ

一定期間にわたって，それぞれの生物について

圧縮してコンパクトに伝達するほうがベストな情報もあります。

次の確率が報告されたとします。

$p(x_1)$	$p(x_2)$	$p(x_3)$	$p(x_4)$	$p(x_5)$
0.4	0.05	0.15	0.25	0.15

シャノンの式を使えば，各メッセージの確率に2を底とする対数をかけた数の合計［ゼノンの二分法のパラドックス，23ページ参照］を用いて，この情報のエントロピーが計算できます［対数，46ページ参照］。

$$H=-\sum_{(i=1)}^{5} p(x_i)\log_2 p(x_i) \fallingdotseq -2.07$$

信号となりうる記号の数が増えるにつれて，Hの値，つまり情報量はより大きな負の数となります。また，その確率分布が均一になるほど，次にどの信号が来るかは推測できなくなっていきます［一様分布，206ページ参照］。しかし，シャノン＝ハートレーの定理によると，情報量はある限界点で横ばいになります。情報を転送するチャネルは，その種類によって帯域幅と影響するノイズの量が異なり，しぼりこめる情報の量には理論的な最大値があります。つまり，ある時点で圧縮という賢い方法が通用しなくなりますから，もっと速く情報を転送したいなら，ノイズの少ない大容量チャネルを準備する必要があります。

シャノンが情報について定義している内容は技術的なものです。正確ではありますが，私たちが日常的に使っている「情報」と意味が一致しているとは限りません。たとえば，不規則な信号はエントロピーが非常に高いです。この定義によれば，ラジオ局にダイヤルを合わせて放送が聞けるラジオのほうがずっと有意義であるように見えても，チューニングが微妙にずれてホワイトノイズ（砂嵐音など，あらゆる周波数成分を同等に含む雑音）だけを受信しているラジオのほうが，はるかに多くの情報を伝えていることになります。私たちは，認識可能な音や画像などの繰り返しによって意味を読み取っています。一方，シャノンが定義する「情報」の特徴の一つは，繰り返しのパターンを避けることです。

このような違いは，科学的定義，特に日常の経験から得た発想を数学的なかたちでまとめていると主張する定義では，よく見られます。ほとんどの場合，途中で発想が変わってしまうので，この新しくて正確なバージョンと，私たちがよく知っている日常的なバージョンが置き換わってしまわないよう，数学的な考察を進めるうえでは細心の注意を払う必要があります。

「情報」のように漠然とした響きのものを定量化することは，それ自体が知的な成果であり，計算技術や通信技術に大きな影響を与えています。

フーリエ変換

**あらゆるデジタルメディアをはじめ，多くのものを
可能にしている機能を眺める別の視点**

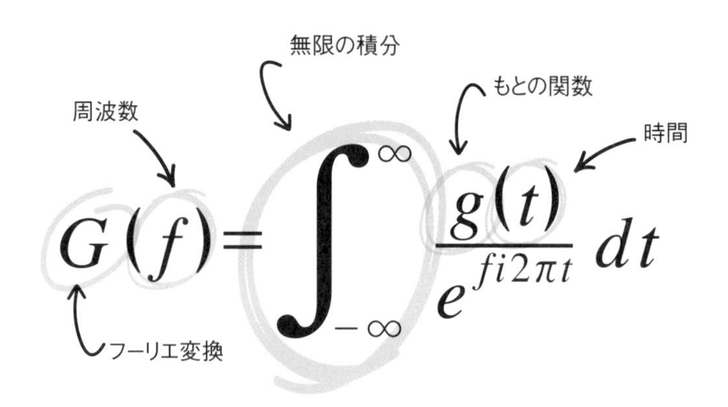

$$G(f)=\int_{-\infty}^{\infty}\frac{g(t)}{e^{fi2\pi t}}\,dt$$

一体どんなもの？

フーリエ変換は，数学の関数の両替所のようなものです［対数，46ページ参照］。今，扱いにくい関数$g(t)$が手もとにあるとします。たとえば，地もとの小さな商店にいやがられそうな高額紙幣だと思ってください。さて，両替所の受付カウンターに$g(t)$を持っていくと，係の人は喜んで硬貨のぎっしり詰まった大きな袋と交換してくれます。もらった硬貨は，どこでも好きなところで簡単に使えます。最終的に使わないままであれば，銀行に戻せますし，銀行の人はあなたが最初に持ち込んだ紙幣に戻してくれます。

もっと数学的にいうと，フーリエ変換とは，ほとんどすべての複雑な関数を無限個の非常に単純な関数に変換できる手法です。その単純な関数はつねに同じもので，サイン（正弦）とコサイン（余弦）に類するようなものです［三角法，17ページ参照］。同じ変換法を使って，最初の関数$g(t)$がどんな奇妙なものになるかに関係なく，こうした関数を扱うことができます。別の言い方をするならば，フーリエ変換は，風変わりでやっかいな関数をいわば共通言語に変換します。変換後，その共通言語を使ってコミュニケーションをとることができ，必要であれば，その結果を再びもとの式に戻すこともできます。

どうして重要？

多くの技術機器では，外部からの入力情報を扱わなければなりませんが，ご存じのとおり，そういう外部の世界というのは乱雑なものです。入力というのは関数$g(t)$の形式であることがとても

フーリエ両替所は，時間の関数を周波数の関数に，あるいはまたその逆に交換してくれます。

多く，どんな関数かは事前に予測できません。「存在する可能性のあるすべての関数」を扱えるシステムをつくるのは，ややこしくて大変な作業です。また，もしつくれたとしても，どんな関数がふくまれるかを正確に推測するのは不可能ですから，壊れやすくもろいシステムになってしまうでしょう。同じように考えた場合，たとえばCDプレーヤーは，音楽に現れる可能性のあるさまざまな波形すべてに対応できるように大量のソフトウェアを内蔵していなければなりません。また，たとえ内蔵できたとしても，あなたがときどきつくってしまうとても奇妙な音楽まではやはり対応できないでしょう。

フーリエ変換は，私たちがそこまで準備する必要がないことを示しています。かわりに，処理したい信号をすべて，無限個の単純な三角関数の集まりに変換します。ソフトウェアは，その三角関数を使って仕事をし，必要に応じて，再び結果をもとの式に変換します。簡単でスムーズ，そして効率的な手法ですね。さらに，1960年代に発明された高速フーリエ変換（FFT，19世紀にドイツの数学者・天文学者・物理学者ガウスが発見した計算原理を利用して，1965年にアメリカのジェイムズ・クーリーとジョン・テューキーが発明）は，

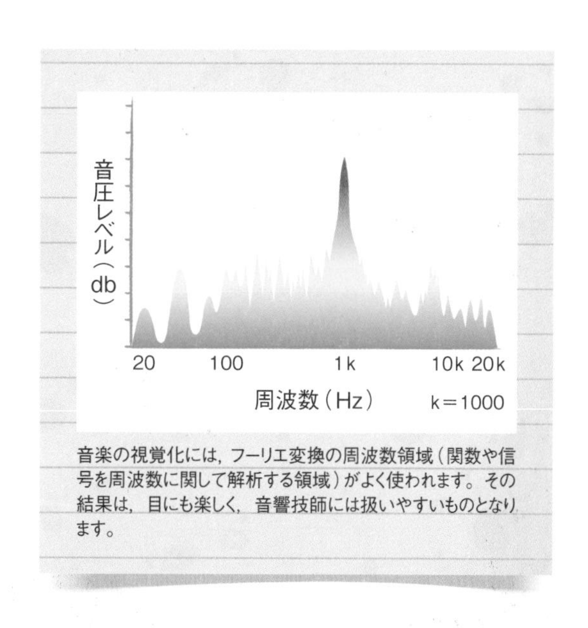

音楽の視覚化には，フーリエ変換の周波数領域（関数や信号を周波数に関して解析する領域）がよく使われます。その結果は，目にも楽しく，音響技師には扱いやすいものとなります。

この変換をごく短時間で行えるようにしました。

フーリエ変換を利用したフーリエ解析の分野は，この手法が考案されるずっと前に，振動する弦を支配する方程式を解こうとするところから始まりました［波動方程式，108ページ参照］。その解法では，三角関数の足し合わせを行うことで，さまざまな種類の振動を生み出すことができます。ある意味では奇跡のような方法で，この概念は今や非常に広範囲に応用されています。結局のところ，バイオリンの弦が上下振動の組み合わせで振動することは驚くような現象ではないかもしれませんが，さまざまな種類の反復的ではない，ときとしてふぞろいな一連のデータがすべて，たった一つの方法でまとめられるとは，驚くほかありません。けれども現実にいろいろなデータがこの変換ひとつでまとまる。これがフーリエ変換の手法です。

詳しく知りたい

「フーリエ両替所の窓口係が，あなたのやっかいなものと引き換えに簡単な関数の袋を手渡した」と説明しましたが，その袋はとても大きな袋です。本当に，そうなんです。実際には無限大の大きさです。両替後の単純な関数のなかからその一つを取り出すためには，使用したい周波数fを選択し，その周波数に対応したフーリエ変換である関数$G(t)$にします。周波数はどんな数でも可能です。どの数値の周波数を選ぶか，また，振動の正確なイメージを得るためにどのくらいの数の周波数をサンプリングしなければならないかは，すべて応用のしかたによって決まります。

一度，方程式を分解して，そのしくみを詳しく見てみましょう。右辺は，ほとんどが分数で，も

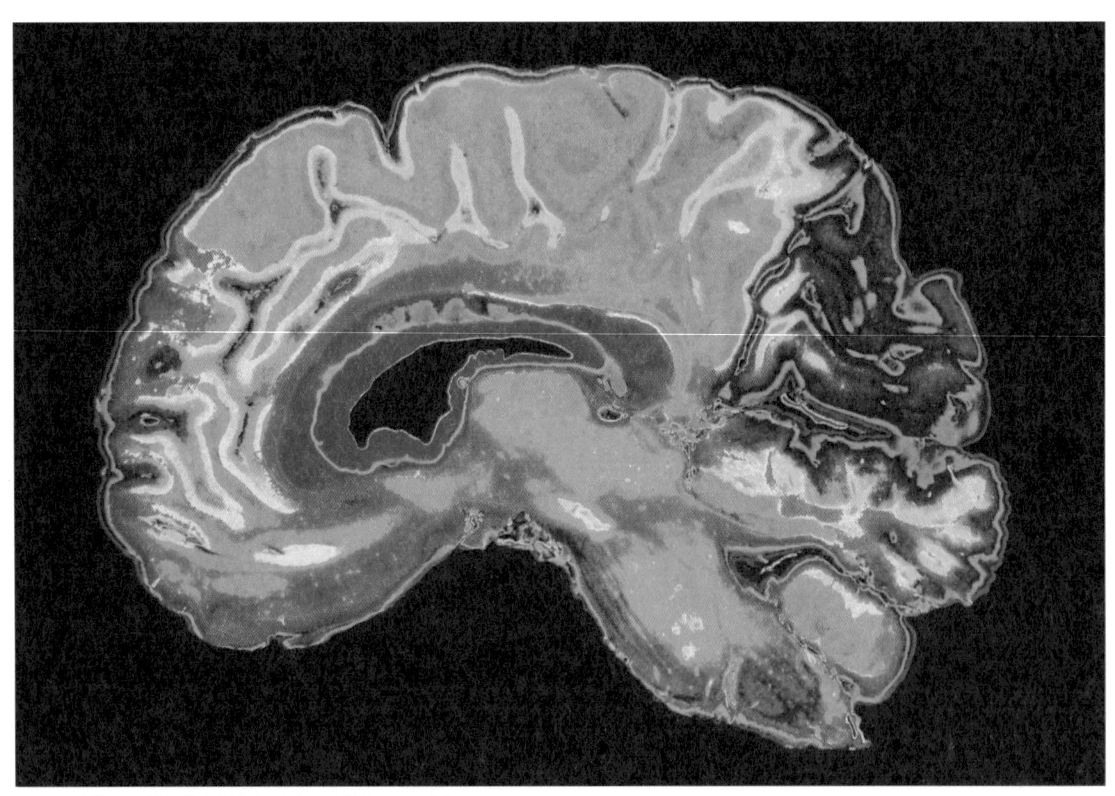

フーリエ変換は，磁気共鳴画像（MRI）にも役立っています。

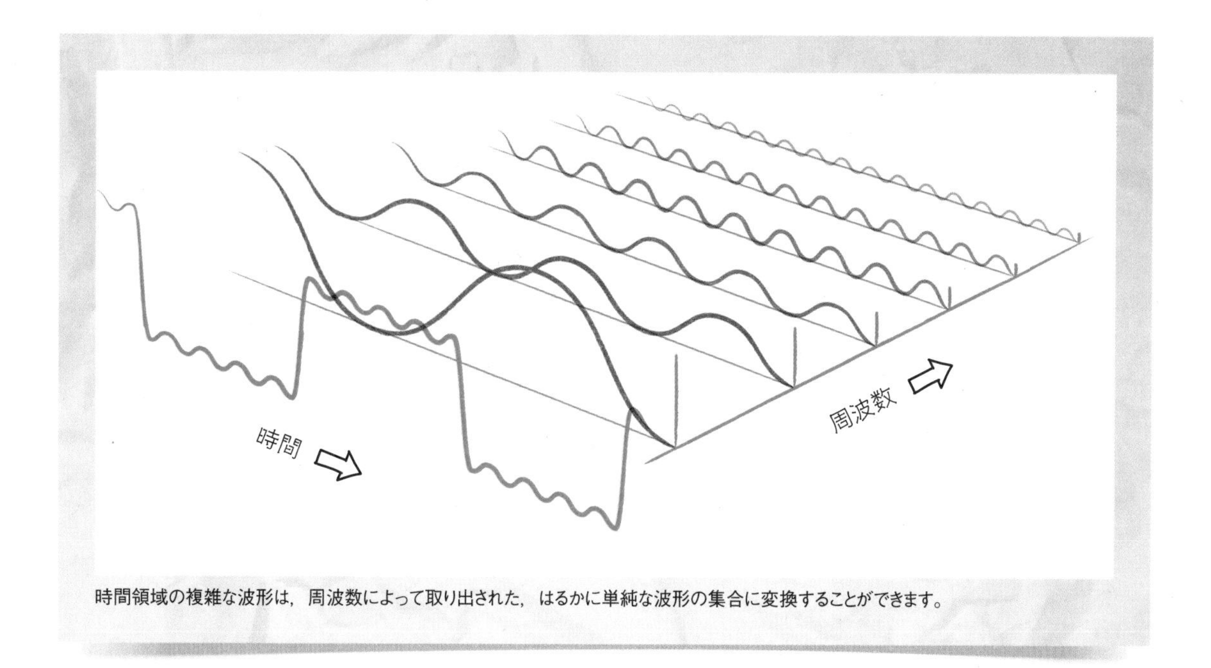

時間領域の複雑な波形は，周波数によって取り出された，はるかに単純な波形の集合に変換することができます。

との関数$g(t)$は，かなり乱雑に見えるもので除算（割り算）されています。分数の分母に注目してみましょう。要となるのは，次の式です［オイラーの等式，51ページ参照］。

$$e^{it}=\cos t+i\sin t$$

つまり，この結果には，私たちが興味をもっている二つの三角関数が一緒に入っています。数字tには，ふつうの正の数と負の数がすべて入ります。積分の部分にある，かなり目を引く二つの無限大の記号∞が意味しているのはこのことです。

しかし，私たちの方程式はこれだけではありません。先ほどはeの乗数itを計算しました。今度は次の部分を追加してみましょう。

$$e^{i2\pi t}$$

2πを追加するということは，$t=0$のとき全体がちょうど1に等しくなり，tが整数になるたびに，全体は1に戻るという振動のサイクルを繰り返すことを意味します。これは，扱いやすくして，関数に私たちが理解できる共通の言語をしゃべらせるようにするための手法です。さらに続きの部分を追加します。

$$e^{fi2\pi t}$$

ここでは，周波数を取り込んでいます。両替後の袋から関数を一つ引っぱり出すときに選んだものです。ここは私たちがfを組み込む唯一の場所で，したがって，その部分に組み込む関数によって，違いが表れます。

全体として，これが，もとの関数$g(t)$を分けて得られる，サインとコサインで表された周期的な振動関数です。次に，tの可能な値のすべての範囲で全体を合計します［微分積分学の基本定理，33ページ参照］。これは，特定の周波数fにおいてフーリエ変換した値である数になるはずです。

「おや？」とあなたは思っているかもしれませ

ん。「この無限個の可能な値をすべて合計すると，有限数になるのはなぜだろう」と。これはばかげた疑問ではありません。つまり，これまで，$e^{fi2\pi t}$が定期的に繰り返される周期的な関数であることを強調してきました。もし$g(t)$が限りなく続いているとしたら，どうなるでしょうか。積分も無限大にならないでしょうか。その疑問の答えの一部は，正の値と同じくらい頻繁に負の値になる周期関数（サインとコサイン）が組み合わさっているということにあります。つまり，正の部分と負の部分が足し合わせってまさにゼロに向かって「収束」していきます。これを妨げている唯一の要素は，もとの関数，$g(t)$による変化です。これこそ，まさにフーリエ変換が表している変換結果です。

フーリエ変換は，新しい関数の集合ではなく，別の視点から見たもとの関数とも考えられます。もとの関数は時間に関するもので，このことはごく自然にみえるでしょう。通常は信号や一連のデータが時間の経過とともに現れますが，私たちはそれを同じやり方で保存したり再現したりしています。私たちは数学的な過程が刻々と進んでいく様子を見たいのですが，それは私たちがそういう見方で世界を見ることに慣れているからです。つまり時間を変化する変数とし，その変化にともなってすべてのものに何が起こるかを見ています。

さて，フーリエ変換は，時間ではなく周波数によって扱う関数の袋に変換してくれると，先ほど説明しました。袋はイメージとして簡単な関数が無秩序に集まっているようすを示しています。その関数に含まれる周波数は，もとの関数$g(t)$を評価するのに用いるそれぞれの瞬間と同じように，非常に秩序だって配列された普通の数です。ですから，ある意味で，私たちが行ったことはすべて，「時間」を，最初に考えた数学的対象をとらえるための切り口として「周波数」に切り替えるという作業です。フーリエ変換の専門家たちは，この手法のおかげで「時間領域」と「周波数領域」とを切り替えられると言っています。時間領域は私たちにとってより直観的にわかりやすい領域ですが，周波数領域では数学がもっと単純になることがあります。

熱と波の物理学が発展するなかで必然的に生まれた
フーリエ変換は現在，
微積分学の中枢とも言えるものとなっています。

ブラック-ショールズ方程式

オプションの理論価格の計算を可能にした方程式は，デリバティブ（金融派生商品）ベースのデジタル金融を可能にした

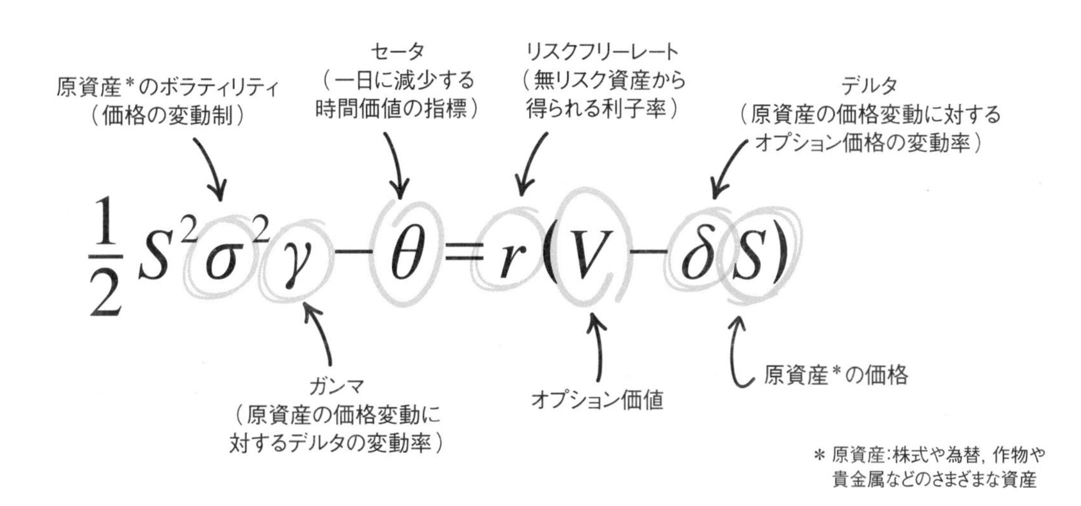

＊原資産：株式や為替，作物や貴金属などのさまざまな資産

一体どんなもの？

金融業界では，「オプション」とは将来の特定の日に特定の価格で特定のものを，ある量だけ売買するかしないかを選べる契約のことをいいます。オプションは譲渡可能です。つまり，もし持っているオプションがいらなくなったら，自分が持っていたのと同じ「売る権利」（プットオプション）や「買う権利」（コールオプション）を誰かに売ることができます。

オプションは通常，金融資産を対象としていますが，具体的な何かに関連づけて考えるともっと理解しやすいですね。中古車販売店を経営しているとしましょう。与えられた価格で誰かから車を一台購入し，より高い価格で販売しようとしています。一台の車に対して人々が希望する価格が下がった場合，あなたは損をし，どんな価格でも誰も購入してくれない場合は，全額を失うことになります。これは，たとえば，車の特定のモデルに重大な安全上の欠陥が明らかになった場合に起こりえることです。

少しのリスクなら気にならないでしょうが，自分のせいではなくほかの理由で価格が変動したために全額を失うかもしれない可能性があるというのは避けたいところです。そこで，支払った価格より低い価格で車を販売するオプションを購入します。といっても，あなたが大きな損失を出すほど低い価格ではなく，オプションの価格も安いものです。車をそんなに安い値段で売りたい人はいませんし，オプションをつくった人もそのオプションが使われるようになるとは思っていないからです。でも，もし使われれば，買う人は車を最低価格で手に入れられるから幸せですね。ただ，車の価格が劇的に変動した場合，もしかするとオプションはあなたを窮地から救うかもしれません。あなたは，オプションを売却した人に，もはや魅力的ではなくなった価格でオプションを購入してもらうこともできるでしょう。

ほとんどのデリバティブ（金融派生商品）と同じように，オプションは一種の保険契約です。購入しても一度も使用しないかもしれませんが，何かあったときにおそらく多額のお金を失わずにすむという保証と引き換えに，購入費用を支払います。おそらくご存じのように，オプションは売ることができるので投機的な取引（市価の変動の機会をとらえて利益を得ようとする取引で，成否は不確実）がされていますが，この取引は金融界のあらゆる問題の原因になっているとしてよく不当に非難されています。

どうして重要？

オプションの問題は，それに見合う価値があるかどうかです。オプションの価値は契約の詳細，特に車を販売して利益が出る価格と期日によって決まります。また，契約外のもの，特にそのタイプの車の時価によって決まります。こうしたすべてのものを互いに関連づけ合い，オプションの公正な価格が得られる公式があるように見えますが，公式の組み立て方は明らかになっていません。

この問題の大きな部分は，私たちが将来を見て

シカゴ・オプション取引所（CBOE）は1973年に設立され，たちまちブラック－ショールズモデルを初めて試す場所の一つとなりました。

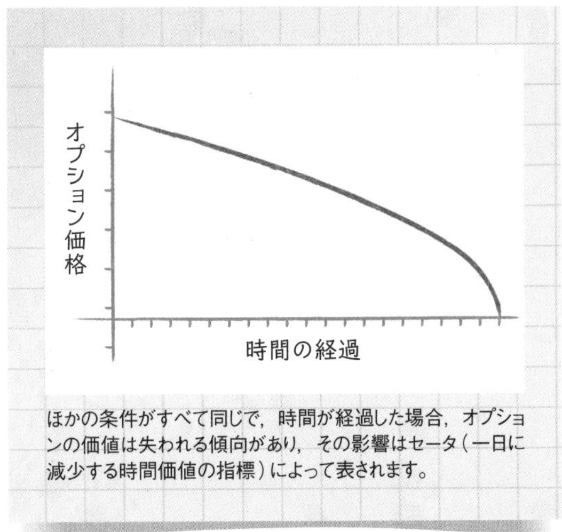

ほかの条件がすべて同じで，時間が経過した場合，オプションの価値は失われる傾向があり，その影響はセータ（一日に減少する時間価値の指標）によって表されます。

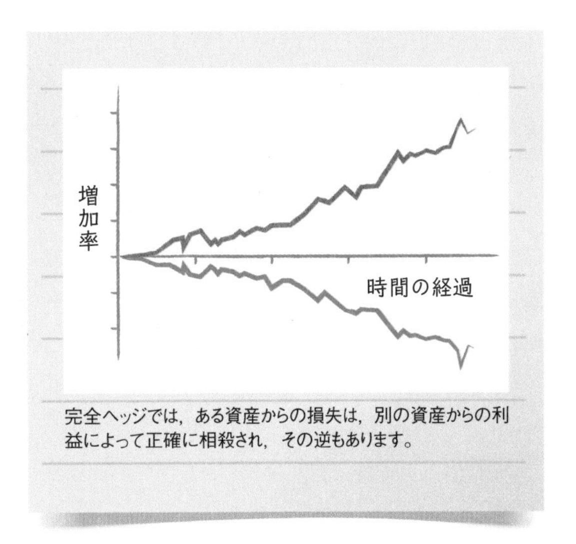

完全ヘッジでは，ある資産からの損失は，別の資産からの利益によって正確に相殺され，その逆もあります。

いるということです。1年後の車の市場価値はどうなっているでしょうか。私たちにはわかりませんね。それが，そもそもオプションを望む理由の一つなのですが，また同時に，将来のことですから，公正な価格を示すのがかなり難しい理由でもあります。

1970年代初め，アメリカの経済学者フィッシャー・ブラック，マイロン・ショールズ，ロバート・マートンは，かなり風変わりな数学的概念を使ってこの問題を解決しました。彼らの方程式は多くの仮定に基づいているものの，目覚ましい進歩を見せました。また，ブラック-ショールズ方程式は，現代の数理ファイナンスという学問分野を生み出し，ほぼすべての種類のデリバティブを理解するための基礎となりました。よくも悪くも，高性能のコンピューターとさらに高性能の数学がけん引する現代の金融業界は，この先駆的な研究のおかげで成り立っているといっても過言ではありません。

詳しく知りたい

方程式を理解するには，ギリシャ文字でおおわれてしまっている式の意味を解読する必要があります。それぞれの文字はオプション価格を構成する重要な成分を表しています。

特定のものを販売する権利が得られるオプションから始めてみましょう。この特定のものを「原資産」，固定の価格を「権利行使価格（ストライクプライス）」，将来の決まった日（権利行使日，満期日）にのみ権利行使ができるオプション取引を「ヨーロピアン・オプション」といいます。この権利は使わなくてもかまいません。旅行のときに旅行保険に加入するけれど，何もなければ保険の支払いを請求しないのと似ています。

たとえば，一定量の原資産を持っていて，それを固定価格で販売できるオプション（プットオプション：売る権利）を購入したとします。原資産の市場価格が上がれば，オプションの魅力は下がるので，オプションの市場価値も下がると予想されます。

一方，原資産が価格変動して下がってしまったとしても，それに見合うだけの十分なオプションを購入しておくように調整できると考えられます。

つまり，原資産で利益があるということは，オプションでまったく同額の損失があることになり，その逆も同様なのです。ほかの条件がすべて等しい場合，これを「完全ヘッジ（損失回避）」といいます。このとき価格変動にまったく影響を受けることなく，原資産を保有し続けることができます。

何件のオプション契約を購入する必要があるかは，オプション価格が原資産の価格でどのように変化するかによって決まります。この指標を「δ（デルタ）（原資産の価格変動に対するオプション価格の変動率）」といいます。

$$\delta = \frac{dV}{dS}$$

原資産を一つ保有している場合，その価値をSとすると，原資産を保有している状態をヘッジ（損失回避）するために，その変動率δSの値に対するオプションが必要になります。全体的に見て，オプションの理論的価値はヘッジするためのδSの値と同じと考えられそうです。すなわち，次のように表されます。

$$V - \delta S = 0$$

しかし，原資産の価格の変動以外にも考慮すべき要素はありますから，つねにこうなるわけではありません。オプションの理論的価値とヘッジの値の違いは，左辺に示されています。ちなみに冒頭の方程式では，右辺に「リスクフリーレート」rをかけ合わせます。これは現実に利用する場合，価格を正しく取得するために重要ですが，ここでは無視しても差し支えありません。

左辺では二つの要素が追加されています。その合計は，原資産の価格変動をヘッジするために必要なオプション価値と，市場で期待される実際のオプション価格との差と等しくなっているはずです。この差が生じる源は二つあります。

比較的理解しやすいのは，オプションの価値に影響を与える時間の経過の傾向を測るθ（セータ）です。

$$\theta = -\frac{dV}{dt}$$

保険というセーフティーネットを使うのは理想的な方法ではないかもしれませんが，保険に加入していないよりははるかにましです。

結局のところ，時間はオプション契約に組み込まれています。オプションは特定の日に取引が有効になります。その日が近づくにつれて，原資産の価格が大きく変動してオプションの価値を左右する可能性が減少していきます。このことは，単純な変動率δSとは異なるオプションに対する別の差額，すなわち原資産の価格変動をヘッジする必要性が示す差額を，支払わなければならない理由を示しています。

ほかの用語はもっと複雑で，原資産の価格が変動したときのオプション価格の「加速」の尺度であるγ（ガンマ）が関係しています。ガンマはデルタの変動率と同じです。

$$\gamma = \frac{d^2V}{dS^2} = \frac{d\delta}{dS}$$

満期日に近づくにつれて，不確実な要素が減っていくので，原資産の価格変動は，オプション価格に相対的に，より大きく影響します。これは，セータの影響に対してある種のバランスを保つ働きをします。これに，株価が実際にどれだけ変動する傾向があるかを示す要素（ボラティリティ）をかけます。

すべてを組み合わせるということは，時間がオプション価格に直接及ぼす影響を表すセータの要素を，デルタに対する時間の影響を表すガンマの要素を加えて計算することを意味します。これにより，左辺が得られます。左辺は（先ほど読んだ内容から思い出すかもしれませんが）オプションの価格と，「完全ヘッジ」が示す価格との差を表しています。簡単な作業ではありませんでしたね！こうしてオプション価値Vについてのこの方程式を解くことによって，オプションの理論的な「適正価格」が得られます。

現実の事象の数理モデルには，つねに仮定，単純化，近似値，そしてときとして大胆な要素が含まれます。モデルが複雑になるほど，こうした構成要素がいったい何なのか，そしていつ問題を引き起こす可能性があるかを正確に知るのが難しくなります。結局は，どんな方程式も単なる式にすぎません。それがどんな効果をもたらすかは，使う人や組織の判断によって決まるのです。

**資産価格の世界に高性能な数学と物理学を持ち込んだ
ブラック-ショールズ方程式。この方程式がなかったら，
現代の金融業界は今とは違うものになっていたでしょう。**

ファジィ論理

「曖昧な」という意味のファジィ
古代の哲学から空調システムまで，
ときには曖昧さが問題の解決策となる

$$\neg x = 1 - x$$

（$\neg$：でない）

$$x \wedge y = \min(x, y)$$

（$\wedge$：かつ　min：最小値）

$$x \vee y = \max(x, y)$$

（$\vee$：または　max：最大値）

一体どんなもの？

私たちはふだん，この世界を表す言葉について，それが正しい（真）か間違っている（偽）かの2種類しかないものと考えたがる傾向があります。ご近所さんが犬を飼っているか，飼っていないか，

雨は単に降っているか，止んでいるかというものではありません。雨には程度があり，多くの場合，たくさん降っている，少し降っている，あるいはほとんど降っていないと言うのが理にかなっています。

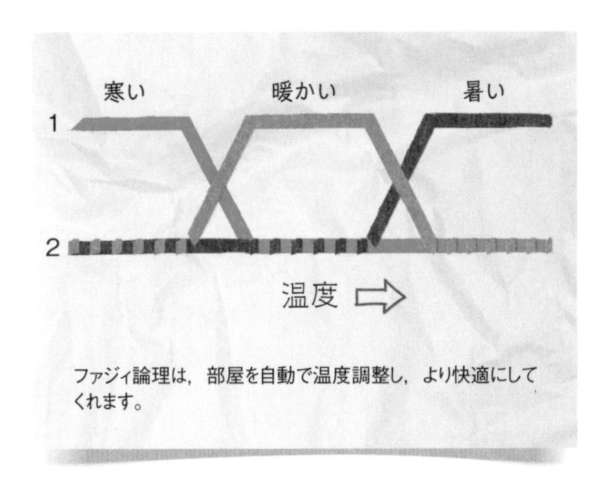

ファジィ論理は，部屋を自動で温度調整し，より快適にしてくれます。

これはどちらかしかありません。両方にあてはまるはずはなく，どちらにもあてはまらない，というわけはないですね。言えることはたった三つだけです。犬が存在するか，犬が存在しないか，自分は知らないか，です。

もし最後の選択肢か，なんとなく勘が働いてそう思うけれど確信がない場合は，確率の領域に進むことになります［一様分布，206ページ参照］。しかし，実際には，一番目か二番目の可能性の選択肢が真であり，残りの一つは偽なのです。

これは私たちが通常用いている古典論理というもので，二つの真理値を認め，すべての主張はどちらか一つの真理値だけをもつべきと主張する論理体系です［ド・モルガンの法則，161ページ参照］。これは，白黒をはっきりさせる明快な考え方ですが，現実のさまざまな状況につねに当てはまるわけではありません。

たとえば，「今日は暖かい」と私が言ったとします。とても寒い場合は，あなたは，私の言っていることが間違っていると言うでしょう。同じように，私たちがたまたま酷暑のさなかにいる場合も，「今日は暖かい」と言ったら，間違っていると言いますよね。けれども，とても寒い状態と酷暑という両極端の間については，はっきりしたことが言えません。古典論理に基づくならば，1℃ごとに「今日は暖かい」という言葉が真か偽かを確認しなければならない，と思うかもしれません。少しばかげていますね。言っている内容が「やや真である」，「わずかに真である」，あるいは「とても真である」と明確に判断できる温度があるものでしょうか。

1950年代に発明されたファジィ論理は，これを数学的にとらえる方法です。古典論理なら偽を0，真を1として二つの数値で表すところを，ファジィ論理では，確率とちょうど同じように0から1までの間のすべての値を使用して表せるのです。つまり，真と偽のさまざまな度合いが存在することになります。

どうして重要？

人生のなかには確かにすでに自明の事実となっているものがあり，古典論理はそうしたものを扱うのに長けています。たとえば，普通の電灯（明るさを細かく調節できるタイプではありません！）がついているのか，ついていないのか，を考えると，ついている・ついていないのどちらかの状態しかありません。ただ，電灯の例ほどはっきり区別できない場合もあります。たとえば仕事の場合，「私には仕事がある」という言葉が真なのか偽なのか，よくわからない端境（はざかい）の状態がいくつかあります。たとえば，リストラで解雇されそうになっていたり，解雇予告を受けていたり，契約社員として短期の仕事をしていたりなど，いろいろな可能性があります。それでも，いくつかの公的な定義を使えば，わからないと半狂乱になったりすることなく，おそらく整理できるでしょう。

とはいえ，その方法ではうまく機能しない場合もあります。最もわかりやすい例は，サーモスタット（温度自動調節器）が制御する暖房や空調システムです。単純な設計では，温度が一定のレベルを下回ると，寒いのは真なので，暖房がオンになります。温度が一定のレベルを超えると，今度は寒いということが偽になります。すると暖房がオフになり，エアコンから冷たい空気が出始めて，私たちの体を冷やしてくれます。しかし，温度が「暑い」と「寒い」の間で激しく変化をくり返すと，誰もが不快に感じる可能性があります。これをファジィ論理を利用したシステムに置き換えると，はるかに心地よい環境を生み出すことができます。実際に，これが現代の温度制御システムのしくみとなっています。

ファジイ論理は現在，大量輸送システム，航空機や人工衛星の自動操縦，あらゆる種類の家電製品にいたるまで，作動のしかたを調整する自動化システムを必要とする，さまざまな技術に利用されています。より概念的なレベルでは，本質的に不明瞭ではっきり定義できない現象を扱う科学者の役に立っていますし，一部の哲学者にも歓迎されています。また，特に，法律や医学における意思決定の改善にも貢献していて，これらの分野では特に「エキスパートシステム」(専門家の知識をデータベース化し，問題解決できるように支援するコンピューターシステム)が意思決定プロセスを自動化しています。

詳しく知りたい

ファジィ論理は，古代ギリシャ哲学にまでさかのぼる歴史的な問題を解決しようとしています。この問題はさまざまなかたちで見られます。今日

ある瞬間，飛行機は雲の中にあり，それから雲の外に出ます。でも，雲の「内側」から「外側」へ移る正確な瞬間があるのでしょうか。

一方の端は明らかに青色で，もう一方の端は緑色です。青は緑ではありませんから，青から青ではない色に変わる正確なポイントがあるのでしょう。さて，それはどこでしょうか。

では曖昧さの問題と呼ばれることが，最も多くなっています。現代の例を挙げてみましょう。ある道路において，「時速15 kmで運転することは危険ではなく，時速160 kmで運転することは危険である」ことに同意するとします。また，「危険な速度はつねに，危険でない速度よりも速い」ことにも同意するとします。つまり，スピードを上げて，より安全に運転することは不可能ということになります。それ以外の条件は変わりません。

さて，「危険でない」と「危険」の間のどこかに境目となる速度があるはずです。なぜそうなるのか，なぜこれが問題なのかを知るために，最初は時速15 kmから道路を走り始めて，時速160 kmまで徐々に加速させていくと想像してみてください。最初，スピードは危険なものではなく，しばらくは「危険でない」状態が続きました。しかし，最後は「危険」でした。とすると，ある時点で危険な速度に切り替わったはずです。その時点をもし見つけることができれば，制限速度を決めるにあたって，とてもよい目安になるでしょう。

さらに，この実験のある時点で，「完全に安全な速度で運転していた」というのは本当に真なのでしょうか。そして，そのほんのコンマ数秒後に危険な速度まで（ほとんど気づかずに）加速したのでしょうか。そんなことは，あり得ないですね。実際，私たちが進んでいた速度が安全であれば，ほんの少し速度をあげても安全なはずですね。逆に危険な速度で運転している場合，ごくわずかに減速しても安全になるわけがありません。

ここでの問題は，「危険」が曖昧な言葉であるということです。正確に定義づけようとすると，「時速50 kmを超えて運転してはならない」などと，専門用語にすり替わって，本来の意味が失われてしまいます。法律ではこれが常習化しています。たいていの場合は十分問題なく機能しますが，とらえているはずの概念とは関係ないような，かなり曖昧に表現された文章を誰かが誤って理解してしまったとき，重大な不正を生み出すおそれがあります。

これこそ，ファジィ論理の考え方が役立つ場面です。先ほど，ステートメント（言明）A＝「この速度は危険です」があり，その真理値を確認できました。速度が危険な場合，$T(A)=1$，速度が危険でない場合，$T(A)=0$となります。次に，$T(A)$が間に値を取れるようにします。スピード違反の車の場合，時速15kmのとき$T(A)=0$，時速160kmのとき$T(A)=1$と設定し，0から1まで徐々に速度を上げていったと当然，考えられます。その場合，「この速度は危険です」とは言いませんが，「この速度の危険度は0.8です」といったことを言います。この例では，ファジィ論理の欠点が明らかになっています。端数のない，切りのいい数字の速度ではなく，このような情報を示す道路標識は想像しにくいです。しかし，罰則はこういう方法で適用されるのだろうと想像がつきますし，すでに現実にある程度，適用されています。静かなご近所を時速160kmで運転したら，少々限度を超えるどころか，もっと多くのトラブルに巻き込まれることになるでしょう。

これが論理になるなら，単なる真と偽以上のものが必要です。つまり，「かつ(and)」「または(or)」「でない(not)」のような論理の演算子です［ド・モルガンの法則，161ページ参照］。最も頻繁に使用されるツールは，冒頭に示した，いわゆるファジィ集合の演算子で，ザデー演算子とも呼ばれるものです。ファジィ論理でなければ，Aが真かつBが真であるときに「AかつB」が真となりましたが，ファジィ論理ではそのかわりに，「『AかつB』がAとBの真である（今は数値的な）度合いのうちの最小値をとる」となります。ここでの論理の連鎖は，結局のところ，最小値という最も弱いつながりしか伝えていません。これらの演算子により，多くの変数が関わる複雑な状況にコンピューターがファジィ論理を適用できます。そして，白か黒かで表されるような古典論理に匹敵する有用性をもたらすのです。

何事も真か偽かしかない
二進法の世界を手放すのは容易ではありませんが，
それができたとき，私たちはときとして，問題がずっと簡単に
解けるようになっていることに気づくでしょう。

自由度

ロボット工学の中心となる概念であり，高次元空間の巧みな利用を可能にする

$$M = 6n - \sum_{i=1}^{k}(6 - f_i)$$

一体どんなもの？

空中に浮いているヘリコプターは，どんなふうに動くことができると思いますか。まず，前後に移動できますね。数で表すと，前方は正の数，後方は負の数，数自体はヘリコプターが進む距離（m）となります。同様に，左右にも動けますから，そのための数がもう一つになります。たとえば正の数は右，負の数は左を表すとします。二つの数は互いに独立しているため，組み合わせて一つの数にはできません。最後に，ヘリコプターが上下に動けなかったとしたら困るので，上下動を表現するための数がもう一つ必要です。

しかし，ヘリコプターにはもっとたくさんのことができますから，話はまだ終わりません。まず，ヘリコプターは回転して機首を上下に動かせます。パイロットはこれを「ピッチ」と呼びます。繰り返しますが，これは進行（していると仮定します）方向とは関係ない独立した動きなので，ピッチの角度を表す四番目の数も使います。ご存じの方もいるかもしれませんが，ピッチのほかに「ロール」（前後を軸とした機首の回転，左右に傾く）と「ヨー」（上下を軸とした機首の回転，左右に機首を振る）という二種類の回転があり，この二つにもそれぞれ別の数が必要です。全体として，ヘリコプターは六つの独立した方法で移動できるので「6自由度」であるといえます。

詳しく知りたい

ヘリコプターの位置や特定の動きは，独立した

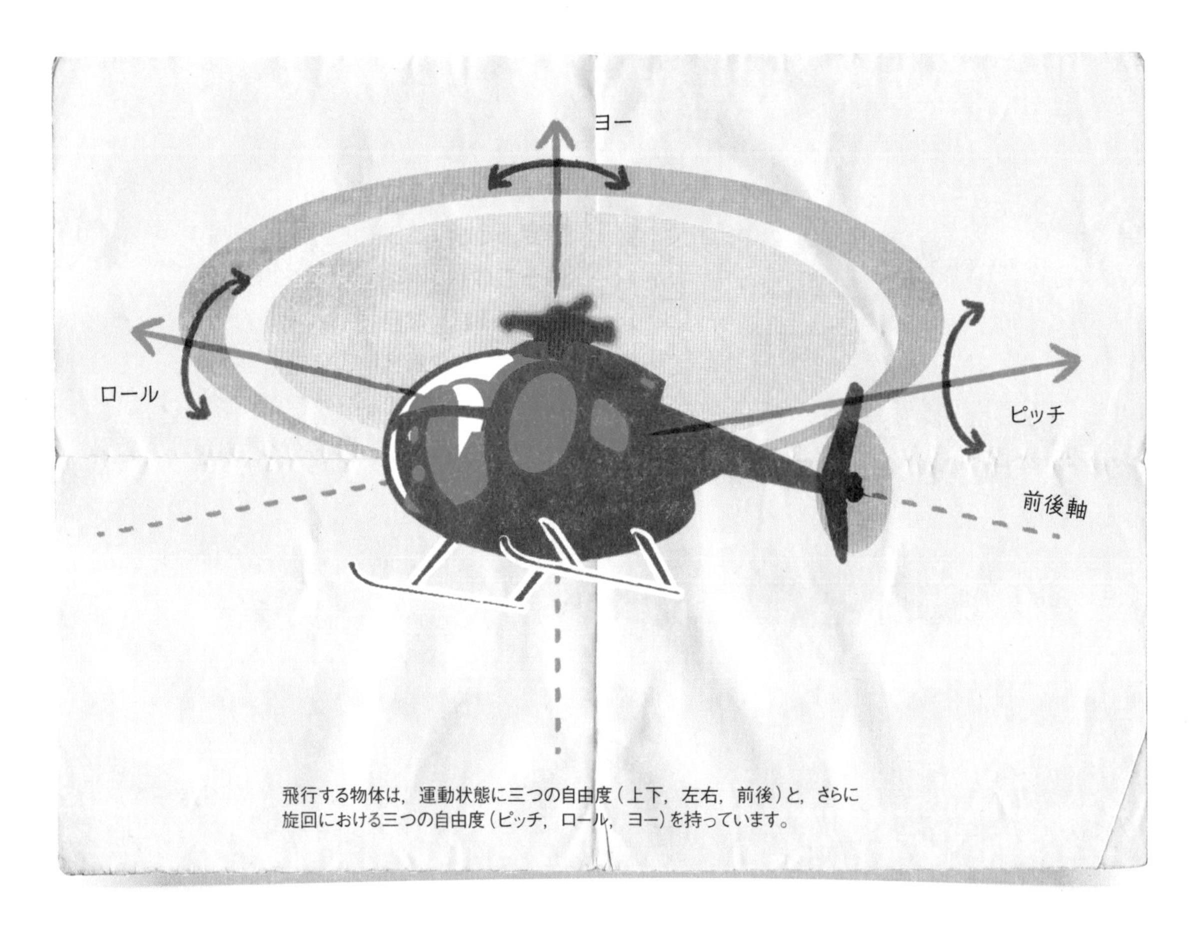

飛行する物体は，運動状態に三つの自由度（上下，左右，前後）と，さらに旋回における三つの自由度（ピッチ，ロール，ヨー）を持っています。

六つの数によって表せます。これは，座標を使用して空間中の点を表すのと少し似ていますが，今回の場合は点がたくさんあるようです。

ただ，この方法は数学者にとっては別段おどろくようなものではありません。空間中のこうした点は線形代数と呼ばれる手法を使ってとても簡単に操作できますし，線形代数は次元の数にあまり関係なく対応できます。ということですから，今度ヘリコプターを見たら，友達に「ほら，あれは六次元の空間だよ」と指さして教えてあげてください。

三次元空間の物体の場合，三方向の動きと三つの回転というのは最高にすばらしい条件です。たとえばコンピューターによる視覚化やコンピューターゲームなどでは，これはオブジェクトの位置や動きを表す標準的な方法です。ただし，回転が複雑になる場合もあります［四元数を用いた三次元回転，194ページ参照］。ロボットアームをつくるためにジョイント（関節）で連結されるビーム（梁）は力学的に考えて配置されています。このジョイントのようなさまざまな方法で制約されるシステムを見ると，もっと面白くなってきます。

ジョイントは，さまざまな方法で自由度を制限できます。ごく一般的な例として，ドアを考えてみましょう。木製の長方形としてみると，空中で好きなように動き回るヘリコプターと同じすべての自由度をもっています。けれども，ちょうつがいで出入り口に取り付けられたとたん，自由度は一気に一つに減り，「ヨー」だけになります。位置を変更しても動けませんし，回転はできますが，一方向に限られます。この場合，ちょうつがいは一種のジョイントとして一つの自由度だけを変化可能にしています。このちょうつがい一つで六次元空間を一次元空間に縮小させ，その一次元空間はドアが向く角を表すひとつの円で表されます。

ロボットアームではジョイントが一つ増えるごとに，ロボットアームに可能な動きの全体数が増えます。異なるタイプのジョイントを使うと，異なる数だけ自由度が増します。

飛行する機体は，
ある意味では，六次元空間だといえます。
驚くことに，そのようなとらえかたが
実際に役立つことがあります。

四元数を用いた三次元回転

19世紀の数学の古い手法が，
20～21世紀の多岐にわたる実用的な問題を解決

$$i^2 = j^2 = k^2 = ijk = -1$$

（i, j, k それぞれに $\sqrt{-1}$）

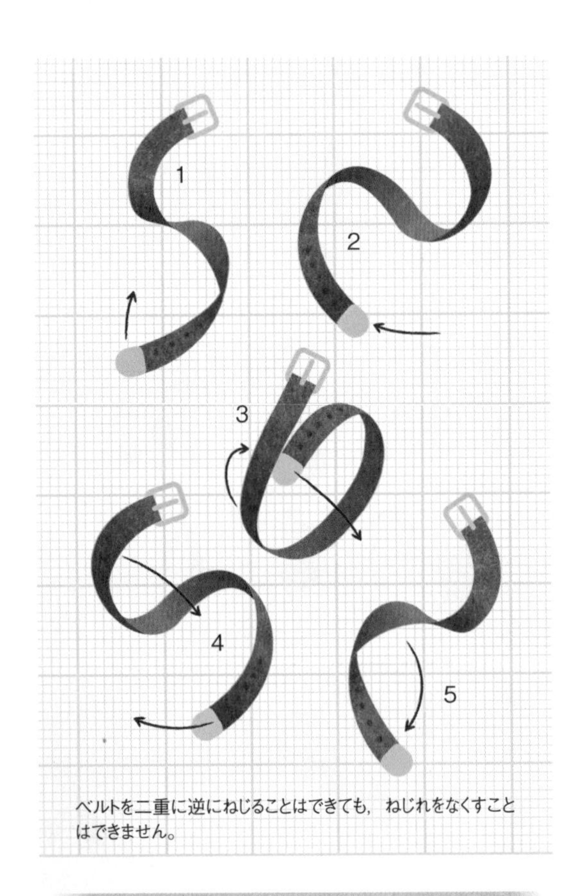

ベルトを二重に逆にねじることはできても，ねじれをなくすことはできません。

一体どんなもの？

普通の革ベルトをつかって，友だちと次の実験をしてみてください。互いにベルトの片端を地面に平行になるように持ち，引っ張ります。ベルトの端は自分にまっすぐ向くように持ちます。どちらか一方の端を一回転させて，ベルトにねじれを一つつくります。では，ベルトの両端を動かして，ねじれをもとに戻せるか，やってみましょう。ただし，ベルトの端はどちらも地面に平行に保ったまま，向きも自分に向けたままで，回転させてはいけません。

あなたと友だちはベルトの端を好きなだけ動かしてかまいませんが，やがてベルトのねじれを反転させることはできても，ほどけることはけっしてないと気づくでしょう。奇妙ですね。ねじれが反転したということは，もとのねじれの方向とは反対方向に二回ねじれたはずです。でも，もしそうなら，ある時点でもとのねじれを完全にほどいていたはずですね。けれども，どんなにやっても，ねじれがなくなる場所はけっして見つかりません。それは実際にはなくなっていないからです。

この現象から，三次元空間でものを回転させるのは見た目より複雑なしくみになっていて，つねに予想どおりに働くとは限らないことがわかります。四元数は，こうした回転の実際のふるまい（動き）を表すと考えられる特殊な数学的対象です。ただし，最初に見たベルトの回転のようなものではありません。

どうして重要？

私たちは三次元空間に住んでおり，多くの物理的な問題は，その空間での回転に関係しています。どのようにその回転を表せばよいでしょうか。まず，三つの方向（前後，左右，上下）を表す座標系を設定します。次に，各方向の周りを回転することを想像してみましょう［自由度，191ページ参照］。前後方向を軸に回転すると，頭から足に向かって横向きにまわり，側転運動になります。左右方向を軸に回転するのも，頭から足に向かってまわりますが，今度は前方宙返りになります。上下方向を軸に回転すると，頭と足はそのままで，立ったまま体を一周まわすような，まわりかたになります。この種の回転は「オイラー角」と呼ばれることがあり，これを組み合わせれば，想像できる範囲のあらゆる回転がつくれます。

ある程度までは，この回転はうまく機能します。しかし1969年7月，アポロ11号の月着陸船が地球への帰還にそなえて司令船にドッキングしようとしていたとき，オイラー角はそれほどうまく機能しませんでした。ドッキング操作に必要な回転を実行しようとしたとき，「ジンバルロック」と呼ばれる現象が起きて，宇宙飛行士たちが月着陸船を制御できなくなりました。つまり，司令船の誘

アポロ11号は，ジンバルロック現象に遭遇したのち，無事に地球に帰還しました。

導システムで，三つの回転のうち二つが事実上同期されるか同一平面上に「そろって」しまうかして，二つが同じ回転を表す状態になり，自由度を一つ失ったために着陸船に問題が生じたのです。システム停止から復旧させて制御機能を取り戻すために，宇宙飛行士は手動で想定外の大規模な作業を行わなければなりませんでした。これと同じ非常に危険な状況は，理論的には，あらゆる種類の航空機に影響を与えるおそれがあります。

ジンバルは機械装置の名前ですが，ジンバルロックという現象はテレビゲームの開発者の間でもよく知られています。オイラー角は直観的で扱いやすいのですが，多くのゲームに見られる極端な回転は，ジンバルロックやそれと似た不快な状況を容易に生じさせてしまう可能性があります。そのため，現在では宇宙船，航空機，さらにはテレビゲームまで，すべてオイラー角ではなく四元数を使って設計されています。四元数は，三次元物体の対称性が関係するところならどこででも役に立つので，分子生物学者や化学者のなかにもこれを使う人がいますし，また，量子力学のスピンを定義するパウリ行列にも含まれています。

詳しく知りたい

四元数は通常，特殊な数体系として導入されています。この数はむしろ複素数に似ています［オイラーの等式，51ページ参照］。複素数は−1の平方根として機能させるために，普通の数字に特別な数iを一つ付け加えるところから由来していましたね。四元数の考え方では，この体系に，互いに異なるけれどそれぞれ−1の平方根である，二つの特別な数字をさらに追加しています。これが突飛子もないように見えるなら，通常の数体系でも，4という数には，$2^2=(-2)^2=4$で，2と−2の二つの平方根があることを思い出してください。つまり，一つの数に対して複数の平方根があること自体は，別段奇妙ではありません。四元数のこの新しい数はjとkと呼ばれています。この

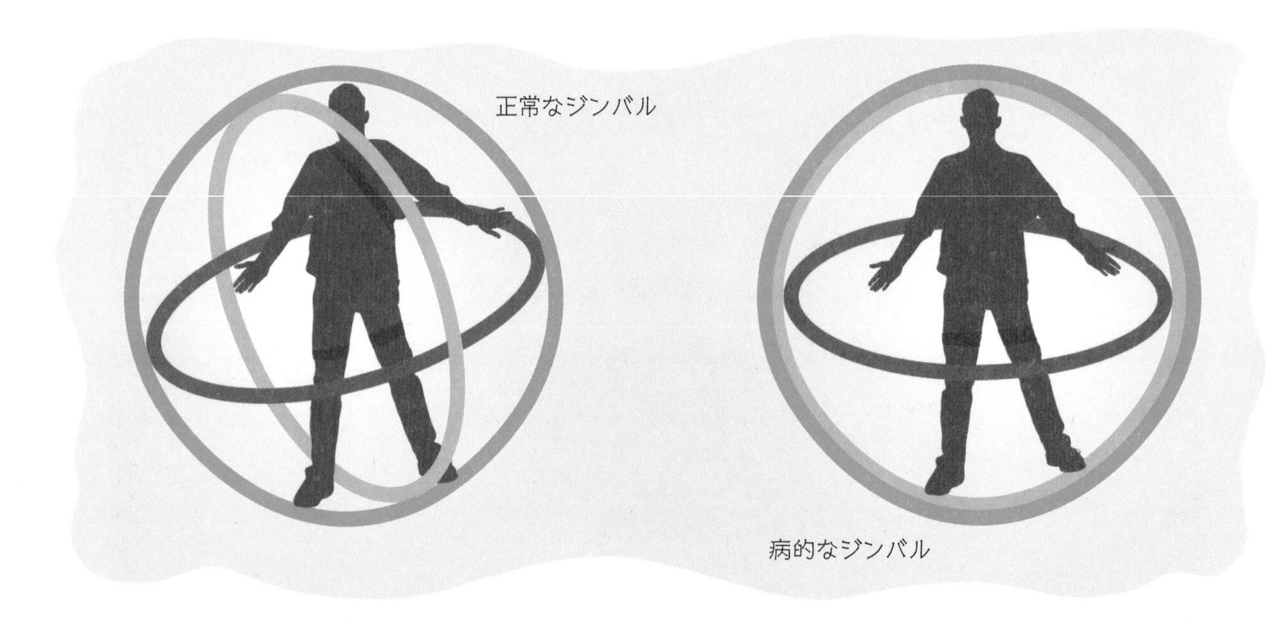

ジンバルは空間内で三種類の回転を制御しますが，「ロック」状態になると，そのうちの一つが使用できなくなることがあります。

ほかにこの方程式で示される特別な法則は，すべての項をかけ合わせると再び−1が得られることです。

四元数系の数はすべて，四つの基本要素（単位四元数）である1，i，j，kのそれぞれになにか普通の数をかけた倍数です。この数は一連の配列として，あるいは数学者の呼びかたでは「ベクトル」として表せます。たとえば，次のような四元数があります。

$$(3, -2, 1.8, -3.72) = 3 - 2i + 1.8j - 3.72k$$

このようにつくれる配列をすべてまとめれば，四元数になります。ベクトルに独立した成分が四つ入っているので，四元数は四次元のオブジェクトということになります。

これは実際に，数の体系として機能するでしょうか。結局のところ，単に新しい数を発明するだけではだめで，加算や乗算など，賢明な方法を使えることが求められます。乗算の法則は特に複雑ですが，こうした方法を定義できることがわかっています。それでも，現在のところ四元数は非常に「素敵な」数体系となっています。これは「有限次元実多元環」と呼ばれるものの一例です。この種の構造として可能な例は，私たちが普段使っている数字，複素数，四元数と，それらの拡大版の八元数と呼ばれるものに限られます。

四元数を回転と関連づけるには，まず，「大きさ」（[ピタゴラスの定理，12ページ参照] を使用して測ります）が1に等しいものを意味する単位四元数（四つの基本要素）に限定します。この方法で，四次元の四元数を三次元の数学的対象に変えられます。もっとも，ベクトル表記ではまったく明らかではありません。それでも，この方法は心強いです。三次元の回転は三次元で表されるべきでしょう。さらに，少々地味で面倒な作業に見える代数の計算を行うと，単位四元数を三次元空間の回転に変換できることがわかります。

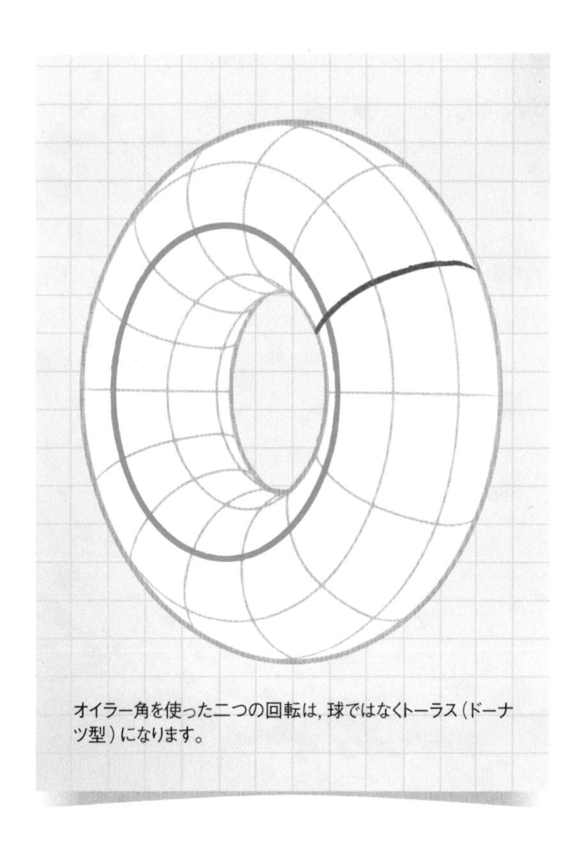
オイラー角を使った二つの回転は，球ではなくトーラス（ドーナツ型）になります。

たとえここで述べた代数に関して私を信用していても，さて何が達成できたのかなと，あなたは疑問に思うかもしれません。「同じ数学的対象を表す別の表現方法が見つかっただけではないか」と。それは確かにそのとおりですが，私たちは表現を使って物事を処理するのですから，表現方法が重要なのです。回転の表現方法としてオイラー角を使うと根本的な間違いが生じることがありますが，その間違いが現れるのは物事を処理しようとその表現方法を使い始めるときに限られます。一つの処理だけなら問題は見られませんが，次から次へと処理を進めていくと，数学者の言葉で言えば，回転を「合成」してしまい，間違いが生じてきます。ただ，四元数を使った表現方法では，その根本的な欠陥が修正されているので，こうした問題は起こりません。
　では，この根本的な欠陥とは正確には何でしょうか。実はそれは幾何学，トポロジー（位相幾何学），代数の間の，かなり深く美しい相互作用に関係しています。オイラー角で回転を表すと，位相学的にはトーラスのかたち（ドーナツ型）になりますが［オイラーの標数，56ページ参照］，四元数を使うと球になります。回転はトーラス的というよりも球的なものですから，ある意味ではオイラー角は間違った形状の地図として機能してしまいます。地球を表す平らな地図では，端まで見たら必ず一気にジャンプして反対側の端に移りますね。これは，地球は平面ではなく球だからという理由ですが，四元数のこの問題となんとなく似ていますね［メルカトル図法，140ページ参照］。これ以上お話しすると，「リー群」の説明になり，ページをたくさん使ってしまいそうです。この続きはまた別の機会に。

回転は，ふだん私たちが
考えているようなものとはちょっと違います。
ほとんどの場合，このことは問題になりませんが，
たまに間違いのもとになります。

Googleページランク

Googleの創設者は，巨大な方程式を解くことによって巨万の富を築いた

$$R(A) = 1 - d + d\sum_{i=1}^{n} \frac{R(T_i)}{C(T_i)}$$

ページAのランク*

Aへのリンク数

ページT_iのランク

減衰係数

ページT_i内の，他ページへのリンク数

＊ランク：ウェブサイトの重要度

一体どんなもの？

Googleは，ワールドワイドウェブ（コンピューターネットワーク上のウェブページの集まり，略して「ウェブ」）に指標を提供していると自称しています。ただ，一つ問題があります。どの言語でも一般的に使用される単語は数千個ですが，ウェブページは何十億とあります。ですから，検索エンジンが検索している単語をふくむページをごちゃ混ぜにして表示するなんてことがあれば，とんだ災難です。提示される選択肢は驚異的な数になり，その多くは的確でもありません。そうなると，ウェブページが「よい」か「悪い」かを調べる何らかの方法が，とりわけ必要になってきます。人を雇ってウェブページを全部確認してもらうという人力作戦は不可能です。あまりに多すぎますから。そこで，コンピューター自身が使える尺度が必要ということになります。とはいえ，コンピューターはウェブページ上に掲載される内容を理解できません。では，どうやって判断すればよいのでしょうか。

ページランクの基本的な考え方では，そのことについてコンピューター自身は少なくとも直接的に判断を下す必要はないとしています。なぜなら，コンピューターが解釈できる方法で，すでに人々が判断を下しているからです。誰かがページを作成すると，ほかのサイトのページによくリンクさせますが，これは，そうしたページが興味深い，もしくは価値があると考えているからでしょう。コンピューターは，ただそこにいて，こうし

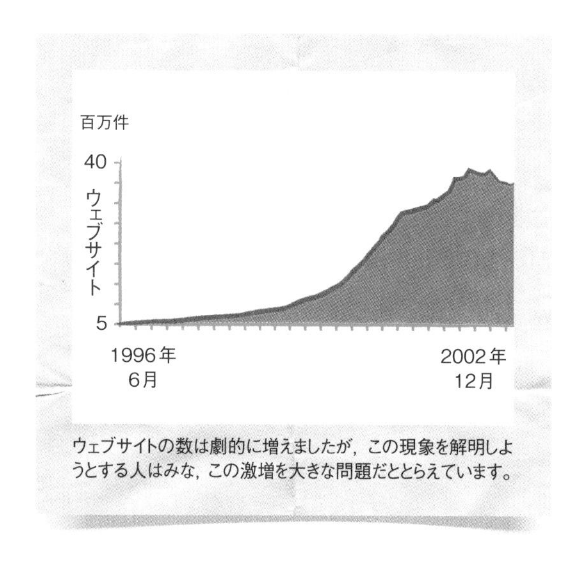

ウェブサイトの数は劇的に増えましたが，この現象を解明しようとする人はみな，この激増を大きな問題だととらえています。

たリンクに関する情報を収集し，想像を絶する広大で複雑なページのネットワーク内でどことリンクしているかを把握するように，プログラムできます。たくさんのページからリンクされているページは，同じトピックを扱っていても少ししかリンクされていないページと比較して，より重要であると，すでにネットユーザーが「投票」ずみというわけです。

問題は，どのサイトがあなたのページにリンクしているかが重要になってくるということです。もし確立された信頼できるサイトであれば，ほとんど知られていないサイトよりも，あなたのページが高く評価されますね。ただ，信頼性を高めるためだけに，ほかのサイトにリンクするスパムサイトである可能性もあります（これは一時，本当に問題でした）。では，コンピューターはどうやってインターネット上にある膨大なサイトから，最も信頼できるサイトを判断するのでしょうか。それは簡単です。そのサイトが，どれくらいほかのサイトからリンクされているか，リンクの数を使うのです。

しかし，今おそらく，あなたは問題に気づいているはずです。私たちは悪循環のなかで立ち往生しているようです。ほかのページから受けているリンクの信頼性を評価するためにはそのリンクの

Googleのサーバーが扱うデータの量は爆発的に増加しています。それを回避する方法を見つけることは，今後も引き続き課題となるでしょう。

わずか3ページのミニインターネットと，ページランクの計算に使用される行列。実際の値は，選ばれている減衰因子によって異なります。

信頼性を知る必要があり，受けているリンクの信頼性を調べるためには，そのリンク元がリンクしているすべてのサイトの信頼性を知る必要があります。そして，リンクしているすべてのサイトの信頼性を調べるためには，同じ作業を繰り返す必要があります。こうして信頼性を確認する作業はえんえん続きますが，インターネットは有限なので，最終的に調べ始めたもとの場所に戻ってくることになります。信じられないかもしれませんが，こうした問題を解決してくれるのが，ページランクの方程式なのです。

どうして重要？

おそらく，Googleとは何か，そして多くのインターネットユーザーにとってそれがどうして重要かはすでにご存じでしょう。本書を執筆している時点で，Googleは汎用インターネット検索をほぼ独占している状態にあります。2000年という世紀の変わり目に，ほとんどの人は複数の検索エンジンを使って，それぞれの仕事に有利と思われる難解な知識を一般に広めていました。Googleは，当時，どこよりも質の高い検索結果を提供することで，ライバルの多い市場で優位に立ちました。このとき，一部でページランクが使用されました。

詳しく知りたい

まず，Googleはほかの検索エンジンと同じように，複数の異なる戦略を組み合わせて使用しており，そのほとんどがビジネス上，機密性の高い情報であるといえるでしょう。ここでは，その意思決定プロセスに組み込まれている，一つの数の計算というごく一部分に注目しています。あなたがこの本を読むころには，Googleのやり方は変わっているかもしれませんが，数学的な原則はおそらく変わっていないでしょう。

基本的な数式はとても簡単です。今，私たちはページAのページランクを計算しようとしています。右辺における大きな和記号は，ページAにリ

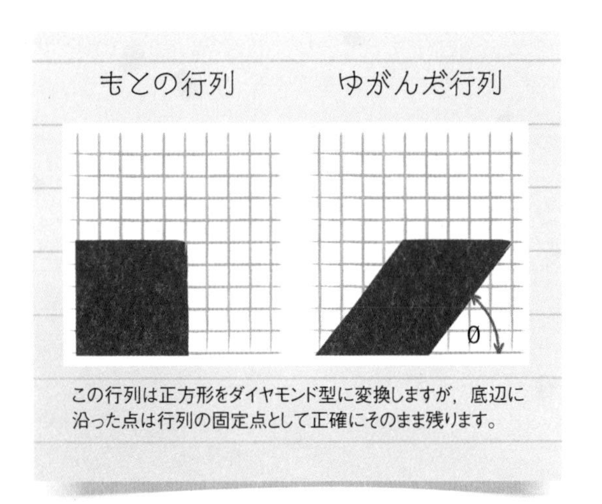

この行列は正方形をダイヤモンド型に変換しますが，底辺に沿った点は行列の固定点として正確にそのまま残ります。

ンクしているインターネット上のすべてのページについての合計を表しています［ゼノンの二分法のパラドックス，23ページ参照］。各ページ上で，ページAに何回リンクしているか回数を数えます。次に，そのページ上に貼られているほかのページへのリンクの総数で割ります。なぜでしょうか。それは，ページ訪問者に参照させるリンク先にこだわっているページから受けるリンクは，何千もの無差別リンクを貼っているページから受けるリンクよりも価値があるからです。

実際，右辺はページAのページランクを定義しています。問題は，ページランクそのものも，ここに表れていることです。つまりこれは，国語の先生に怒られそうなことで，単語そのものを使ってその単語を定義しています。こうして計算中に同じ計算をふくめるという悪循環が，すべてのトラブルの原因となっています。となると，この手詰まりを打開する策が必要になります。そこで使うのが，線形代数です。

とりわけ，線形代数は行列を扱っています。行列を，数でできた正方形と考えてみましょう。大きな駐車場で車を停めた場所を覚えるのと同じように，行列Lの中で，i番目の行とj番目の列を見れば数を一つ見つけられます。慣例によって，その場所にある数をL_{ij}と書きます。この行列は巨大な規模で，インターネット上のすべてのページが行と列を一つずつもっています。ページT_iがページT_jにリンクしている場合，ページT_i上に貼られているほかのページへのリンクの合計数をCとすると，行列の成分L_{ij}は$1/C$になります。ページがどこにもリンクしていない場合，成分は0になります。

この行列は，次の方法でページランクを計算するのに役立ちます。集めているページのすべてのページランクのリストをつくってみたいと思います。このリストを$\vec{P}$というベクトルに変換すると，そのベクトルは次の問題なさそうな方程式を満たさなければならないことがわかります。

$$\vec{P} = L\vec{P}$$

ベクトルに行列を乗算する方法を知っていれば，鉛筆と紙を使って，冒頭に掲げた定義とまったく同じになることを自分で確認したくなるかもしれません。計算は基本的には単純ですが，ぞっとするほど膨大な量なので，このページでお見せするのは難しいですね。

この行列計算はテーマ冒頭の定義とまったく同じと言ってきましたが，その一方で実は別のものも得られています。方程式の両辺に$\vec{P}$（ページランクの集合）が現れるという事実はもはや問題ではありません。$\vec{P}$にLをかけても，何も変化しません。いうなれば，この理由から，これはLの「固有ベクトル」の特殊な例となります。

この種の代数をこれまで見たことがないと，不思議な魔法のように見えるかもしれません。けれども実際には，これは一般的な問題のほんの一例にすぎず，おそらく過去にほかの例を解いたことがあるはずです。たとえば，次のような関数があるとします。

$$f(x) = 6 - 2x$$

さて，方程式$\vec{P} = L\vec{P}$は，次の方程式のようなものです。

$$x = f(x)$$

ここに悪循環は起こっているでしょうか。大丈夫そうですね。$f(x)$を先ほどの定義に置き換え，ちょっぴり記号を混ぜ合わせて，この方程式を真にするxの値を求めます。

$$\begin{aligned} x &= 6 - 2x \\ 3x &= 6 \\ x &= 2 \end{aligned}$$

この方程式がベクトルに行列を乗算する計算をふくんでいるから，式がさらに複雑になっているわけではありません。最終的には，多くの単純な算数の作業になります。いいえ，問題は，Lがリンクを表す約625,000,000,000,000,000,000個（6垓2500京個）の数字を含む正方形の行列であり，一方，$\vec{P}$は約25,000,000,000 個（250億個）のページランクを表す一つのベクトルであるため，この二つをかけ合わせるのは，電卓で計算できるような規模ではありません。

喜ぶべきことに，この類の計算はほかにも非常に多くの応用先があるので，行列の固有ベクトルを求めたり処理したりするための非常に巧妙な方法がいくつかあります。コンピューターは膨大な計算もひたすらこなしてくれますし，それが$\vec{P}$を求めるのに必要な作業のすべてです。

一つのページのページランクを求めるという小さな問題から始めましたが，ここでは，ずっと大きくてもっと難しそうな問題を一気に解決できました。つまり，すべてのページランクのベクトルを一気に計算できたのです。線形代数というのは大体こんな感じです。一見難しそうな一連の作業を，まるで魔法のように，突然簡単なものにすっと変えてしまいます。

このため，特に行列代数は，検索エンジンの世界をはるかに超えた，さまざまな分野の基本ツールとなっています。事実，科学技術において，行列の固有値の知識を重要視しない分野は考えられません。

ページランクは，
インターネットを理解しようとする一企業の試みであり，
線形代数の力を示すすばらしい実例でもあります。

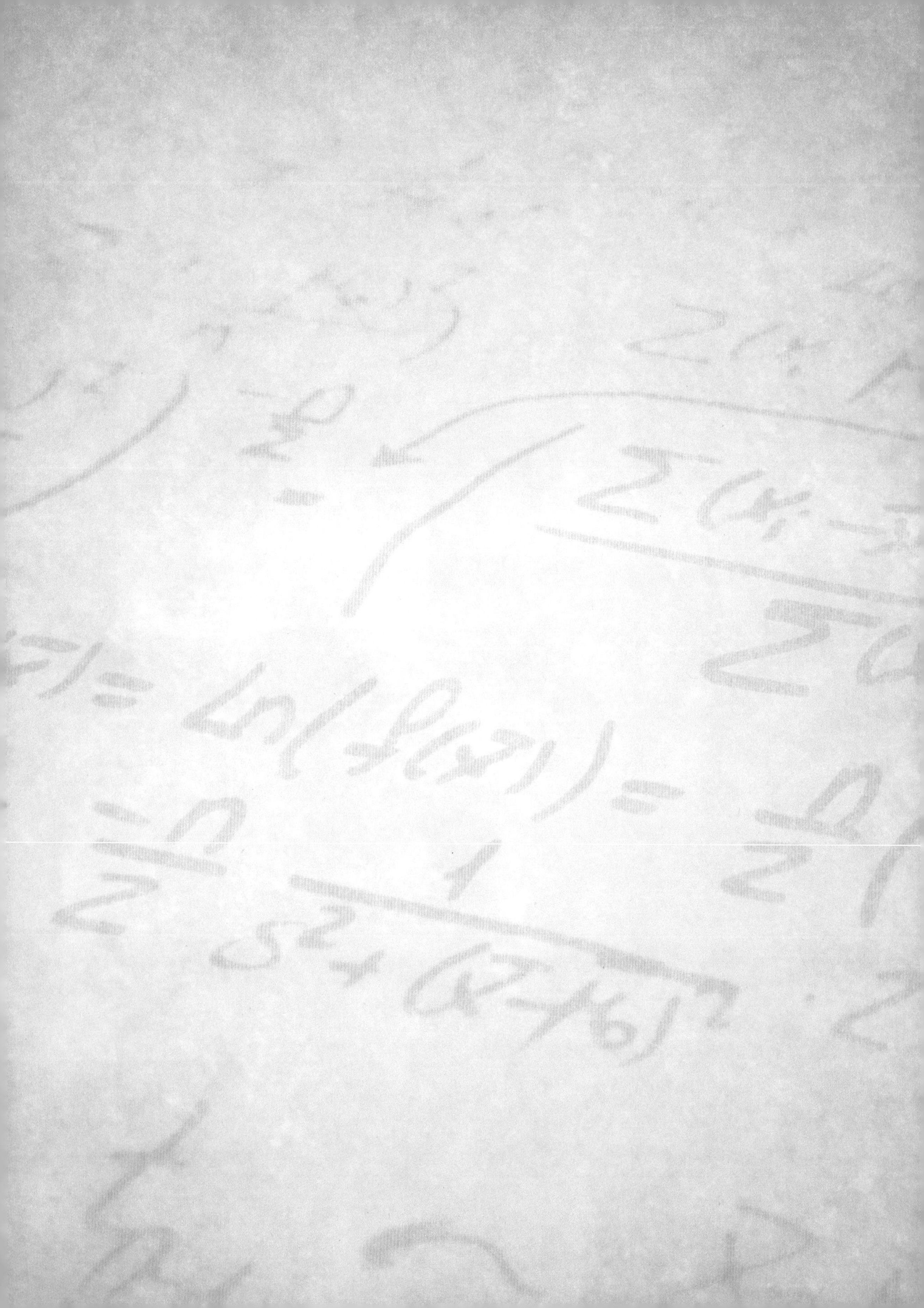

第4章

「知らないこと」について知る「可能性と不確実性」の方程式

一様分布

一様分布は，賭博などの勝負事の基礎であり，医学や科学，人工知能（AI）に関係のあるベイズ推定の出発点ともなっている

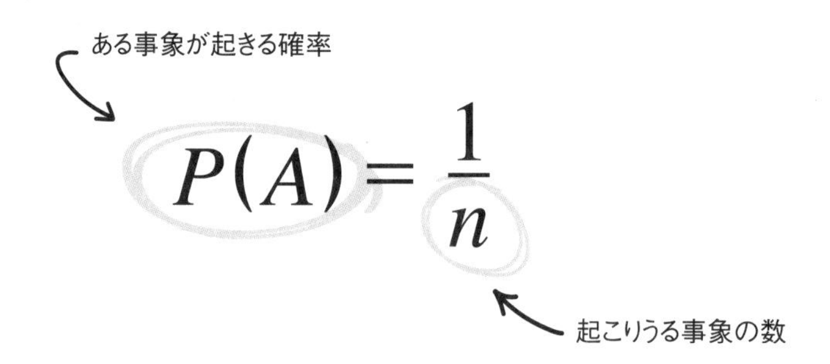

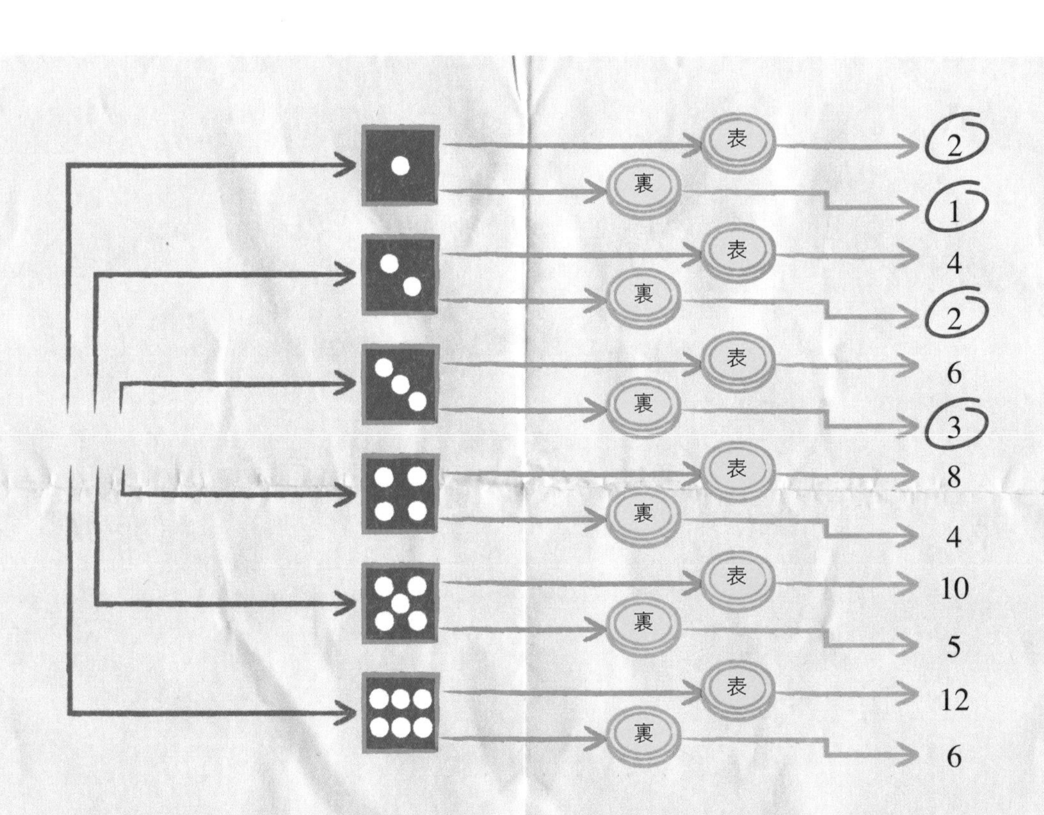

サイコロを振ってコインを投げるゲーム。コインの表が出たら，サイコロの目を２倍します。枝分かれしたすべての事象は起こる確率が同じなので，得点が４未満になる確率は4/12，すなわち1/3になります。

一体どんなもの？

確率論では，不確かなものについて知る方法がわかります。これはすばらしい研究の功績です。長い間，そんなことはできっこないと多くの人が思っていました。一様分布は，起こりうる状況を最も単純に表したもので，すべての起こりやすさが等しい有限個の結果があらかじめ知られている場合に対応します。

たとえば，普通のサイコロを転がすとします。ありえる結果は六つあり，サイコロ自体や投げかたが公正ならば，どれか一つの目だけが特別に出やすいと考える理由はありません。サイコロのどの目も同じ出やすさであり，このとき（六つの）ありえる結果全体が「一様分布」をもっている，といいます。

列に並ぶ場合，人は普通，均等に散らばって並んでいます。どこかの列がほかの列よりも短くなっていると，あとから来る人がその列に入って列の長さをそろえる傾向があるためです。

この分布だけではたいして役に立ちませんが，もう少しよく考えれば，この確率に数字を付け加えて，それを使ってより複雑な質問にも答えられます。たとえばサイコロを振って5の目が出ることは，5より小さい数が出るよりもどれくらい起こりやすいでしょうか。あるいは，サイコロを何個か振り，出た目の数を合計したらどうなるでしょうか。このようなささいな問題から始まって，確率は「不確実性」と呼ばれる精度の高い理論にゆっくりと発展しています。

どうして重要？

あなたは今，数学の授業を受けていて，先生が黒板に三角形を書いているとします。先生は三角形の一角を指し，「これは直角です」とはっきり言って，生徒たちになにか問題を解くようにと指示しました。その角が本当に直角かどうか，先生はどのくらい確信をもっていると思いますか。あるいは，実は正確には90°ではなかったとしたら，どうでしょうか。

きっと先生は，「問題を出すために，正しい角度だと仮定しているのですよ」と言うでしょう。そうなると，三角形の直角という条件は「仮定」（この言葉もよく数学で使用されます）ですから，あえて質問しなくてもよいですね。けれども，現実の生活では，そうはいきません。現実では今すぐに確実だとわかることなどほぼありませんし，たとえ確信していても，間違っている可能性も少しはあると認めなければならないことがよくあります。

1600年代まで，ほとんどの数学は確実性に基づいて考えられていました。たとえば幾何学の問題だと，長さや角度，点という条件が与えられ，それを基準に推論されていました。確実な情報であれば，確かな結果を導くことができます。たとえば，直角三角形があると仮定します。その三辺のうち最も短いほうから二つの辺の長さがそれぞれ，3と4だとすると，残りの一辺の長さが5であることは，間違いありません［ピタゴラスの定理，12ページ参照］。おや，でも数学の授業以外で，誰かからこんな情報をもらったことが今まであったでしょうか。

どんな状況でも，もっている情報が絶対的に正確で完璧，あるいは確実ということはありません。たとえば，科学的な観測にはつねに一定の範囲の誤差があります。それを考慮しても，機器の調整ミスや故障，計算ミスなどはつねに起こる可能性があります。私たちが知っていることはほぼすべて，たとえどんなに確信があっても，こうした誤差などの小さな疑念にくもり，とらえにくくなっています。

確率論は，一様分布に圧倒的に支配される，カードやサイコロを使う勝負事を理解する方法として始まりました。それ以来，この理論は科学技術のさまざまな分野の中心となっています。その理論が始まった当初は物理学や金融の分野に利用され，後に社会学や心理学など統計的な要素がより強い学問の誕生に貢献しています。科学は，こうした学問が理解しようとする状況の数理モデルをつくっています。確率を使うことによって，そのモデルがはるかに説得力をもち，役に立つようになることが多いです。

詳しく知りたい

コインを投げる，サイコロを振る，シャッフルされたトランプのデッキからカードを選ぶ，とい

事象の起こりやすさがすべて等しいとき，事象は一様分布に従い，均等に分散します。

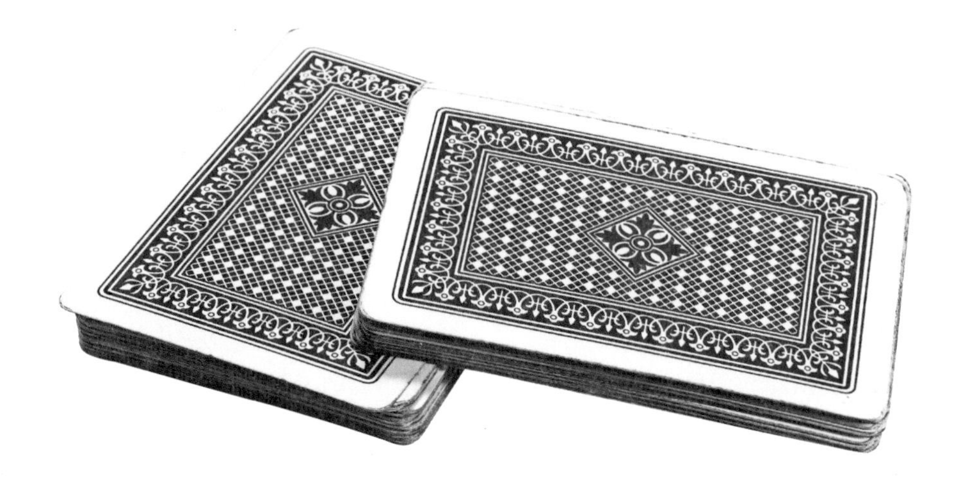

ひと組52枚のトランプがかなりよくシャッフルされていれば，どのカードも山札の一番上に来る確率はすべて等しく1/52になります。

った状況では多くの場合，すべての結果は「同様に確からしい」と仮定する，つまり一様分布を使って考えていると考えます。たとえば，サイコロを一回振るとき，1の目が出る確率はどのくらいかというと，答えは1/6，あるいはよく使われる表現では「六回に一回」となります［206ページ参照］。これは，「サイコロを六回振ると，1の目が出るのは約一回と予想できる」ということでもあります。1の目はまったく出ないかもしれないし，毎回出るかもしれませんが，サイコロを何回も振ると，平均しておよそ六回に一回，1の目が出るのだな，と予想できるという意味です。

たとえば，5か6の目が出ないとゲームに勝てないとします。つまり，「5または6の目を出す」という新しい事象（試行の結果として起こる事柄）と考えます。これはまた，「5の目を出す」と「6の目を出す」という，二つの単純な事象の組み合わせとも考えられます。すなわち，「または」という言葉が意味することは，「二つの確率を足し合わせて表せる」ということです。この二つを足すと，$1/6 + 1/6 = 2/6 = 1/3$なので，勝てる確率は三回に一回です。

これを何ゲームもプレーする場合，5または6の目が一回出るはずの三回ごとに，どちらかの目が平均して一つ出ることになります。二つの事象が同時に起こらない限り，この考え方で「または」で結びつく結果の組み合わせすべてに確率を当てはめられます。

極端な場合，六つの結果のいずれかを得る確率は$1/6 + 1/6 + 1/6 + 1/6 + 1/6 + 1/6 = 1$となり，事象全体は「確実に起こるもの」として確率を1とします。これよりも高い確率は存在しません。振ったサイコロがテーブルの端に着地して微妙なバランスをとっているような奇妙な事態を考えなければ，この六つの結果のうちの一つが得られることは確実です。同様に，普通のサイコロで7の目を出すといったありえない事象は，確率0と定義します。数学的にはこれは有効です。6または7の目が出る確率は$1/6 + 0 = 1/6$，つまり6の目が出る確率となります。

この考えかたは，確率を計算するときによく役に立つワザになります。ある事象xが起こる確率を$p(x)$とすると，ある事象xが起こらない確率は$1-p(x)$です。なぜなら，起こっているか，いないかを合わせた全体の確率は，明らかに1だからです！　たとえば，1，2，3，4，5のいずれかの目が出る確率は，6が出ない確率と同じですから，1－1/6＝5/6となります。

今度はサイコロを数回振るゲームを考えてみましょう。6の目が二つ，続けて出る確率はどのくらいでしょうか。つまり，「サイコロを二個同時に振って両方とも6」，または「サイコロを二回振って，二回とも6が出る」確率です。一回目にサイコロを振って出る目は六通りあり，次のステップに行けるのは一つの出目だけです。二回目も，またさらに六通りの結果の可能性があり，ねらいにかなうのはその一つだけです。成功する確率が毎回1/6の試練を，二回乗り越えなければならないということです。これを数学的に捉えるには，二つの確率をかけ算します。計算すると1/6×1/6＝1/36で，これはかなり起こりにくい事象です。

ここでは「または（or）」，「かつ（and）」，「でない（not）」の組み合わせが非常に有効に働いています。［ド・モルガンの法則，161ページ参照］。こうしたテクニックを使うだけで，あとは少し小賢しい手を使えば，非常に複雑な確率でも計算できる場合があります。では，次はかなり難しい問題です。普通のトランプ52枚からランダムに5枚のカードが配られたら，数字が同じペア（クイーンのペアなど）一組と残りはバラバラのカードになる確率はどのくらいでしょうか。ポーカープレーヤーには，この手の質問はかなり興味深いでしょう。

一連の結果がすべて等しい確率で生じる場合，
一様分布が得られます。
確率の研究にふさわしい出発点です。

ギャンブラーの破産問題

プレーヤーとカジノ——最終的に勝つのはなぜいつもカジノなのか？
この方程式からその理由がわかる

$$P(A) = \frac{1-\left(\frac{1-p}{p}\right)^{f}}{1-\left(\frac{1-p}{p}\right)^{t}}$$

アランがベティを破産させる確率

各回でアランが勝つ確率

アランのゲーム開始時の手元資金

ゲーム開始時の二人の手元資金の合計

一体どんなもの？

フランスの数学者で哲学者のブレーズ・パスカルは1656年，共同研究をしていた数学者ピエール・ド・フェルマーにあてた手紙の中で，今や有名になった問題を提起しました。その標準的な現代版を紹介します。アランとベティが賭け事をしているとしましょう。それぞれ，決まった数のチップを持っています（おそらく同じ枚数ではありません）。自分の番が回ってくるごとにサイコロを投げ

ルーレットで0か00が出ると，カジノ側が勝ちます。めったに起こらないことですが，こうしたわずかな有利さがカジノ経営の存続のカギなのです。

て，あらかじめ賭けておいた結果が出たか確認します。たとえば，「サイコロを三つ投げて，少なくとも一つのサイコロで6の目が出ているどうか」を見るとします。もし6が出ていれば，アランの勝ちで，ベティのチップを1枚もらいます。そうでない場合はベティの勝ちになり，アランからチップを1枚もらいます。どちらか一人がチップをすべて手にして，もう一人が「破産する」まで，このゲームを繰り返します。ここで問題です。二人のプレーヤーがそれぞれ破産する確率は，どのくらいでしょうか。

アランはゲーム開始時より手持ち資金が増えましたが，まだ形勢不利です。それは，ベティが，アランを破産させられるくらい資金を十分に持っているからです。

この問題を分析すると，驚くべき結果を生む公式が導かれます。アランがベティよりもたくさんお金を持っていれば，したがってアランが好きなだけプレーし続けられるなら，アランはベティよりもつねにわずかに優勢なので，アランに有利な結果になる確率が1/2よりも少し大きくなり，ベティはほぼ確実に破産します。これは，ほとんどすべてのカジノゲームの基本原則です。カジノには巨額のお金があるため，客であるプレーヤーに対して若干優位な立場にあります。ですから，どんなに多くのプレーヤーが勝っても，最終的にはカジノが根こそぎもっていってしまうのだということが，これで十分わかりますね。

詳しく知りたい

このゲームはマルコフ過程の一つです［ブラウン運動，90ページ参照］。ゲーム一回ごとにこの方程式を使うと，まるでチップがいま配られてゲームがちょうど始まったかのようにして，$P(A)$ すなわちアランが最終的にゲームに勝つ確率を計算できます。アランがその時点ですべてのチップを持っている場合，$P(A)=1$になり，結局ベティは破産し，ゲームが終了します。同様に，アランが現時点でチップを一つも持っていない場合，方程式は$P(A)=0$となります。彼はすでに破産しているので，勝率はゼロです。

プレーヤーがそれぞれ持っている資金と，アランにやや形勢が有利であることがゲームにどのように影響するか見てみましょう。やや形勢が有利であるということは，$p>1-p$を意味し，次の式で表現されます。

$$\frac{1-p}{p}<1$$

すると，この数字を数多く累乗して得られた数は，数少なく累乗して得られた数よりもゼロに近くなります。では，アランがチップを100枚，ベティが10枚持っていて，アランの勝率が51/100になるときの数字を調べてみましょう。

$$P(A)=\frac{1-\left(\frac{0.49}{0.51}\right)^{100}}{1-\left(\frac{0.49}{0.51}\right)^{110}}\fallingdotseq 0.994$$

これは，実際には1から「非常に小さなもの」を引いた数を，1から「さらに小さなもの」を引いた数で割ったものです。実際には1/1＝1にとても近い計算になります。けれども，この方程式の結論にはおそらくもっと驚かされるでしょう。アランがこのゲームができるカジノを建てて，プレーヤーは一人につき最大10枚のチップを購入でき，アラン自身はプレーヤー一人に対してチップ100枚を持つとした場合，彼はほとんどすべてのプレーヤーを破産させるでしょう。ジャックポットを獲得してアランの手持ちのチップ100枚を奪い取れるのは，1000人のプレーヤーあたりでたった約6人だけなのです。一方，アランは勝ったゲームからチップ9940枚を獲得しているので，6人への支払いなど大した痛手ではありません。

最後に，どちらが有利でもない完全に公正なゲームでは，この方程式は意味をなさないことに注意してください。分数の分母がゼロになりますが，ゼロでの割り算は計算できないからです。その場合は，次の公式を使います。

$$P(A)=\frac{f}{t}$$

これは単に，アランの勝率は，彼がその時点で持っている資金が全体のお金に占める比率と同じであることを表しています。

お金がたくさんあるほど，
ゲームを長くプレーし続けられるという
単純な理由だけで，
最終的に勝てる確率が高くなります。

ベイズの定理

めずらしい病気について非常に信頼できる検査を受けて陽性の結果が出たら，どのくらい心配すればよい？

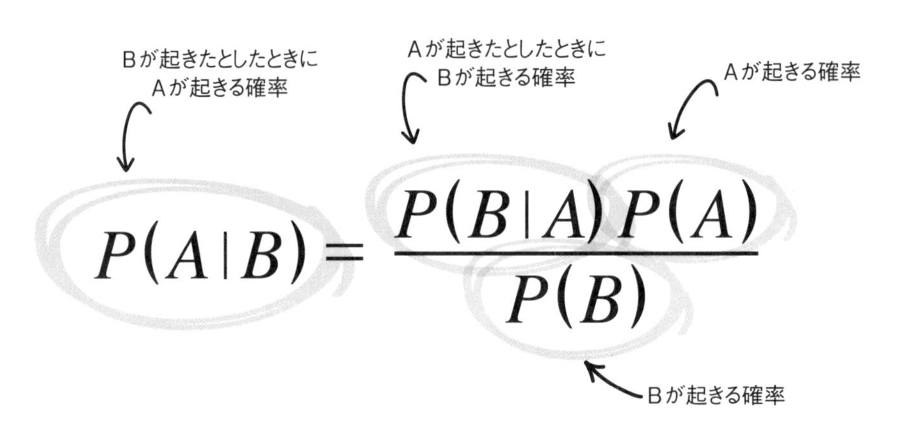

$$P(A|B) = \frac{P(B|A)\,P(A)}{P(B)}$$

一体どんなもの？

病院に行って，自分と同じ症状をもつ人の1%がかかる病気の検査を受けるとします。検査の精度は99%です。つまり，その病気にかかっている人を検査すると，99%の確率で陽性になり，かかっていない人を検査すると，99%の確率で陰性の結果が出ます。では，陽性の結果が戻ってきた場合，どのくらい心配すればよいでしょうか。

とても心配しなければならないように思えます。いずれにしても，この検査の精度は非常に高いのですから。そういうわけでまた，びくびくしながら病院に行きます。医師はこうしたことにいささか経験があり，「再検査しましょう」と言いました。再び検査を受けると今度は陰性の結果が出て，うれしいことに，問題なしとお墨付きをもらいました。さて，いったいどういうことでしょうか。

ベイズの定理によれば，精度の高いよい検査で陽性の結果が出ても，前述のような場合に病気にかかっている確率は50%にすぎないということになります。多くの人がこの確率をとても奇妙だと思うでしょう。実際，私たちはこのような状況を直観的に判断するのがとても苦手です。これこそ，ベイズの定理が非常に有効な状況です。

検査の精度が重要でない，と言っているのではありません。二回目の検査が間違っている確率はわずかですから，陰性の結果が出たとき，私は本当に病気ではないのだと確信がもてました。一回目と二回目で状況がこんなふうに違ったのは，そもそもこの病気にかかる確率がきわめて低いという事実にあります。ただ，私たちにとって，やはり陽性か陰性か，異なる確率を正しく比較するのは困難です。そんなときにベイズの定理が役立つのです。

どうして重要？

ベイズの定理は，何かほかの条件がわかっていると仮定して，ある一つのことが起きる確率を推定することに関する定理です。現実ではたいてい，なにかしら関連する情報をもっているものなので，こうした推定は日常茶飯事です。2012年にアメリカの統計学者ネイト・シルバーは，50州すべてとコロンビア特別区におけるアメリカ大統領選挙の結果を正確に予測し，ウェブ上の有名人になりました。このとき，彼はベイズの定理が自分の手法の中心になっていると述べています。法廷において，ベイズの定理は特にDNA鑑定で，証拠を有罪か無罪どちらかについての主張と結びつける論拠に適用され，また一方では乱用されてもいます。

ベイズの定理はエニグマ暗号の解読に重要な役割を果たし，ナチスを倒すのに役立ったといえる，本書の中の数少ない方程式の一つとなっています。

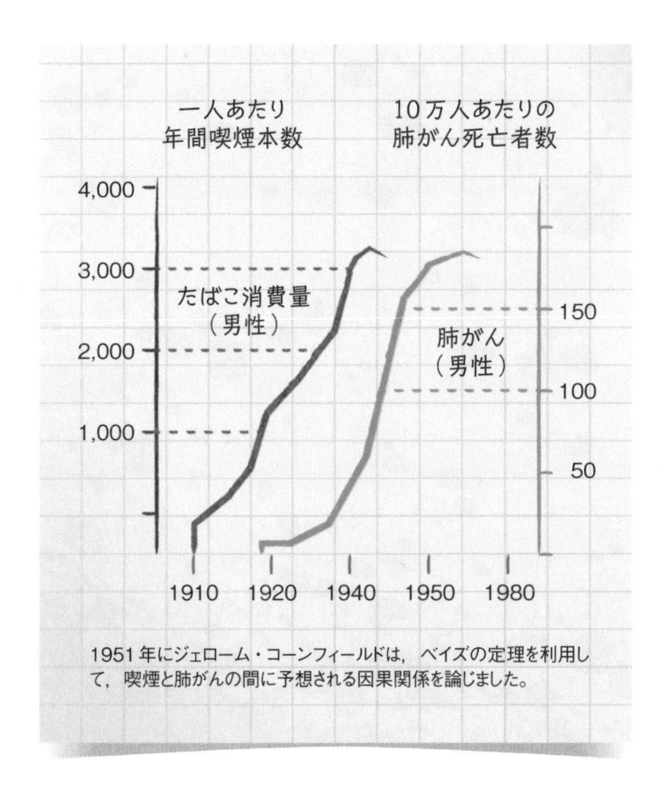

1951年にジェローム・コーンフィールドは，ベイズの定理を利用して，喫煙と肺がんの間に予想される因果関係を論じました。

もっと身近な例では，電子メールのアカウントには，よくベイズの定理を利用した迷惑メールフィルタが使われています。このフィルタは，迷惑メールによく使用されている一連の単語と，「この単語がスパムであると仮定すると，電子メールがこの語を含む確率はXになる」という形式の一連の確率から始めて，メールに含まれている単語をもとに，その電子メールがスパムメールである確率を計算します。フィルタは受信メールに基づいて，迷惑メールである確率とそこによく使われる単語を時間とともに調整していきます。似たような技術は，言語学者によって，自然言語（人間が生活のなかで日常使っている言語）で書かれたテキストを分析，解析，再現できるソフトウェアの開発に使われています。

心理学者や世論調査員，遺伝学者，物理学者，ハッカー，言語学者，企業の役員，軍事戦略家，スパイなども，この定理を日常的に使っています。第二次世界大戦中にナチス・ドイツが用いたエニグマ暗号を解読したり，現代では喫煙が肺がんの原因となることを証明したりなど，歴史的な役割も果たしてきました。哲学でも知られています。このように広く用いられていることと関連して，奇妙な事実が導かれます。本書で紹介する方程式のなかでもおそらく独特なことなのですが，ベイズの定理の応用についてはいろいろな意見があるのです。公式の正しさについては，さほど問題にはなりませんが，その解釈や，確率を計算するとき実際に何をしているのかついてさまざまな議論があります。この定理は，本書中では追究しきれない興味深い哲学的な問題へと導いてくれます［大数の法則，222ページ参照］。と同時に，この無邪気に見える方程式には実は奥深さが秘められていることも知っておく価値はあります。

この人が左利きである確率はどれくらいでしょうか。それは，すでにどういう情報がわかっているかによって決まります。

詳しく知りたい

確率の計算は，わかっているそのほかの条件の影響を受けることがあります。たとえばサイコロを振って出た結果が隠された場合，6の目が出た確率は1/6であるように思えます［一様分布，206ページ参照］。でも，もし「偶数の目が出た」と言われたら，どうでしょうか。6の目が出た確率が高くなるように思えますね。そこで質問です。仮に偶数の目が出たことを知っているとすると，それが6の目である確率はどれくらいでしょうか。

おそらく直観的に推測できますから今回は正解できると思いますが，ここではベイズの定理を使って一つずつ計算してみましょう。

$$P\left(\begin{array}{l}\text{出た目が偶数であることを知って}\\\text{いるとして，それが6の目である}\end{array}\right)$$
$$=\frac{P\left(\begin{array}{l}\text{出た目が6であるとき}\\\text{に，それが偶数である}\end{array}\right)P\left(\begin{array}{l}\text{それは6の}\\\text{目である}\end{array}\right)}{P\left(\text{それは偶数である}\right)}$$

出た目が6であると仮定すると，偶数である確率は簡単です。6はかならず偶数なので，1です！サイコロが公正であると仮定すると，6の目が出る確率は1/6で，同様にサイコロには偶数の目が三つあることから，偶数である確率は3/6 = 1/2です。ですから，合計すると，次のようにおさまります。

$$P\left(\begin{array}{l}\text{出た目が偶数であることを}\\\text{知っているとして，}\\\text{それが6の目である}\end{array}\right)=\frac{1\times\frac{1}{6}}{\frac{1}{2}}=\frac{1}{3}$$

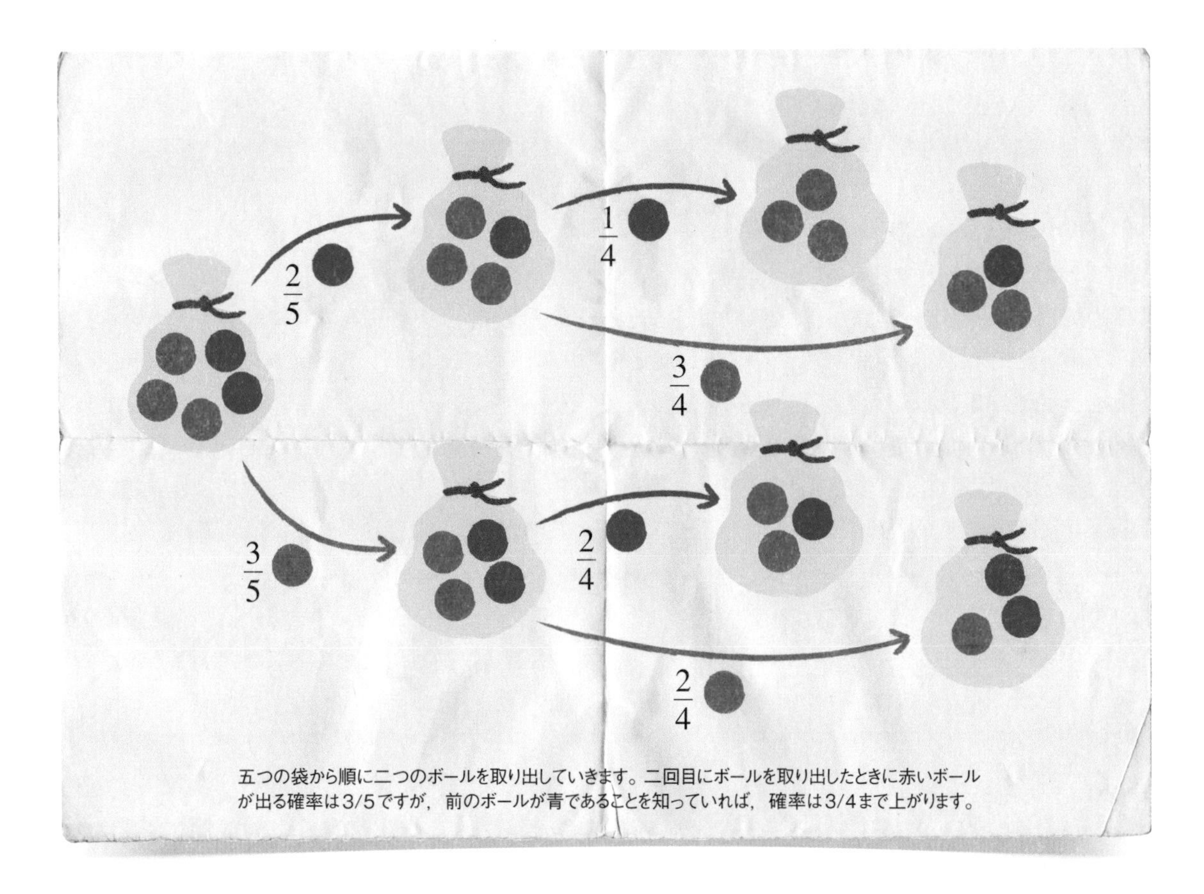

五つの袋から順に二つのボールを取り出していきます。二回目にボールを取り出したときに赤いボールが出る確率は3/5ですが，前のボールが青であることを知っていれば，確率は3/4まで上がります。

より一般的には，「Bが起こったという条件のもとで，Aが起きる確率」は，$P(A|B)$と書き表します。このような場合を「条件付き確率」と呼び，ベイズの定理はその研究の基礎の一端を担っています。

「Bが起こった」という条件のもとで，Aが起きる条件付き確率を計算する標準的な方法があります。もしAがまだ起こっていなくて，Bはすでに起こっている場合，これはAとBの両方が起こる確率に明らかに関係します。しかし，これにはBが起こる確率が含まれているので，私たちが求めているものではありません。私たちはすでにBが起こったことを知っているので，その不確実性の要素を取り除く必要があります。この計算は，$P(A|B)$の数学的定義にどのような量をもたらすでしょうか。

式1

$$P(A|B) = \frac{P(A \text{ かつ } B)}{P(B)}$$

式1によれば，互いに異なる$P(A|B)$と$P(B|A)$を混同すると，多くの分野で問題が生じてしまいます。「条件の転置による誤謬性」として知られるこの間違いは，刑事事件で法医学的証拠を評価する際に特によく見られます。証拠に基づいて被告人が有罪になる確率と，被告人が有罪である場合に証拠が正しい確率とは，まったく別ものです。たいていの場合，後者のほうが生じる確率がはるかに高く，それらを混同すると，見当はずれな予測をしかねません。

「二つの事象が互いに関係ないときはどうなるのかな」と疑問に思うかもしれませんね。たとえ

ば，今日が火曜日だとして，次に会う人が左利きである確率はどのくらいでしょうか。おそらく曜日によって違いはあるでしょうが，きっとこの二つの事象は，統計学者が「独立事象」と呼ぶもので，「独立」という言葉どおり，互いに関係ありません。あなたが左利きの人に会うかどうかは，今日が火曜日かどうかとはまったく関係なく，その逆もまた同じです。数学的には，$P(A|B)=P(A)$と表されます。つまり，今日が火曜日であるときに左利きの人に会う確率は単に，左利きの人に会う確率です。「火曜日であるときに」の部分はまったく関係ありません。

条件付き確率の定義からベイズの定理まで理解できればすばらしいです。定義内の文字を入れ替えると，次の式になります。

式2

$$P(B|A)=\frac{P(A \text{ かつ } B)}{P(A)}$$

さらに，式1を並べ替えると，次のようになります。

$$P(A|B)P(B)=P(A \text{ かつ } B)$$

これを式2に代入すると，最終的な結果が得られます。さらに，式1を並べ替えると次の式になります。

$$P(B|A)=\frac{P(A|B)P(B)}{P(A)}$$

ベイズの定理は，本当は神秘的ではありません。それは条件付き確率の定義と少しの代数操作から生まれています。けれども，私たちの多くにとっては理解するのがとても難しい，初歩的な事実の一つであるようです。だからこそ私たちは，確率について明確に考えることに驚くほどよく失敗するのです。今度，「もし，これを知ったら，あなたがこうだと思っている考えが変わるよ」と誰かに言われたら，そこにはベイズの定理が正しく使われているのか，間違って使われているのか，まったく使われていないのか，自問してみてください。

Bという条件のもとで
Aが起きる確率がわかっていれば，ベイズの定理から，
Aという条件のもとでBが起きる確率がわかるでしょう。
ただし，その確率はAとBに関するそのほかの情報に
非常に大きく左右されます。

指数分布

バスが到着するまで，または給料アップ，
インフルエンザの流行や地震が起きるまで，
あとどれくらいかかるだろう？

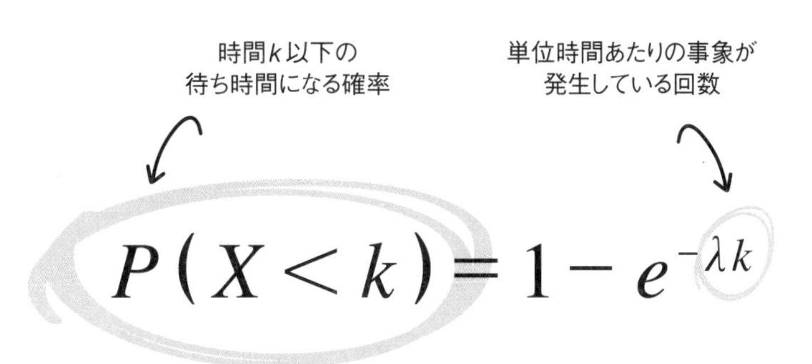

$$P(X<k)=1-e^{-\lambda k}$$

一体どんなもの？

あなたがいま，バス停に到着したとしましょう。バスは12分ごとに来るはずですが，渋滞に巻き込まれて予想外の場所で動けなくなっていることがあるので，次のバスがいつ来るかよくわかりません。とはいえ，バスはスケジュールどおりに遠く離れた車庫を出るので，合理的に1時間あたり約5台がこのバス停に来ると予想できます。では，5分以内にバスが来る確率はどれくらいでしょうか。指数分布がその答えを教えてくれます。

パラメータλ（ラムダ）とは，バスが来る

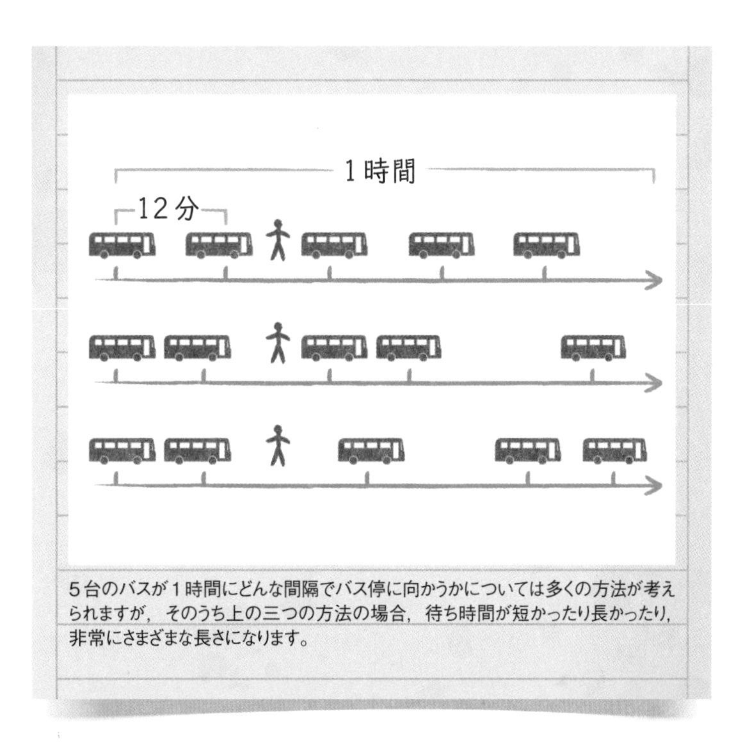

5台のバスが1時間にどんな間隔でバス停に向かうかについては多くの方法が考えられますが，そのうち上の三つの方法の場合，待ち時間が短かったり長かったり，非常にさまざまな長さになります。

指数分布は，バスの到着といったことよりも，まれに発生する大災害の予測などに用いられています。

割合です。この場合，$\lambda = 1/12$となります。妙な言い方になりますが，平均するとバスが毎分1/12台ずつ現れるという意味です。値kは分の数であり，方程式はk分以内にバスが来る確率を計算する方法を示しています。たとえば，バスが5分以内に来る確率は34%，意外かもしれませんが，12分後に来る確率は63%にすぎません。

さて，10分待って，バスが現れないとします。5分以内に来る確率はどのくらいしょうか。また34%です。言いかえれば，それまでどのくらいバスを待っていたかはいっさい影響しませんし，さらに5分待たなければならない確率は，最初にバス停に来たときとまったく同じです。

詳しく知りたい

たとえば私がバス停で待っていて，あなたは家の窓から私がいつ行ってしまうのか，見ているとします。このとき，ただ座ってずっと私を眺めているよりも，いい方法があります。たとえば2分おきに，私がまだそこにいるかどうか，ちょっと確認するのです。この確認方法では，バス停での私の実際の待ち時間の推定値が2分以内の精度で得られます。

私がバス停からいなくなるまでにn回確認しなければならないという確率は，したがって私が約$2n$分待っていたという推定になりますが，これはいわゆるポアソン分布によって得られます。

$$P(X=n)=\frac{\lambda^n}{n!}e^{-\lambda}$$

ここでは，λは単に，平均2分ごとに来るバスの台数になります。この例でも，バス一台に対する分数で表し，今回は1/6になります。

さて，あなたは1分ごとに私を確認するとします。この作業で，私の待ち時間がもう少し正確に推定されます。理論的には，少なくとも，このように確認する間隔を30秒ごと，10秒ごと，1秒ごと，0.1秒ごと……とすると推定の精度が上がっていきます。これにより何が起こるかというと，私の待ち時間の推定値が，実際の正確な値に近づいていきます。

では，その実際の値とはいくらでしょう。その値は，窓からのぞく時間の間隔がゼロに近づいていくという極限値を求めることで得られます［ゼノンの二分法のパラドックス，23ページ参照］。つまり，間隔を置いて繰り返し私がいるかを見て確認するのではなく，窓の外を連続的に見るわけです。これによって，指数分布が得られます。

不確実な事象が発生するまでの
待ち時間の確率を表す，
美しく整った方程式です。

大数の法則

**一回か二回は運に恵まれても，
結局は必ず平均に戻っていく？**

$$\lim_{n \to \infty} P(\overline{X}_n = \mu) = 1$$

サンプル平均（標本の平均）

母集団平均

サンプルサイズ（標本の個数）

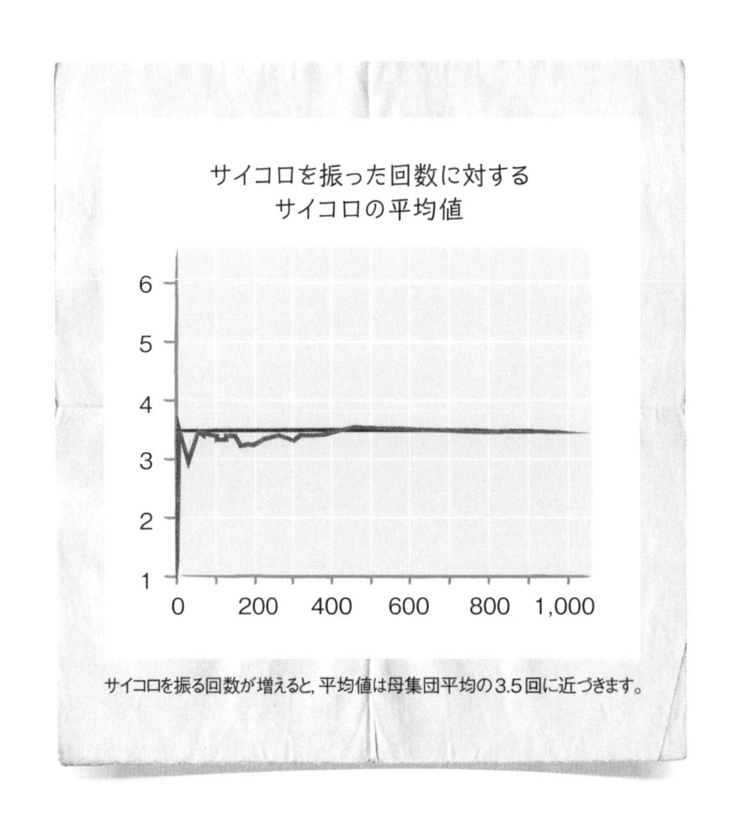

サイコロを振る回数が増えると，平均値は母集団平均の3.5回に近づきます。

一体どんなもの？

とある日のアメリカ人のポケットに入っているお金の平均を調べたいとします。そのための一つの方法として，少人数のグループの人々（調査の対象で「サンプル」，または「標本」といいます）を選び，全員にテーブルの真ん中にお金を出してもらいます。次に，お金の山を均等に分けます。そうすると，一人ひとり同じ金額（おそらく少々残る小銭は除きます）を持ち，その金額がグループ全体の平均額になりますね。

一般的に，何か一連のデータの平均を求めるには，同じことをします。先ほどの場合では，一人ひとりの金額をすべて合計し，その後，その合計を人

大数の法則の発見を含む確率論は，17 世紀に人々がギャンブルに熱狂したのを機に研究されはじめました。

数で割って「合計を等しく分け」ます。これは，科学やビジネス，政治など，さまざまな分野で使用されている，最も単純で最も一般的な統計手法の一つです。

ここで計算したのは，「サンプル平均」と呼ばれるものです。先ほどの少人数のグループの人々がポケットに入れていた金額の平均であり，全国の人々の平均額ではありません。直観的には，実験でもっとたくさんの人を対象にすると，それによって推測の精度も上がるように思いますが，本当にそうでしょうか。大数の法則は，サンプルを大きくするにつれて，サンプル平均が極限値に近づくことを，改めて裏づけてくれます［ゼノンの二分法のパラドックス，23ページ参照］。それが真の「母集団」平均であり，サンプルが大きくなればなるほど，よりよい推定値が得られる確率が高まります。

詳しく知りたい

実験を徐々に拡大して，アメリカのすべての人を調査するとしましょう。明らかに，サンプルにひとり追加するたびに，かなり小さいですが，全体に影響を及ぼしています。さらに，人口は人の数が有限なので，十分な忍耐力さえあれば，アメリカ人全員になるまでサンプルに少しずつ人を追加していけるでしょう。そうなると，サンプルが本当にサンプル全体となるため，サンプル平均は母集団平均と同じになります。

問題は，平均値を計算する対象が時間とともに増えていくときのように，母集団が無限だったり，少なくとも無制限だったりするときに現れます。ギャンブラーがカジノでルーレットのテーブルにいるとしましょう。ギャンブラーは，スピン（ルーレット盤が回され，小さなボールが投げ込まれること）のたびに，ボールが赤のポケットに落ちる確率は1/2に近いことを知っています（実際には少し少なくなります［ギャンブラーの破産問題，211ページ参照］）。したがって，赤と黒のどちらのポケットにボールが落ちるかという結果については，その約半分が赤で，約半分が黒と予想されます。ただし，数回だけの場合は，そうはならないかもしれません。たとえば，連続して三回赤になる確率は特に低くないので，たまに起きるのを見ても驚きはないでしょう。けれども，ゲームを十分に続けて観察すれば，大数の法則が作用して赤になるサンプル平均が約1/2になるのがわかります。これは，テーマ冒頭の式が示すように，ルーレット盤のスピンの回数が増えるにつれて，サンプル平均が母集団平均に近づく確率がとても高くなるためです。

しかし，プレーヤーは，「ギャンブラーの誤謬」に気をつけなければなりません。赤が三回続けて出ても，大数の法則によれば次に黒の出る確率は高くなりません。ルーレット盤の一回のスピンはそれぞれ独立していて互いに影響しませんし（独立事象），次に赤が出る確率は依然としておよそ1/2です。大数の法則によれば，何度もスピンさせると，サンプル平均は全体として徐々に1/2に近づいていくはずですが，個々の事象の確率について，また，平均に戻る前のかなりの回数の間，その平均から離れる確率がどうなっているかについては何も言及していません。あるいは，三つ同じ色の結果になるのは，勝利の波に乗ったか，ギャンブル神話の幸運の下着をつけているか，くらいのことしか考えられません。

しかし，何回スピンしたかもわからないのに，なぜルーレット盤の回転について真の「母集団平均」があるのか，疑問に思われるかもしれません。この場合，母集団は「存在」していることになるのでしょうか。これは，「存在」ということについて考える哲学的な問題といえそうです。すべての統計学者が，大数の法則を数学的な事実として受け入れていますが，この方程式が真に意味する内容については意見が一致するとは限らず，実際にも意見が分かれています。

当たりはずれのあるものは，
試行する回数が多いほど
全体的な結果が平均値に近づきます。

正規分布

**ナポレオンの政府から
クレジットデリバティブの価格設定まで，
正規分布は最強の存在である**

$$P(a \leq X \leq b) = \frac{1}{\sigma\sqrt{2\pi}} \int_a^b e^{-\frac{(x-\mu)^2}{2\sigma^2}} dx$$

Xがaとbの間にある確率

平均

標準偏差

一体どんなもの？

あなたが18世紀のプロイセン王国の将軍だと仮定して，国民を徴兵して兵役につかせる必要があり，国民がどのくらい健康かを知りたいと思ったとします。徴兵年齢にある男性のサンプル（調査の対象，「標本」ともいいます）を大急ぎで準備し，身長，体重，ベンチプレスなどいくつかの項目にわたって各人を測定します（最後の項目についてはどうかわかりませんが，測定内容のおおよそのイメージはつかめますね）。ここでは身長に注目しましょう。おそらくの予想では，多くの人が平均身長に近いでしょう［大数の法則，222ページ参照］。平均よりずっと低い側，ずっと高い側にいるケースは多くありません。極端に背が高かったり低かったりする人を測定することは比較的まれです。つまり，データは小高い山型になることが予想されます。ほとんどの測定値は中央に近く，左右どちらかに遠く離れている測定値は多くはありません。

正規分布は，この直観的な考え方を公式化したものです。高さを確率変数と考えてください。つまり，母集団から無作為に人を選んだとき（ある範囲内で）予測不能の変化をする数です。分布は，確率変数がどのように変化するかを表し，それによって確率の計算ができます。その結果，「無作為に選んだ人が身長180cmを超えている確率はいくらですか」などの質問に答えられます。ほかにも，「無作為に選んだ人が平均身長から10cm以内である確率はどれくらいですか」，「この人はマスケット銃（旧式歩兵銃）が得意ですか」（実際には最後の質問は適切ではないですね）など。

どうして重要？

英語のstatistics（統計）という語は，state（国家）に由来しています。統計学の研究は，国民の健康や生産性など国家のようすに関する質問に答えるために，国の王子や官僚が行った取り組みから始まり，発展してきました。その一例として，19世紀初め，フランスで皇帝の地位についたナポレオンは，統計を自身が行う事業の中心に置きました。それ以降，欧米諸国をはじめ各国の政府は自国民に関するデータを収集し，分析してきました。かなり多くの場合，この種のデータは正規分布になります，またはそうなるように見えます。

しかし実際には，正規分布の起源は統計学とは非常に異なります。天文学者は観測に誤差が生じる可能性を長い間認識していましたが，18世紀，確率論という新たな科学が自由に使えるようになると，その可能性についてもっと正確に考えるようになりました。おそらくこの種の誤差はそんなに大きくはありませんが，得られた測定値が少し高く出た値なのか，少し低く出た値なのかはわかりませんでした。何度も観察を行えば，特にさまざまな人の手や機器が関わっていれば，明らかに特定の誤差の原因を取り除く助けにはなりますが，それでも完全に取り除くことはできません。天文学者は，今お話ししたように，データは平均値の周りに正規分布していると予想するようになりました。平均値はおそらく誰もが観測しようとしていた真の値でした。正規分布は，誤差を取り除く方法になりますが，その方法が必ず有効であるとは限りません。たとえば，バイアス（偏り）が生じてすべての人の測定値が高くなりすぎ，その結果，平均値が高くなりすぎる可能性もあります。

このいわゆる「誤差の正規性の法則」は，科学から非常に多様な分野に引き継がれました。たとえばさきほど説明した人口統計学もそうですし，18世紀に発明された正規分布は，18世紀から19世紀にかけて注目を集め，たちまち自然科学や社会科学，そのほかの分野に応用されるようになりました。

こうした応用がされるケースでは，多くの場合，正規分布になるのが適切であるとされていること

場合によっては，正規分布に合うようにデータを操作することがあります。そうでないと，図が間違っているように見えるからです。

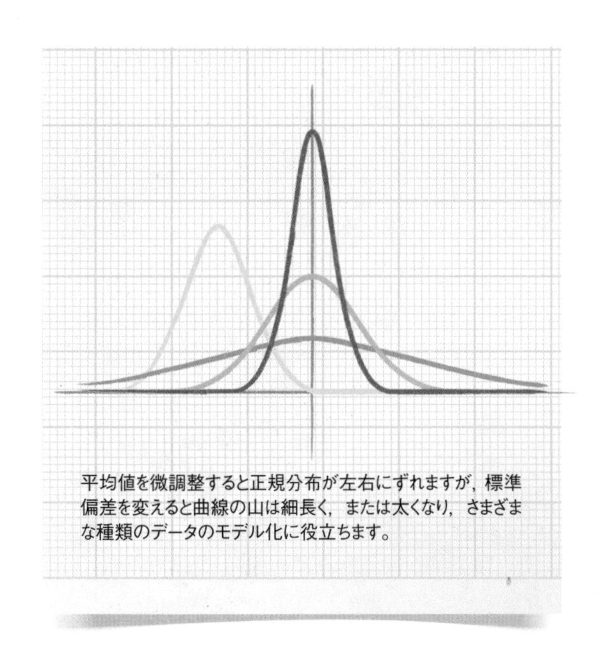
平均値を微調整すると正規分布が左右にずれますが，標準偏差を変えると曲線の山は細長く，または太くなり，さまざまな種類のデータのモデル化に役立ちます。

を覚えておきましょう。そのために，データを正規分布の曲線にそうように調整することが頻繁に行われています。これは明らかに，学生を相対評価する標準テストでは行われていることがあります。正規分布の曲線にそうように評価分けをして，測定対象の学生の強みや弱みに関係なく，結果的に正規分布になるようにするのです。あるいは評価者が意図せず，無意識に正規分布に近くなるようにテスト結果を評価してしまうこともあります。テストは正規分布に近いものになるのが「正しい」と思い込んでいるために，バイアスが生じるのです。

もっと真面目な例では，寿命も正規分布になるとされています。到達するとされる平均寿命があり，それより長生きする人もいれば，それほど長生きしない人もいるというわけです。しかし，悲しいことに，これは本当ではありません。なぜなら，若くして病気，事故，暴力などのために亡くなる人がいるからです。統計的には，この場合はどう扱われるのでしょうか。正規分布上のデータから離れたこうした情報は「早すぎる死」と呼ば

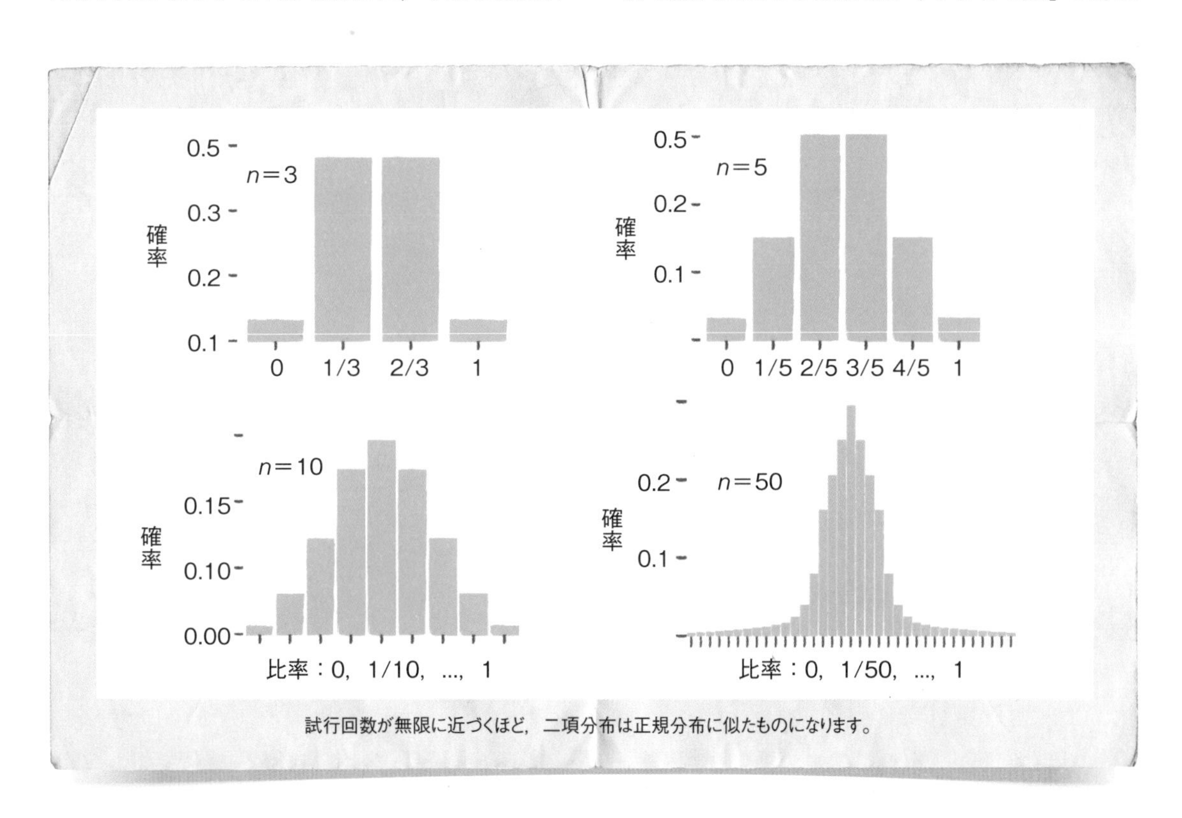

試行回数が無限に近づくほど，二項分布は正規分布に似たものになります。

二項分布が生じるようすを美しく表す「クインカンクス（五点形）」と呼ばれる機械装置

れ，別扱いにされています。

詳しく知りたい

正規分布の方程式はかなり奇妙なかたちをしています。かなり奇妙な基準を満たす必要があるので，見た目もそうなっています。このような分布は，特定の測定値を得る確率を計算するためには使われません。たとえば，誰かの身長が正確に180 cmである確率は簡単に計算できるからです。それはゼロなのです。とても奇妙に聞こえるかもしれませんが，実際に身長を180.1 cmでも，180.000000001 cmでもなく，きっかり180 cmといっているからです。とはいえ，無限の精度では測定できませんから，正直なところ，これは意味のある問題ではありません。かわりに，「誰かが179.0 cm～181.0 cmの高さである確率はいくらでしょうか」と尋ねてみるべきです。子供の数などのように整数の個別のものを数えるとき（離散型分布）ではなく，身長など連続した数値になる性質のものについて測定するとき（連続型分布）は，つねにこうして範囲で区切って考えなければなりません。

正規分布がこの問題にどのように対応するかを確認するために，たとえばx軸を身長，y軸を方程式によって与えられた分布の値として，グラフに表してみましょう。頂上が平均身長を表す，信頼できる小高い山ができていますね。では，関心のある身長をマークし，微積分を少々使って［微分積分学の基本定理，33ページ参照］，曲線のその部分の下の面積を求めます。面積は，無作為に選んだ人の身長がその範囲に収まる確率に対応します。つまり，曲線の下の総面積が1でなければなりません。これは，この領域が無作為に選んだ人がなんらかの身長になる確率を表しているためです。言いかえれば，母集団の人はある程度の身長であることが確実です。しかし，一般に正規分布に最大値と最小値はありません。正と負の両方のどんな極端な値もふくまれます。そのため，最大値と最小値がないのです。これが，身長が実際に正規分布に従わない数ある理由の一つです。身長が3mの人はいませんし，負の数になる人もいません。けれども，その値が平均に近いところでは，近似値として問題ないでしょう。これは，定義が複雑になっている理由の一つです。左右の両方向に無限に伸び，x軸には決して触れない曲線ですが，その下の総面積は正確に1となっています。

このほかにもさまざまな確率分布がありますが，この分布はほかの分布よりもある特別な意味ですぐれているため，統計学において特別な位置を占めています。たとえば，今，コイン投げゲームをしているとします。表が出る確率は，一様分布に従っています［一様分布，206ページ参照］。さて，ゲームをしてみましょう。コインを10回投げて，表が出た回数を数えます。このような実験の結果は，二項分布と呼ばれるものによって支配されます。何度もコインを投げると，平均値が5になり，ほかのスコアは不思議なほど見慣れたかたちでどちらかの側になることがわかります。では，もう一度試してみましょう。今回はコインを100回投げて，さらにこれを何セットも行います。結果は，ほぼ間違いなく，正規分布らしいものに見えます。実際，中心極限定理と呼ばれるものによれば，このようにしてコインを投げる回数が多くなるほど，結果はよく知られるつりがね型の正規分布曲線に近づきます。これは非常に驚くべきことです。コイン投げは，正規分布とはまったく関係がないようです。これはかなり技術的な結果ですが，次に紹介するフレーズはやさしいので十分理解できるでしょう。測定値が互いに独立している限り，何度も測定を繰り返すと，まるで統計のブラックホールのように，正規分布はほかの多くの確率変数を自分自身に引き寄せます。

正規分布は
乱用もされやすいですが，
この一見奇妙な方程式から
多くの現象の有用なモデルが得られます。

χ^2検定

確率分布がデータに当てはまるかどうかを検定する一般的な方法

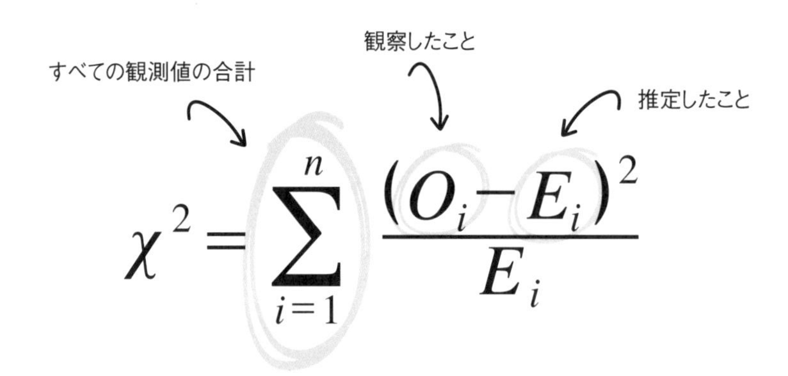

$$\chi^2 = \sum_{i=1}^{n} \frac{(O_i - E_i)^2}{E_i}$$

一体どんなもの？

今，ボードゲームをしていて，私はあなたがイカサマをしているのではないかと疑っています。重りを詰めて決まった目が出るように細工したサイコロを使っているとみています。そうでなければ，サイコロの出目は均等になるはずです［一様分布，206ページ参照］。つまり，すべての数字の目が，現れる確率は同じはずです。といっても，ゲーム中にすべての数の目が同じ回数出るという意味ではありません。たとえサイコロが公正でも，今日はあなたの運がよかったのかもしれませんから［大数の法則，222ページ参照］。私はあなたにサイコロを交換してくれるように頼みましたが，あなたは腹を立て，「何の根拠があって，そんな卑劣な行為をしていると疑うのか」と言います。おそらくこれは，悪いことをしている人の反応です。でも，これを解決す

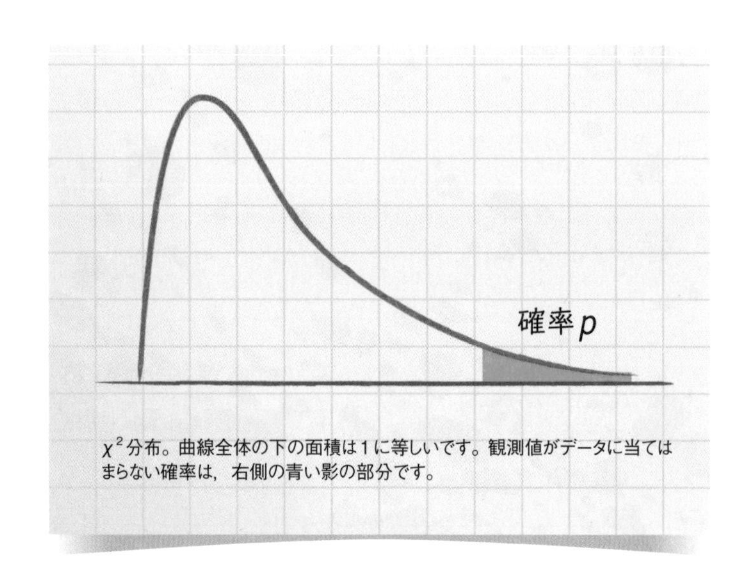

χ^2分布。曲線全体の下の面積は1に等しいです。観測値がデータに当てはまらない確率は，右側の青い影の部分です。

χ^2 検定は，適合するはずだと思われる分布にデータが実際に当てはまる確率がどのくらいかを示します。

るには，机上の空論よりなにかよい方法が必要ですね。

そんなときこそ，ちょっと χ^2 検定（χ はカイと読みます）をやってみるのによいタイミングです。この検定を使うと，とりわけ，ゲーム中にサイコロを振った回数に基づいて，サイコロが重りで偏っている確率について，大体見当がつけられます（当然のことながら，私は綿密な記録を残しています）。

詳しく知りたい

この検定の考え方は，すべての起こりうる結果について実際に観察された回数（何回起きたか）と期待する回数（何回起きるはずだったか）とを比較し，その回数の分布が，きっとこうなるだろうと思われる分布になっているかどうかを確認します。次に，これらを合計して数字を得ます。この数字自体はかなり無意味ですが，これを使って一つの数字が求められ，サイコロを振って出た目の数の分布がきっとこうなるだろうと思われる分布だと，どのくらい信頼できるかがわかります。

例を使って考えてみましょう。出た目の数が，6，3，4，4，6，1，5，2，1，6，6，6だったとします。最後の6が我慢の限界でした。このサイコロが公正であるとすれば，6の目があまりに多く出過ぎていると，私は思いました。ここでやりたいのは，サイコロが一様分布に従わないという仮説の検定です。この仮説に対抗して，「帰無仮説」と呼ばれる仮説を立てます。今回の場合では，サイコロは結局のところ公正だったという，普通の退屈な仮説を立てます。χ^2 検定を行うと，p 値と呼ばれる数値が出てきます。これにより，サイコロに偏りがあるということに関するおおよその信頼度が得られます。この計算はすべて，通常，

あらかじめ計算された数字が印刷された表または
コンピューターのいずれかで行われます。

では，サイコロの出た目を確認しましょう。12回振って目が出ているので，サイコロが完全に公正であれば，一つの数字が平均二回ずつ出るはずです。各目の出た合計数の実際の観測回数（O_i）を入れて，予想数$E_i = 2$と比較すると，1から6までの目の順に足していって，次の式になります。

$$\chi^2 = \frac{(2-2)^2}{2} + \frac{(1-2)^2}{2} + \frac{(1-2)^2}{2} + \frac{(2-2)^2}{2} + \frac{(1-2)^2}{2} + \frac{(5-2)^2}{2}$$
$$= \frac{1}{2} + \frac{1}{2} + 0 + \frac{1}{2} + \frac{9}{2} = 6$$

合計の値が6とは，どういうことでしょうか。それを知るために，表の中の6のχ^2値を調べると，サイコロが実際に一様分布に従っていた確率が得られます。今回の場合，帰無仮説を否定する正当な理由がないという答えになりましたから，私はあなたに疑ったことを謝らなければなりません。

この種の統計的仮説検定（仮説の正否を統計学的に検証する手法）は非常に広く利用されています。ただ，完璧というにはほど遠いです。やはりあなたは，重りを詰めたサイコロを使っているのかもしれません。検定が意味しているのは，あなたが出した目の数の組み合わせは公正なサイコロを使っても簡単に得られるということだけで，私は一気に結論に飛躍すべきではありません。とはいえ，多くの統計に関する議論は，このようなものです。純粋数学の厳密さではなく，常識と，それに見合う合理的基準に訴えるようにつくられています。

この方程式は，
分布とぴったり適合しない部分を
すべて加算することで，データが特定の分布に
どの程度当てはまるかを調べます。

秘書問題

理想の人を採用するまでには，何名を面接すればいい？

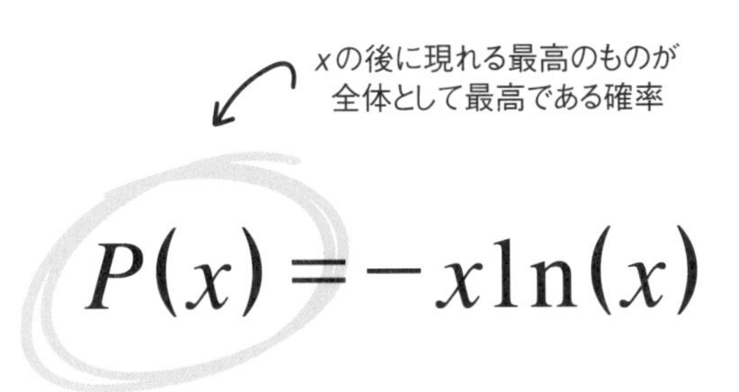

$$P(x) = -x\ln(x)$$

一体どんなもの？

世の中には，ものすごく優柔不断な人がいます。おそらくあなたも今までにそういった人と出かけて，食事するレストランを選ばなければならなかったことがあるでしょう。候補になりそうなお店をチェックしながら通りをいくつか歩いてみると，何軒かはほかの店よりも明らかによさそうです。あなたはそこの素敵な外観のフレンチのビストロに惹かれていますが，友人はまだ探し続けたいと思っています。「その角を曲がったところに本当にすばらしいお店があったらどうしよう」というわけです。おなかはすでにグーグー鳴っていますが，きっとそんなお店がこの先にあるのかもしれないと思って，足をひきずりながら歩き続けました。あなたと友人は一つ，決めごとをしています。素敵なお店にめぐり会えたら，そのお店に決めて終了し，それ以前に却下したお店に逆戻りしないこと。戻っているひまなんてありませんから。

実際，こうやって決めなければならないことはたくさんあります。その一つは，仕事のために誰かを雇うことです。たとえばある仕事の求人を出したら，応募者の列が果てしなく続くことがありますが，応募者全員を面接し終えるよりも前に決定を下す必要があります。実際には，一人ひとりを面接している間，従業員たちの時間が犠牲になり，新しい人にその業務に就いてもらうのが遅れていきますから。「秘書問題」という有名な名前までつけられたこの状況は，先ほどのレストランの状況とはちょっと違います。なぜなら，大勢の候補者を面接し終わって気に入った人を選ぶまで，仕事をしてもらうのが遅れてしまうからです。この一連の流れを簡単にするため，その場で選んだ人を採用しなければならないことにするのです。あるいは，めぼしいレストランにたどり着いたら，一度却下した前のレストランには戻らないで，もうそのお店に決めることにします。つまり問題は，よいと思う応募者を選ぶまでに，あなたは何人を不採用にしなければならないか，ということです。

どうして重要？

意思決定は難しく，どこで食べるかを決めるのは生死に関わる重要な問題ではありませんが，ほかの状況では，間違った選択をするとかなりの損をしてしまうことがよくあります。ビジネスで犠牲になるのは通常，お金です。政治的軍事的な場面では，身体や生命が危機に瀕する可能性があります。

どの分野でも，数学者たちは人々ができる限り最善の決定をするのを手助けしたいと考えています。あなたが正しい選択をしたと絶対に肯定的に思えるただ一つの方法は，すべての可能性を確認して，それを全部比較することです。それができない場合，単に無作為に選んだり，くたびれて選ぶのをあきらめたりする以外になにができるでしょうか。

私は不確実性に対応する方法として確率を熱心にすすめましたが，ある意味では，確率は一つの段階を取り除いた確実性に依存しています。たと

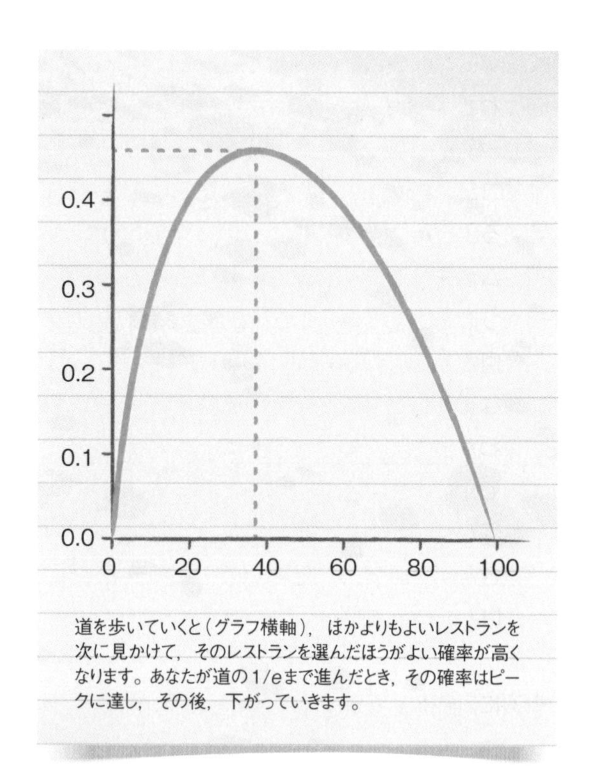

道を歩いていくと（グラフ横軸），ほかよりもよいレストランを次に見かけて，そのレストランを選んだほうがよい確率が高くなります。あなたが道の1/eまで進んだとき，その確率はピークに達し，その後，下がっていきます。

報酬をねらってリスクをとるかどうかはラミーのような単純なカードゲームだけでなく，ビジネスや軍事でも日常的な一面となっています。ここで紹介する「決定理論」は，そのような状況において考える手助けをすることを目的としています。

えば，次にサイコロを振ったときにどの目が出るのかはわかりませんが，5の目が出る確率は1/6です［一様分布，206ページ参照］。これは，普通のサイコロの場合，六面それぞれが出る確率が等しくなるように設計されているためです。カジノのゲーム台や確率の授業は別として，人生は必ずしもそうはいきません。ときとして私たちは，これから何が起こるのかわからないだけでなく，さまざまな結果についても，その確率がどのくらいかさえわからないことがあります。このレストランが街で最高の店である確率はどれくらいでしょうか。ほかに情報がない限り，その答えを知ることはできないでしょう。それでも，私たちは選択をしなければなりません。ときとしてその選択は，おいしいディナーにありつくよりも，もっと重要な事柄に関係しています。

「決定理論」は，確率，ゲーム理論，論理学，社会学，心理学が重なりあう領域に存在しています。この理論は私たちが選択を行う方法を定式化し，その方法を評価しようとしています。自分の直接的な好みを考慮して，よりよい選択ができる方法を示すことをねらいとしています。目的達成のために大切な決定をしてそれを正当化しなければならない，なおかつ重要なことが失われるかもしれないという状況なら，いつでも，この理論は一分野として重要な役割を果たします。秘書問題は地味な問題ですが，ある種の決定が必要なことに関する数学的な分析においてときどき生まれる，すばらしい結果のほんの一例にすぎません。

多くの場合，この方法を使うと，行動するための的確な手立てが考えられます。日常で起こるさまざまな選択を妨げる感情的な葛藤や欲求不満，

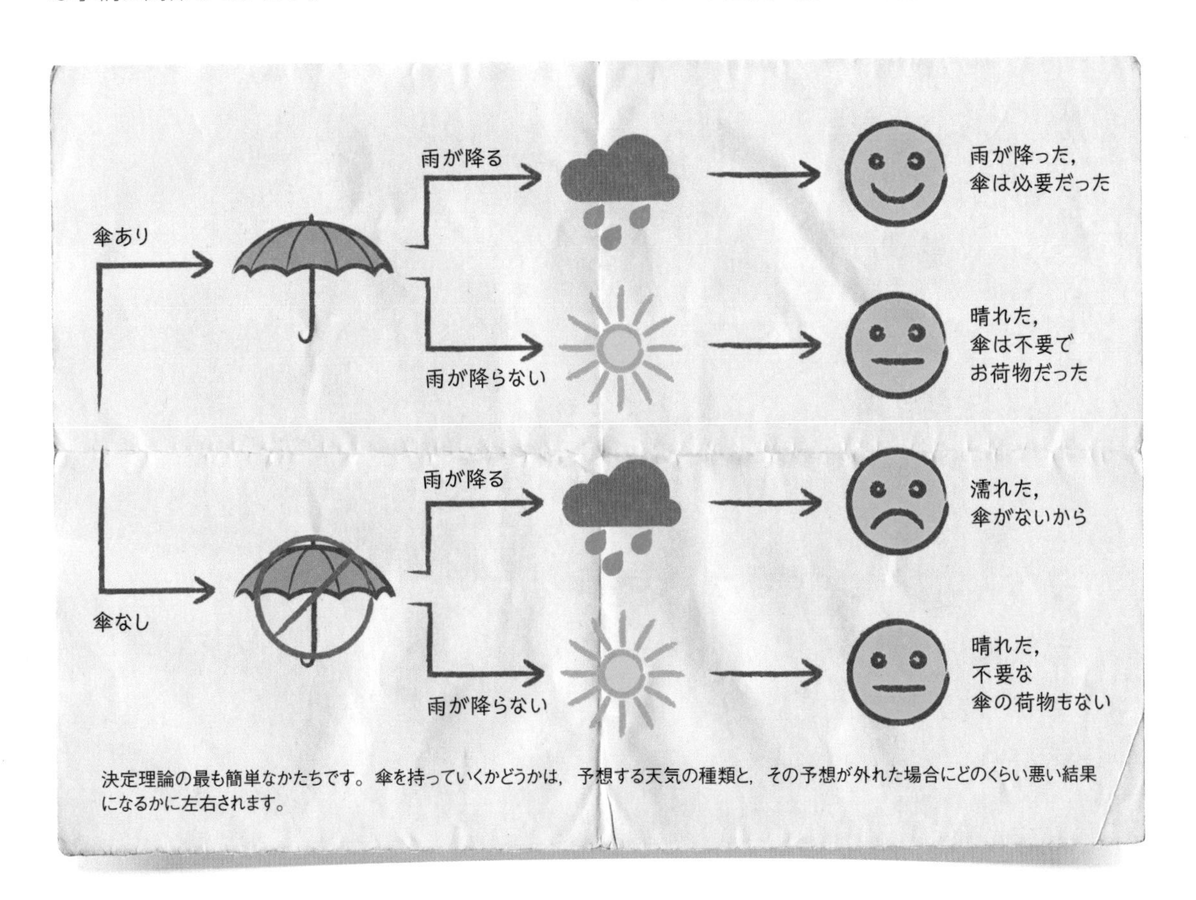

決定理論の最も簡単なかたちです。傘を持っていくかどうかは，予想する天気の種類と，その予想が外れた場合にどのくらい悪い結果になるかに左右されます。

ためらいなどを解消する，一連の明確な指示を準備できます。実際には，この指示は，通常，アルゴリズム（コンピューターによる計算方法）の形をとって実行されます。コンピュータープログラムに変換してロボットに実行させられる，非常にはっきりした手法です。

詳しく知りたい

秘書問題の目的は，できる限り間違いなく最良の選択を行うことではありません。もし，確実に最良の選択をするのが目的だとしたら，方法は一つしかありません。すべての選択肢を確認することです。たとえば，友人と私の場合，町の反対側に，徹底的に探さないと見つからないすばらしいレストランがないとは言い切れません。けれども，遠く離れた場所まで探しに行くのは現実的に名案ではないので，私たちはできるだけ少なく調べて最高のレストランを見つける確率を最大限に高める手立てを探します。このあたりでどんな品質のレストランが選べるかについて感触をつかむために，一定時間お店を探します。次に，それまで見たお店より優れた次のお店を選びます。この説明は全部かなり曖昧に聞こえると思いますが，本当に曖昧なので，だから考えるのが大変なのです。そこで，その考え方を少し定式化して，アルゴリズムに変えることができるかどうかを見てみましょう。

では，引き続きレストランを探しましょう。通り沿いのレストランは，最高のものから最悪のものへという順番ではなく，よいものとそうでないものが混ざって並んでいると仮定します。そうでなければ，問題はあまりにも簡単になってしまい

面接を受ける側は神経質になっているかもしれませんが，面接をする側も不安なはずです。
応募者全員を見られないときに正しい選択をするのは容易ではありません。

ます。選べるレストランは合計でn個あるとします。n個のレストランのうち，サンプルに取るべきレストラン数の割合を，無作為に選びます。もし半分を却下するつもりなら，$s = 1/2$となります。ここでのサンプルは，私たちが最初に見て却下する割合です。それらのお店を見終わったところで，すでに「十分に見た」ことになります。その後，次のお店がそれまでに見たどのお店よりも優れているとき，その店が私たちの選ぶレストランです。

これは，ある一点を除いて，よいアルゴリズムになっています。まず，その分数がどれほどの値になるべきかを知っておく必要があります。十分な数のお店を見なければ，標準以下の選択肢でやむなく手を打つかもしれません。また，見たお店の数が多すぎる場合は，最高のお店を却下してしまう可能性があり，この場合もよくない選択になってしまいます。もちろん，どんな方法でも最高の結果にならないこともあります。だから，数あるなかで最高のものが得られるように，うまくいかない可能性をできるだけ小さくする方法が模索されています。

実際の計算は特に難しくはありませんが，それほど知的好奇心をそそられるものでもありません。条件付き確率［ベイズの定理，214ページ参照］を使って，合計数に対するある割合について，最もよい候補がその割合にふくまれておらず，二番目によい候補がふくまれている確率の式を求めます。この式が求められれば，確実に一番よい候補の店を選ぶことができます（二番目によい候補をふくむサンプルを却下すればいいだけですから）。驚いたことに，この割合sのベストな選択は，次の式で与えられる極限が成り立つようなものになります。

$$\lim_{n \to \infty} s = \frac{1}{e}$$

ここでeは，自然対数の底（ネイピア数）を表します［対数，46ページ参照］。電卓を使えば，この数字$1/e$が約0.3679であることがわかります。つまり，レストランの約37%を窓から目を細めてのぞいたあと，あるいは求人応募者の約37%の面接を行ったあとに，それまでの候補のどれよりもよいと判断した次の候補を選ぶべきだということです。保証はありませんが，この方法で，最終的に最高の食事と最高の従業員を得られる可能性が高まります。

数学を意思決定に利用するのは，
難しい場合もたくさんありますが，とても役に立ちます。
この秘書問題という有名な例は，
誰もが一度はぶつかる問題に対して
驚くような答えを教えてくれます。

謝辞

本書執筆にあたり，自身の数多くの着想を著者のアイデアとして提供してくれたクレア・チャーリー氏（Clare Churly），鷹のように鋭い観察眼で精読し，そのほかあらゆることに協力してくれたロバート・キングハム氏（Robert Kingham），著者を考えさせ動かしてくれたネイサン・チャールトン氏（Nathan Charlton）ならびにアンドリュー・マクゲティガン氏（Andrew McGettigan），そしてもちろん，University of the Arts London の Central Saint Martins, City Lit, University of LondonのQueen Maryおよびそのほかのすべての学生と職員のみなさんに，感謝申し上げます。

画像クレジット

10-11 Dreamstime.com/Inga Nielsen, 13 Fotolia/orangeberry, 14 Dreamstime.com/Chatsuda Sakdapetsiri, 15 REX Shutterstock British Library/Robana, 22 右 Alamy/gkphotography, 22 左 REX/Shutterstock, 26 Dreamstime.com/Sharpshot, 30 Fotolia/Sharpshot, 34 Shutterstock/Everett Historical, 41 Paul Nylander, 44 istockphoto.com/RalphParish, 54 Shutterstock/Pi-Lens, 57 CC-by-saPlaneMad/Wikimedia/Delhi Metro Rail Network 60 GettyImages/Dorling Kindersley, 64-65 Shutterstock/MarinaSun, 74 Getty Images Prisma/UIG via Getty Images, 77 Getty Images/Apic, 79 REX Shutterstock/Universal History Archive, 85 REX Shutterstock/Universal History Archive/Universal Images Group, 86 Alamy/Hilary Morgan, 89 Alamy/Patrick Eden, 91 istockphoto.com/jamesbenet, 97 REX Shutterstock/Photoservice Electa/UIG, 100 Shutterstock/Blackspring, 103 istockphoto.com/ocipalla, 105 左 Shutterstock/Balazs Kovacs Images, 105 右 Shutterstock/Balazs Kovacs Images, 108 Alamy/WS Collection, 109 istockphoto.com/clearviewstock, 114 Alamy/JG Photography,119 istockphoto.com/StephanHoerold, 125 istockphoto.com/sandsun, 135 Institut International de Physique Solvay via Wikipedia, 138-139 Dreamstime.com/IngaNielsen, 143 Getty Images/Buyenlarge, 146 Thinkstock/Hemera Technologies, 151 Alamy/ACTIVE MUSEUM, 152 Getty Images,The Print Collector/Print Collector, 155 REX/Shutterstock View Pictures, 156 Alamy/Ulrich Doering, 159 REX Shutterstock/Universal History Archive, 160 Alamy/INTERFOTO, 162 Alamy/John Robertson, 168 NASA/JPL-Caltech, 172 Alamy/Kathryn Aegis, 173 istockphoto.com/DenisKot, 178 istockphoto.com/Highwaystarz, 182 Getty Images/Tasos Katopodis, 188 istockphoto.com/Flechas_Cardinales, 193 Dreamstime.com/Edurivero, 195 NASA, 200 Corbis/Connie Zhou/ZUMA Press, 204-205 istockphoto.com/DianaHirsch, 209 Shutterstock/AaronAmat, 211 Shutterstock/Paul Matthew Photography, 215 Getty Images/SSPL, 220 Getty Images/Ishara S.KODIKARA/AFP, 223 National Gallery of Art, Washington/Patrons' Permanent Fund, 228 Antoine Taveneaux at English Language Wikipedia, 231 Thinkstock/Ximagination, 234 Alamy/pintailpictures.

イラストクレジット

イラスト制作の参考にさせていただいた以下の方々に対し，Octopus Publishing Groupより感謝申し上げます。18 the Australian Mathematical Sciences Instituteに代わり，the University of Melbourneに許可を得て掲載，21 Il Giardino di Archimede, 39 Cronholm144 at English Language Wikipedia, 82 CSIRO and www.atnf.csiro.au/outreach/education/senior/cosmicengine/renaissanceastro.html, 84 Encyclopaedia Britannicaより許可を得て掲載，© 2011 by Encyclopaedia Britannica, Inc., 88 Josell7 at English Language Wikipedia, 92 Yahoo Finance (https://finance.yahoo.com/), 101 Richard Fitzpatrick, The University of Texas at Austin, 104 James Bassingthwaighte, Gary M Raymond, www.physiome.org, 113 http://physics.stackexchange.com/questions/60091/howdoes-e-mc2-put-an-upper-limit-to-velocity-of-a-body, 120 Loodog at English Language Wikipedia, 123 Duk at English language Wikipedia, 136 © American Physical Society, 141 Stefan Kühn at English Language Wikipedia, 148 Peter Mercator at English Language Wikipedia, 157 Sanpaz at English Language Wikipedia, 164 Carl Burch, based on a work at www.toves.org/books/logic, 183 左 www.optiontradingtips.com (http://www.optiontradingtips.com/images/time-decay.gif), 183 右 www.orpheusindices.com, 187 fullofstars at English Language Wikipedia, 197 Fropuff at English Language Wikipedia, 200 © Robert H Zakon, timeline@Zakon.org, 217 Rod Pierce, www.mathsisfun.com, 230 www.philender.com/courses/tables/distx.html.

著作権者への連絡には万全を期しています。漏れや誤りが判明した際には，速やかに修正いたします。

編集長　Trevor Davies
副編集長　Alex Stetter
校閲編集　Caroline Taggart
アートディレクション　Jonathan Christie
デザイン　Tracy Killick
イラスト　Emily@kja-artists.com and Peter Liddiard at suddenimpactmedia.co.uk
画像収集　Giulia Hetherington, Jennifer Veall
製作管理　Lucy Carter

▍著者

リッチ・コクラン／Rich Cochrane

作家，教育者。数学と英文学で学位，哲学で博士号を取得している。文学や音楽，コンピューターに関する著書を執筆するかたわら，長年にわたりロンドン市内のパブやカフェにて教育イベントを開催している。過去にはロンドンで10年間企業に勤務し，デリバティブ取引部門向けのソフトウェア開発を担当しており，このとき学生時代には気づかなかった数学の奥深い面白さを発見したことがその後の活動に大きく影響を与えている。

▍監訳者

松原隆彦／まつばら・たかひこ

高エネルギー加速器研究機構素粒子原子核研究所教授。博士（理学）。1966年，長野県生まれ。広島大学大学院理学研究科博士課程修了。東京大学大学院理学系研究科、ジョンズホプキンス大学物理天文学科、名古屋大学大学院理学研究科などを経て現職。井上科学振興財団・井上研究奨励賞および日本天文学会・林忠四郎賞などを受賞。専門は宇宙物理学，宇宙論。現在は，宇宙の大規模構造など宇宙論的観測量についての理論研究を行う。著書に『宇宙に外側はあるか』（光文社），『現代宇宙論』『宇宙論の物理』（以上，東京大学出版会）など多数。

▍訳者

山本常芳子／やまもと・ともこ

翻訳者。同志社大学文学部国文学専攻卒，シェフィールド大学英文学部一年次履修。宇宙・技術・文化を中心に日英・英日翻訳に従事。訳書に福永久典著『Never Let the Light Fade: Memories of Soma General Hospital in Fukushima』（Amazon Kindle版），翻訳協力に甲斐扶佐義著『猫町さがし』（八文字屋）などがある。京都大学総合人間学部にて科目履修生として日本庭園史を学び，京都の某庭園の日英庭園コンシェルジュに従事中。

2021年1月15日発行

著者　リッチ・コクラン
監訳者　松原隆彦
訳者　山本常芳子
翻訳協力　Butterfly Brand Consulting
編集協力　鈴木ひとみ
編集　武石良平
表紙デザイン　新井大輔
発行者　高森康雄
発行所　株式会社 ニュートンプレス
〒112-0012 東京都文京区大塚 3-11-6
https://www.newtonpress.co.jp

ISBN 978-4-315-52317-1